工业和信息化部"十四五"规划教材

钎　　焊

主编	闫久春　邹贵生　许志武
参编	杨建国　曹　健　许惠斌
	刘　多　刘　磊　石　磊
	贺艳明　郭卫兵　张宏强
主审	方洪渊

机械工业出版社

本书讨论了钎焊物理冶金和化学冶金原理及应用技术，内容包括绪论、钎焊的基本原理、钎料合金、钎焊去膜原理、钎焊方法及设备、钎焊性及可靠性，以及金属及异种金属材料、无机非金属材料、新型材料和电子制造中的钎焊。

本书重视专业知识和基础理论介绍，注重理论与实践的结合，强化知识的运用和分析解决问题的能力培养；适当增加了原理的图示模型化，吸收了国内外最新研究进展和成果，增加了趣味或创新故事。此外，引入了网络化技术，配制新形态教学内容，通过现象、原理和动画的图文结合，强化理解效果。

本书可作为高等院校焊接技术与工程专业、材料成型及控制工程专业焊接方向本科生钎焊专业课程教材，也可作为从事焊接工作的研究人员和工程技术人员的参考书。

图书在版编目（CIP）数据

钎焊 / 闫久春，邹贵生，许志武主编. --北京：机械工业出版社，2024.8. --（工业和信息化部"十四五"规划教材）. -- ISBN 978-7-111-76001-6

Ⅰ. TG454

中国国家版本馆 CIP 数据核字第 2024L47L06 号

机械工业出版社（北京市百万庄大街 22 号　邮政编码 100037）
策划编辑：冯春生　　　　　　责任编辑：冯春生
责任校对：张慧敏　张　薇　　封面设计：张　静
责任印制：刘　媛
唐山三艺印务有限公司印刷
2024 年 8 月第 1 版第 1 次印刷
184mm×260mm・14.25 印张・351 千字
标准书号：ISBN 978-7-111-76001-6
定价：49.80 元

电话服务　　　　　　　　　　网络服务
客服电话：010-88361066　　　机　工　官　网：www.cmpbook.com
　　　　　010-88379833　　　机　工　官　博：weibo.com/cmp1952
　　　　　010-68326294　　　金　书　网：www.golden-book.com
封底无防伪标均为盗版　　　　机工教育服务网：www.cmpedu.com

前言

钎焊技术是三大焊接技术的重要组成部分,是先进制造成形技术领域中不可或缺的关键技术,已广泛应用于航天、航空、汽车、能源、通信和电子等领域的零部件、元器件制造或系统集成。从工艺方法、成形特点及界面结合原理角度分析,钎焊技术的本质与熔焊、固相焊技术有诸多不同。钎焊技术具有加热温度较低、焊件变形小、尺寸精度高、适用于大部分材料焊接、适合于批量生产等特点,尤其在电子封装中,钎焊是最为关键的技术之一。

在焊接专业教学中,钎焊是重要的专业课程之一。钎焊最早使用的教材是1981年出版的《焊接方法及设备 第四分册 钎焊和胶接》,由北京航空航天大学邹僖副教授和哈尔滨工业大学魏月贞副教授编写。1988年邹僖副教授和庄鸿寿教授根据高等学校焊接工艺及设备专业新的教学计划和教学大纲,对原教材进行了重新修订并独立出版。

本书参考了上述教材中《钎焊》的修订版(1989),重新梳理了钎焊原理及其应用体系,增加了钎焊性与可靠性的内容,以加强学生对钎焊工艺设计以及钎焊接头与结构可靠性的分析与评价能力。另外,为让学生全面了解并掌握钎焊技术体系,本书还增加了异种金属的钎焊、无机非金属材料的钎焊(包括陶瓷、碳材料和硬质合金的钎焊)、新型材料的钎焊、电子制造中的钎焊等内容;为便于学生加深理解和巩固基础理论,在每章节中增加了本章重点知识和相关原理的总结,并增加了思考题;为拓展学生知识面和学习兴趣,部分章节增加了"趣味故事或创新故事"。此外,引入了网络化技术和新形态教学内容,通过与书中原理和现象的文字描述相配合,达到进一步强化理解的效果。

本书由哈尔滨工业大学闫久春教授、清华大学邹贵生教授和哈尔滨工业大学许志武教授共同担任主编,哈尔滨工业大学方洪渊教授担任主审。第1章和第2章由闫久春教授编写,第3章由浙江亚通新材料股份有限公司石磊高级工程师编写,第4章由许志武教授编写,第5章由浙江工业大学贺艳明副教授编写,第6章由浙江工业大学杨建国教授编写,第7章由河北工业大学郭卫兵副教授编写,第8章由重庆理工大学许惠斌教授编写,第9章由哈尔滨工业大学曹健教授编写,第10章由哈尔滨工业大学刘多教授编写,第11章和第12章由北京航空航天大学张宏强副教授和清华大学邹贵生教授共同编写,第13章由清华大学刘磊副教授和邹贵生教授共同编写。书中配套的学习动画和视频等由许志武教授执导。

本书可作为高等院校焊接技术与工程专业、材料成型及控制工程专业焊接方向本科生钎焊专业课程教材,也可作为从事焊接工作的研究人员和工程技术人员的参考书。由于编者水平有限,书中难免有错误和不当之处,恳请读者批评指正。

编　者

2023年12月

目　录

前言

第1章　绪论 ………………………………… 1
1.1　钎焊的基本概念及内涵 …………………… 2
1.2　钎焊接头的形成原理与方式 ……………… 4
1.3　钎焊的特点 ………………………………… 5
1.4　钎焊的主要内容 …………………………… 5
　　1.4.1　钎焊接头的形成过程 ………………… 5
　　1.4.2　钎焊的科学问题 ……………………… 6
　　1.4.3　本教材的主要内容 …………………… 8
1.5　本章小结 …………………………………… 9
思考题 …………………………………………… 9
参考文献 ………………………………………… 10

第2章　钎焊的基本原理 ………………… 11
2.1　润湿 ………………………………………… 11
　　2.1.1　表面与界面的基本概念 ……………… 11
　　2.1.2　润湿原理 ……………………………… 14
　　2.1.3　润湿性的评定 ………………………… 15
　　2.1.4　润湿性的影响因素 …………………… 17
2.2　液态钎料的流动行为 ……………………… 21
　　2.2.1　毛细填缝原理 ………………………… 21
　　2.2.2　毛细填缝过程 ………………………… 24
2.3　液态钎料与母材的相互作用行为 ………… 25
　　2.3.1　母材的溶解 …………………………… 25
　　2.3.2　钎料组元向母材的扩散 ……………… 30
2.4　钎焊接头的冶金特征 ……………………… 32
　　2.4.1　钎缝金属 ……………………………… 32
　　2.4.2　接头界面区 …………………………… 33
2.5　本章小结 …………………………………… 35
思考题 …………………………………………… 37
参考文献 ………………………………………… 37

第3章　钎料合金 …………………………… 38
3.1　钎料合金的设计与选用 …………………… 38
　　3.1.1　钎料合金的分类 ……………………… 38
　　3.1.2　钎料合金的选用原则 ………………… 39
　　3.1.3　钎料合金的设计方法 ………………… 40
3.2　软钎料合金 ………………………………… 40
　　3.2.1　铟基钎料 ……………………………… 40
　　3.2.2　铋基钎料 ……………………………… 41
　　3.2.3　锡铅钎料 ……………………………… 41
　　3.2.4　锡基无铅钎料 ………………………… 43
　　3.2.5　铅基钎料 ……………………………… 46
　　3.2.6　镉基钎料 ……………………………… 47
　　3.2.7　锌基钎料 ……………………………… 47
3.3　硬钎料合金 ………………………………… 48
　　3.3.1　铝基钎料 ……………………………… 48
　　3.3.2　银基钎料 ……………………………… 50
　　3.3.3　铜基钎料 ……………………………… 52
　　3.3.4　锰基钎料 ……………………………… 57
　　3.3.5　钛基钎料 ……………………………… 58
　　3.3.6　镍基钎料 ……………………………… 59
　　3.3.7　贵金属钎料 …………………………… 61
3.4　本章小结 …………………………………… 64
思考题 …………………………………………… 64
参考文献 ………………………………………… 65

第4章　钎焊去膜原理 …………………… 66
4.1　金属表面氧化膜 …………………………… 66
　　4.1.1　母材表面氧化膜 ……………………… 66
　　4.1.2　液态钎料表面氧化膜 ………………… 67
4.2　钎剂的组成及设计 ………………………… 68
　　4.2.1　钎剂的作用 …………………………… 68
　　4.2.2　钎剂的要求 …………………………… 69
　　4.2.3　钎剂的组成 …………………………… 69

4.2.4　钎剂的设计 ……………………… 70
 4.3　钎剂的种类 …………………………… 70
  4.3.1　软钎剂 ……………………………… 71
  4.3.2　硬钎剂 ……………………………… 73
  4.3.3　铝用钎剂 …………………………… 74
  4.3.4　气体钎剂 …………………………… 78
 4.4　化学反应去膜方法及原理 …………… 79
  4.4.1　钎剂去膜 …………………………… 79
  4.4.2　气体介质去膜 ……………………… 83
  4.4.3　真空 ………………………………… 85
 4.5　物理去膜方法及原理 ………………… 87
  4.5.1　机械去膜 …………………………… 87
  4.5.2　超声波去膜 ………………………… 88
 4.6　本章小结 ……………………………… 90
 思考题 ……………………………………… 91
 参考文献 …………………………………… 92

第5章　钎焊方法及设备 ……………… 93
 5.1　钎焊方法分类 ………………………… 93
 5.2　局部加热式钎焊 ……………………… 94
  5.2.1　烙铁钎焊 …………………………… 94
  5.2.2　火焰钎焊 …………………………… 96
  5.2.3　电阻钎焊 …………………………… 97
  5.2.4　感应钎焊 …………………………… 99
 5.3　整体加热式钎焊 …………………… 101
  5.3.1　液体介质钎焊 ……………………… 101
  5.3.2　炉中钎焊 …………………………… 103
 5.4　高能量热源钎焊 …………………… 106
  5.4.1　电弧钎焊 …………………………… 106
  5.4.2　激光钎焊 …………………………… 108
  5.4.3　电子束钎焊 ………………………… 109
 5.5　本章小结 …………………………… 110
 思考题 …………………………………… 112
 参考文献 ………………………………… 113

第6章　钎焊性及可靠性 ……………… 114
 6.1　钎焊性分析 ………………………… 114
  6.1.1　概念 ………………………………… 114
  6.1.2　影响因素 …………………………… 115
 6.2　钎料性能试验方法 ………………… 116
  6.2.1　化学成分测试 ……………………… 116
  6.2.2　熔化特性分析 ……………………… 117
  6.2.3　润湿性试验 ………………………… 118

 6.3　接头性能试验方法 ………………… 120
  6.3.1　力学性能测试 ……………………… 120
  6.3.2　物理性能测试 ……………………… 121
 6.4　接头可靠性分析 …………………… 121
  6.4.1　钎缝缺陷分析 ……………………… 122
  6.4.2　接头残余应力测试 ………………… 122
  6.4.3　接头可靠性试验 …………………… 124
 6.5　本章小结 …………………………… 125
 思考题 …………………………………… 126
 参考文献 ………………………………… 126

第7章　铝及其合金的钎焊 …………… 128
 7.1　铝及铝合金的种类及性能 ………… 128
 7.2　钎焊性分析 ………………………… 130
  7.2.1　表面氧化膜的去除 ………………… 130
  7.2.2　母材的软化 ………………………… 131
  7.2.3　接头的腐蚀 ………………………… 132
 7.3　钎焊工艺特点 ……………………… 133
  7.3.1　软钎焊 ……………………………… 133
  7.3.2　硬钎焊 ……………………………… 136
 7.4　典型钎焊工艺 ……………………… 137
  7.4.1　真空钎焊 …………………………… 137
  7.4.2　中性气氛保护钎焊 ………………… 137
  7.4.3　浸渍钎焊 …………………………… 138
 7.5　本章小结 …………………………… 138
 思考题 …………………………………… 139
 参考文献 ………………………………… 139

第8章　碳钢、不锈钢和高温合金的
    钎焊 …………………………… 140
 8.1　碳钢钎焊 …………………………… 140
  8.1.1　碳钢钎焊性分析 …………………… 140
  8.1.2　碳钢钎焊工艺特点 ………………… 140
 8.2　不锈钢钎焊 ………………………… 142
  8.2.1　不锈钢钎焊性分析 ………………… 142
  8.2.2　不锈钢钎焊工艺特点 ……………… 143
  8.2.3　典型不锈钢钎焊 …………………… 147
 8.3　镍基合金钎焊 ……………………… 148
  8.3.1　镍基合金钎焊性分析 ……………… 148
  8.3.2　镍基合金钎焊工艺特点 …………… 149
  8.3.3　典型镍基合金钎焊 ………………… 151
 8.4　本章小结 …………………………… 151

思考题 …… 152
参考文献 …… 153

第9章 异种金属的钎焊 …… 154
9.1 异种金属钎焊性分析 …… 154
9.2 铝与不锈钢钎焊 …… 155
9.2.1 铝与不锈钢的钎焊性 …… 155
9.2.2 铝与不锈钢钎焊工艺特点 …… 156
9.3 铝与铜钎焊 …… 158
9.3.1 铝与铜的钎焊性 …… 158
9.3.2 铝与铜钎焊工艺特点 …… 159
9.4 铝与钛钎焊 …… 161
9.4.1 铝与钛的钎焊性 …… 161
9.4.2 铝与钛钎焊工艺特点 …… 161
9.5 钛与不锈钢钎焊 …… 163
9.5.1 钛与不锈钢的钎焊性 …… 163
9.5.2 钛与不锈钢钎焊工艺特点 …… 164
9.6 本章小结 …… 166
思考题 …… 167
参考文献 …… 168

第10章 无机非金属材料的钎焊 …… 169
10.1 陶瓷钎焊 …… 169
10.1.1 陶瓷分类与性能 …… 169
10.1.2 陶瓷钎焊性 …… 170
10.1.3 陶瓷钎焊工艺特点 …… 171
10.2 碳材料钎焊 …… 174
10.2.1 碳材料种类与性能 …… 174
10.2.2 石墨钎焊 …… 174
10.2.3 金刚石钎焊 …… 176
10.2.4 碳/碳复合材料钎焊 …… 178
10.3 硬质合金钎焊 …… 179
10.3.1 硬质合金的分类及性能 …… 179
10.3.2 硬质合金钎焊 …… 180
10.4 本章小结 …… 182
思考题 …… 184
参考文献 …… 184

第11章 工具钢、钛合金及难熔合金的钎焊 …… 186
11.1 工具钢钎焊 …… 186
11.1.1 钎焊特点 …… 186
11.1.2 钎焊材料 …… 187
11.1.3 钎焊工艺 …… 188
11.2 钛及钛合金的钎焊 …… 188
11.2.1 钎焊特点 …… 188
11.2.2 钎焊材料 …… 189
11.2.3 钎焊工艺 …… 191
11.2.4 钛合金与其他材料钎焊 …… 191
11.3 难熔金属钎焊 …… 193
11.3.1 材料特点 …… 193
11.3.2 钎焊材料及工艺 …… 194
11.4 本章小结 …… 195
思考题 …… 196
参考文献 …… 196

第12章 新型材料的钎焊 …… 197
12.1 超导材料钎焊 …… 197
12.1.1 低温超导材料 …… 197
12.1.2 高温超导材料 …… 198
12.2 记忆合金钎焊 …… 200
12.3 TiAl金属间化合物钎焊 …… 201
12.4 铝基复合材料钎焊 …… 204
12.5 本章小结 …… 208
思考题 …… 208
参考文献 …… 209

第13章 电子制造中的钎焊 …… 211
13.1 电子制造的钎焊材料 …… 212
13.1.1 锡铅钎料 …… 212
13.1.2 无铅钎料 …… 213
13.1.3 软钎剂及钎料膏 …… 214
13.1.4 纳米连接材料 …… 216
13.2 电子制造的钎焊方法 …… 216
13.2.1 电子组装技术中的回流焊 …… 216
13.2.2 倒装芯片技术中的倒装焊 …… 218
13.2.3 电子制造中钎焊的典型缺陷 …… 219
13.3 本章小结 …… 220
思考题 …… 221
参考文献 …… 221

第1章

绪论

连接（Joining）是指将两种或两种以上分离的材料或零部件，通过机械紧固或界面冶金结合的方法，形成一个结构整体或者更加复杂的零件、部件或复杂系统。连接方法包括：

1) 机械连接（Mechanical Fastening）：借助螺栓、螺钉和铆钉等紧固件，将两种分离型材或零件连接成一个复杂零件或部件。机械连接的承载能力和刚度较低，但适用面较宽、应用较广。

2) 胶接（Adhesive Bonding）（或称"粘结"）：采用胶黏剂将被胶接物表面连接在一起。胶黏剂亦称黏接剂或胶。凡是能形成一薄膜层，并通过这层薄膜将一物体与另一物体的表面紧密连接起来，起着传递应力的作用，而且满足一定的物理、化学性能要求的媒介物质统称胶黏剂。胶接连接强度较低且连接层易老化，服役条件和期限有一定的局限性。

3) 焊接（Welding）：通过热、力或两者共同作用，使用或不使用填充材料，使待连接材料之间达到原子间冶金结合并形成永久性的连接接头。焊接是材料连接中最主要也是应用最广泛的连接方法[1]。

基于材料焊接的物理化学过程特点，焊接方法可分为熔化焊、固相焊、钎焊三大类。其中，熔化焊是指将母材表面局部加热熔化为液态，然后冷却结晶形成接头。固相焊是指通过加压、扩散、摩擦等措施，克服母材表面不平度，除去其表面氧化膜或其他污染物，使待焊接表面的原子相互接近到晶格距离，实现固态条件下的焊接。钎焊是指通过某些熔点低于母材熔点的填充材料加热熔化，在未熔的焊件待连接表面铺展润湿，与母材相互作用并形成界面冶金结合[2]。

钎焊是人类最早使用的焊接方法之一。例如，在河南三门峡上村岭发现的虢仲墓是西周晚期（公元前1046年—公元前771年）建造的，其出土文物青铜器上的壶耳是钎焊连接的；明代宋应星所著《天工开物》中也有关于钎焊的记载，"中华小钎用白铜末，大钎则竭力挥锤而强合之，历岁弥久，终不可坚"，其中的"小钎"指的就是现在的钎焊，而"大钎"则是锻焊，说明当时已掌握钎焊技术的应用[3]。在很长的历史发展时期，钎焊技术主要是由手工匠者所掌握，以手艺的形式传承，发展非常缓慢。20世纪后，尤其是第二次世界大战后，由于航空、航天、核能、电子等领域新技术的飞速发展，带来了新材料、新结构焊接的新要求，熔化焊技术难以全部胜任，钎焊技术开始备受关注。目前，钎焊技术已经成为制造技术领域不可或缺的技术之一。

图1-1为钎焊技术在典型产品制造中的应用示例。航空发动机燃油总管、动力轴、压力机静子环、液压气压导管等零部件，均采用了气体保护感应钎焊；卫星姿控系统的液体推进剂和高压气体钛导管、发动机头部的毛细管等采用了真空钎焊或感应钎焊；汽车车身、车门等采用电弧熔钎焊取代电阻点焊，以解决电极粘锌和焊点周围锌层受损问题；电子元器件及

其系统封装大量采用软钎焊，其中印制电路板通常采用自动化程度很高的波峰和回流软钎焊技术；另外，电真空器件、硬质合金钻头和大型发电机组转子线圈等广泛采用硬钎焊技术制造，涉及金属与金属、金属与陶瓷、金属与玻璃的连接。

图 1-1　钎焊技术在典型产品制造中的应用示例

1.1　钎焊的基本概念及内涵

钎焊是通过加热，使熔化的钎料（填充金属）与固态的母材之间发生物理或化学冶金作用，实现原子或分子之间的结合，形成连接的工艺过程。

如图 1-2 所示，以搭接形式为例，在进行钎焊连接时，把待焊件装配在一起，采用金属或非金属作为钎料，将搭接部位连接起来，使之成为一个整体结构。钎焊典型的特征是"钎料熔化、母材不熔化"，加热温度高于钎料的液相线，使钎料能够流动铺展，但必须低于母材的固相线，以避免母材遭受热损伤。钎料预放置于两焊件（母材）之间的间隙外附近位置或间隙内，钎剂可涂抹在母材表面，也可与钎料粉混合制成膏与钎料一起使

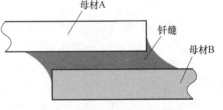

图 1-2　典型钎焊接头示意图

用。加热时钎剂先于钎料熔化，去除母材和钎料表面的氧化物；钎料若放置间隙外附近位置，则钎料熔化后，在毛细作用下钻入并填满间隙；钎焊保温时，钎料与母材之间将发生一定的物理或化学冶金作用，凝固后形成致密而牢固的接头。

钎焊要求熔化的钎料与母材必须有一定的冶金相容性，以保证液态钎料能够在母材表面铺展润湿，与其形成冶金结合。钎焊温度下，避免不了液态钎料（如金属）与固态母材之间要发生一定的冶金作用，包括钎料对母材的溶解和母材组分向钎料中扩散。焊件冷却时，钎料开始凝固，在固相母材表面以异质外延方式生长，钎料与母材之间以固溶体或化合物的

形式形成界面冶金结合，获得牢固的钎焊接头。

通常情况下，将钎料液相线温度低于450℃的钎焊称为软钎焊，如采用Sn-Ag-Cu钎料钎焊Cu、Zn-Al钎料钎焊铝合金等；将钎料液相线温度高于450℃的钎焊称为硬钎焊，如采用Ag-Cu钎料钎焊不锈钢和铜合金、Al-Si钎料钎焊纯铝、Ni-Cr-Si-B钎料钎焊镍基合金等[4]。

从工艺方法、成形及结合原理的角度分析，钎焊的本质与熔化焊、固相焊存在诸多不同。

熔化焊是通过加热，使待焊两个母材熔化，或者当采用填充材料时，还包括填充材料也熔化，并融合成形，凝固后以化学键形成连接。特点是在热源作用下，使待焊部位的母材或（和）填充材料一起熔化，融合形成焊缝，其化学成分可以与母材接近，也可以与母材相差较大，即当采用填充材料时焊缝的成分取决于填充材料与母材的化学成分差异。液态焊缝凝固时，以熔合区为起始，以同质或异质外延的方式结晶生长，通过化学键[包括固溶体或（和）化合物]与未熔化的母材形成连接，如图1-3所示。一般情况下，焊接过程只需要加热，不需要施加压力。熔化焊工艺方法有非熔化极气体保护焊、熔化极气体保护焊、激光焊、电子束焊等。

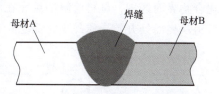

图1-3 典型熔化焊接头示意图

固相焊是在一定的压力作用下，通过固态母材（可以是金属或非金属）之间或母材与中间层材料之间发生相互扩散或化学反应，界面生成固溶体或化合物，以化学键形成连接。其特点是母材和填充材料都不熔化，连接过程中可通过对母材或（和）中间层加热，也可通过母材之间摩擦等产热，在压力作用下待焊母材将发生一定的塑性变形，并发生原子的相互扩散形成连接。焊接过程中在界面处形成过渡区，可能是固溶体，也可能是化合物。焊接过程施加压力是必要条件，焊前加热或不加热均可，母材发生一定的变形但不熔化。典型固相焊接头示意图如图1-4所示。固相焊工艺方法有扩散焊、摩擦焊、爆炸焊、热轧焊、搅拌摩擦焊等。

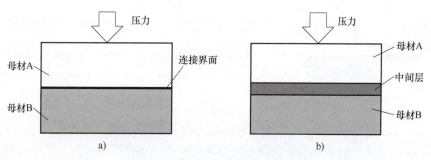

图1-4 典型固相焊接头示意图
a）不加中间层 b）加中间层

与熔化焊和固相焊相比，钎焊最鲜明的特征是在焊接过程中母材不熔化，而钎料必须熔化；钎焊过程加热是必要条件，但一般不需要施加压力或者只需要施加较小的压力。液态钎料与固态母材之间的界面，一般会发生溶解现象，也会发生互扩散或化学反应而形成固溶体或（和）化合物现象。钎焊和固相焊可用于焊接金属和无机非金属材料，其界面的键合类型也类似；而熔化焊大多情况下主要用于焊接金属材料。

1.2　钎焊接头的形成原理与方式

根据焊前钎料放置方式的不同，钎焊接头形成过程可分为两种：钎料填缝钎焊和钎料预置钎焊。

(1) **钎料填缝钎焊**　假设在无氧化的环境下进行钎焊，焊件以搭接形式装配，中间预留有间隙，钎料预先放置在缝隙外的附近位置，如图 1-5 所示。加热到钎料熔点时，钎料开始熔化、润湿母材并在母材表面发生铺展，在毛细力作用下熔化的钎料填入到母材预留的缝隙中，直到填满为止。在填缝以及保温过程中，钎料与母材发生溶解与扩散，形成固溶体或化合物界面区域，母材溶解的组元在液态钎料中扩散。钎焊保温时间结束，冷却过程中液态钎料从界面处开始异质外延结晶生长，直至钎缝金属全部凝固，形成钎料填缝钎焊接头。

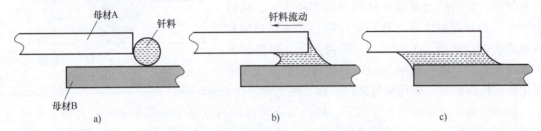

图 1-5　钎料填缝钎焊接头形成原理示意图
a) 钎料熔化　b) 钎料毛细填缝中　c) 钎料毛细填缝完成

(2) **钎料预置钎焊**　采用与钎料填缝钎焊相同的环境条件和搭接装配形式，钎料焊接前预先放置两焊件之间，母材与钎料无间隙装配，如图 1-6 所示。加热到钎料熔点时，钎料开始熔化，润湿母材后停留在间隙中实现冶金连接。除填缝过程外，钎料与母材之间发生与钎料填缝钎焊相同的物理或化学冶金结合过程，形成钎料预置钎焊接头。

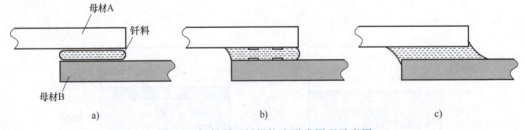

图 1-6　钎料预置钎焊接头形成原理示意图
a) 钎料熔化　b) 钎料部分润湿母材　c) 钎料全润湿母材

上述钎焊过程是假设在无氧化条件下进行的钎焊过程，实际上是不存在的，这只是为了方便理解钎焊形成原理而假设的一种理想化的条件。实际钎焊过程可在真空环境、气体保护环境或大气环境下辅助采用钎剂实现待焊部位的无氧化，这些钎焊方式分别是在密闭环境、部分敞开环境和敞开环境中进行，生产率依次提高。

(1) **真空环境下钎焊**　母材表面无氧化情况是很难做到的，表面氧化膜的存在是必然的。虽然在此环境中不能再加重氧化，但是，此时母材表面氧化物仍是液态钎料润湿的障碍。如果真空中氧分压与加热温度匹配合适，母材表面氧化物将发生分解或溶解到液态钎料中，钎料即可顺利润湿母材并完成真空钎焊过程。

(2) **气体保护环境下钎焊** 母材表面氧化膜无明显增厚，理论上来说，应该依靠氧化物的分解反应实现去膜。实际上，由于气氛中氧的存在，氧化物能否发生分解反应取决于钎焊温度和氧分压。一般地，在指定的钎焊温度下，大部分氧化物分解所需要的氧分压要比实际氧分压小若干数量级，通过自身分解消除氧化物几乎是不现实的，因此，气体保护环境下的钎焊往往需要借助于钎剂去膜。

(3) **大气环境下钎焊** 母材与钎料的表面氧化膜在加热过程中通常会增厚，造成去除困难，需要通过化学或者物理方式去除氧化膜。化学方式去膜最直接的是采用酸或碱类的物质与氧化物反应去除，但由于大部分这样的反应是室温下进行的，与钎焊加热条件相背离，效果不好。钎焊中常采用的反应去膜物质是金属盐类、碱土金属的氯化物或氟化物等，它们去膜的原理是复合反应，即在钎焊温度下去膜物质先形成一种离子，然后再与金属氧化物形成熔点更低的复合化合物。

1.3 钎焊的特点

与熔化焊和固相焊相比，钎焊具有以下独有的特点[5]：

(1) **加热温度较低** 钎焊加热温度取决于所采用钎料的熔点，一般高于钎料熔点 20~50℃，远低于母材的熔点。

(2) **焊件变形小、尺寸精度高** 钎焊加热温度相对较低，特别是部分接头或结构的钎焊采用整体加热方式，因此在焊件中引起的应力小，焊接变形也小，对于同质材料钎焊来说，可以达到很高的焊件尺寸精度。

(3) **适用于大部分材料的焊接** 钎焊不但可以用于连接同质的金属材料，在连接异种金属材料上也有很大优势。对于无机非金属材料的连接来说，除了扩散焊以外，钎焊是可选的主要连接方法之一。

(4) **适于批量生产，生产率高** 钎焊可以一次完成多焊缝的零件焊接，也可以单批次完成多零件的焊接制造。

(5) **接头强度低** 钎焊接头强度一般低于母材强度，是因为大多数可选用的低熔点钎料（如金属及其合金）强度低，且组织成分与母材差异大，难以做到钎缝（金属及其合金）的组织结构与母材一致。

(6) **接头耐热性能差** 钎焊接头的耐热性能取决于钎料（如金属及其合金），实现钎焊连接要求填充的钎料熔点必须低于母材，这样所形成的焊缝（如金属及其合金）难以具有高于或接近母材的耐热性能。

1.4 钎焊的主要内容

1.4.1 钎焊接头的形成过程

图 1-7 是钎焊接头形成过程的示意图，它覆盖了氧化膜去除、钎料润湿、流动、毛细填

缝和界面冶金作用等一般钎焊中所有物理和化学冶金现象。

(1) **钎料和母材表面氧化膜的去除过程**　根据钎焊环境的不同，可分为大气环境下、气体保护环境下和真空环境下钎焊。不同待焊母材能适应的钎焊环境也不同，如金属材料在所有环境中都可能进行钎焊，而陶瓷材料一般只能在真空环境中进行钎焊。

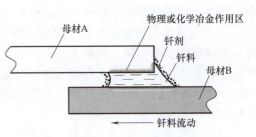

图 1-7　钎焊接头形成过程的示意图

(2) **钎料与母材紧密贴合、熔化、铺展、润湿过程**　钎焊温度下，在母材和钎料表面氧化膜被去除之后，纯净的钎料与母材就能紧密贴合，加热熔化、润湿并铺展母材。根据焊前钎料的放置位置，以及焊接过程中钎料流动并铺展母材的方式不同，钎料润湿母材的过程也不尽相同。在钎料填缝钎焊过程中，钎料填入母材间隙，同时润湿上下或左右两侧母材；在钎料预置钎焊过程中，钎料由固态转变为液态，其位置不变，只发生微小的形状变化。

钎料填缝和钎料预置方式钎焊的主要差别在于钎料流动变化过程不同，前者的钎料流动变化更复杂。

(3) **接头界面的形成过程**　由于钎料流动变化过程会因间隙、表面状态的不同而不同，为此，钎焊一般要保温一段时间。此时母材会在润湿界面处发生溶解，溶解进入钎料中的母材组元在钎料中发生扩散。保温结束后，随着温度的降低，液态钎缝（如金属）凝固成形，界面生成固溶体或化合物。

1.4.2　钎焊的科学问题

图 1-8 是钎焊冶金过程流程图及其主要科学问题。钎焊所涉及的科学问题主要包括母材表面氧化膜去除机制、钎料对母材润湿机制、钎料流动成形机制以及接头界面冶金作用规律。

1. 母材表面氧化膜去除机制

在钎焊加热过程中临近钎料熔化温度时，需要采用一定的措施清理干净钎料和母材（如金属）表面氧化膜，以保障后续润湿过程的顺利实现。

金属母材表面氧化膜去除是实现其钎焊过程的关键环节。熔融液态钎料和母材表面必然会发生氧化形成一层氧化膜，由于表面氧化物与母材基体是截然不同的材料属性，这就给钎料与母材的润湿结合带来了困难。换言之，如果在钎焊过程中不去除这层氧化膜，则实际上属于在钎焊氧化物，而氧化

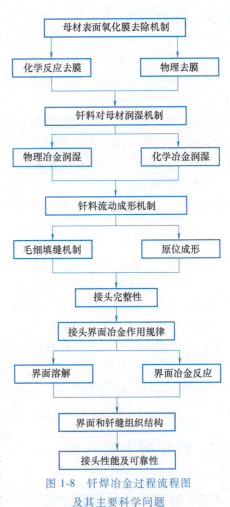

图 1-8　钎焊冶金过程流程图及其主要科学问题

物属于陶瓷类材料，陶瓷钎焊要比金属钎焊的难度大，一般情况下不应该选择通过钎焊金属的表面氧化层实现金属的连接。因此，钎焊金属时，母材表面牢固的氧化膜是必须要采取一定的手段清理掉；另外，熔融态的钎料表面氧化物容易碎化，清理比较容易，通常在清理母材表面膜的同时被一起清理掉。

金属钎焊过程中，清理掉钎料和母材表面氧化物是钎料润湿母材的先决条件。研究金属母材表面氧化物的去除方法及物理和化学冶金机制，涉及化学去膜和物理去膜方法中的化学和物理原理，其中，化学去膜原理涉及钎剂还原反应、络合反应、电化学反应、复合反应以及气体介质和真空环境下的还原反应和分解反应等。

去膜材料的腐蚀性和残留物清洗的难易程度是设计或选择去膜方法和去膜材料必须关注的问题。根据母材和钎料的特性，选择合理的钎焊去膜方法并设计去膜材料，是钎焊工艺设计的关键内容之一。

2. 钎料对母材润湿机制

液态钎料对母材润湿的实现是钎焊达成的基础，润湿性研究是钎料设计与选择的基础。

在母材表面氧化膜已被清理干净的条件下，液态钎料与母材产生紧密贴合的同时开始发生润湿，这也是真正的钎焊连接过程的开始。钎料与母材是否能够润湿，取决于在钎焊温度下它们之间的冶金相互作用机制，包括物理固溶冶金和化学反应冶金。

由于母材材料属性的不同，钎料对母材的润湿性也不尽相同。一般会选用实验观测法来评判钎料润湿性，这属于验证性的实验研究，其科学问题的本质是冶金学。对于金属母材，钎料可选用固溶冶金原理实现润湿，也可选用化学冶金原理实现润湿；对于无机非金属材料，只能通过化学冶金原理实现润湿。这里提到的钎料和母材的物理冶金或化学冶金作用指的是其组元之间相互作用，这是钎料设计与选择的出发点。解决了冶金学问题，借助于实验或模拟计算即可确定材料组元或成分的具体数值。

润湿程度取决于钎料与母材组元之间物理化学冶金作用属性及化学成分，钎焊参数的影响也不容忽视，良好的润湿是获得可靠钎焊接头的焊缝成形及完整性的保障，进而决定了接头性能及服役的可靠性。

3. 钎料流动成形机制

钎料在母材表面的流动发生在其熔化之后，或铺展开来，或填入母材缝隙，完成了钎缝成形，进而决定钎焊接头的完整性。

钎焊过程中，熔化的钎料与母材接触并润湿母材，液态钎料必然在表面张力驱动下发生形状和尺寸的改变，在母材表面发生铺展行为。在相同钎料体积的条件下，铺展面积的大小是由钎料润湿性决定的。

当液态钎料接触母材间隙时，其将在毛细作用下迅速填缝。研究钎料润湿性、母材间隙与填缝速度之间的关联，获得钎料在间隙内的流动行为，将决定最终钎缝是否形成气孔等缺陷，进而决定钎缝是否能填充饱满，如上将直接影响接头性能（如力学性能、密封性能等）。

4. 接头界面冶金作用规律

钎焊接头界面处物理或化学冶金作用主要发生在钎焊保温过程，这些作用将决定界面微观组织结构。

在钎焊保温阶段，熔化的钎料将会在接触界面处与母材发生物理或（和）化学冶金作用。对金属母材来说，钎料将对母材产生溶解，母材组元溶入钎料中形成钎缝组织，钎料与钎缝成分的差异与溶解程度有关，因此可以通过溶解调控钎缝组织及性能。如钎料对母材溶解严重，对有些金属甚至还有可能发生晶间渗透，将严重影响母材的性能。对无机非金属材料，钎料中的活性元素将与母材发生化学反应，生成脆性化合物层，此化合物层的属性和尺寸是影响接头强度的关键因素之一。通过调控钎料成分和钎焊参数，研究钎焊接头的微观组织结构特征及形成规律，包括钎缝、界面的结构特征及形成，是探索提高钎焊接头性能的技术途径。

1.4.3　本教材的主要内容

钎焊研究包括液态钎料与固态母材的物理化学作用行为和规律、钎焊接头界面和钎缝微观组织结构的形成规律、合理的钎焊工艺规范制定、提高钎焊接头的服役性能的新工艺及新结构，其研究目的是为新材料、异质材料、难熔材料和微细、复杂结构的钎焊连接提供技术支撑。

本教材包括如下主要内容：

1. 钎料与母材的润湿原理

基于液-固-气表面\界面张力概念及其数学关系，阐述钎料与母材润湿的基本物理和化学冶金原理，润湿性的评定方法及影响因素，选择或设计钎料及其化学成分的原则。

2. 钎焊去膜原理

介绍母材表面氧化物的化学和物理去除机制，包括还原法和复合法的化学反应去膜、分解反应的气体介质去膜、物理作用去膜，选择钎焊去膜的方法，钎剂及其化学组配的设计。

3. 钎料流动成形原理

介绍钎料在母材表面的流动变化和钎缝间隙内的填缝行为，表面张力驱动下的铺展机制及钎料涂覆成形，以及毛细作用驱动下的填缝成形及机制，钎缝缺陷形成规律，钎焊接头完整性。

4. 钎料与母材界面冶金作用规律

介绍液态钎料与母材的相互作用规律，包括钎料对母材的溶解、母材组元在钎料中扩散的物理冶金机制以及钎料与母材的化学冶金机制，钎焊接头的微观组织结构特征及规律，包括钎缝、界面的结构特征及形成，提高钎焊接头性能的途径。

5. 钎焊工艺设计、接头服役性能及可靠性分析

针对某特定母材及其特性，介绍钎料设计或选择、钎剂和钎焊方法，接头形式设计和钎料与钎剂放置方式，钎焊工艺过程参数、焊后处理等对钎焊接头性能影响规律，钎焊工艺规范的制定，钎焊接头的力学、耐腐蚀及热传导性能。结合接头应力场及组织特性，介绍其服役可靠性。

6. 典型材料的钎焊

从材料的物理化学及力学性能出发，介绍材料钎焊的冶金问题和工艺问题，钎料与钎剂的选用原则，以及钎焊材料与工艺的匹配规律，接头微观组织结构特征及性能特点。

1.5 本章小结

1. 钎焊连接的本质

钎焊是通过加热,使熔化的钎料与固态母材之间发生物理或(和)化学冶金作用,实现原子或分子之间的结合,形成牢固连接的工艺过程。

在熔化焊、固相焊和钎焊三大类焊接工艺方法中,钎焊技术最鲜明的特征是在焊接过程中母材不熔化,钎料熔化;钎焊过程需要加热,但一般不需要施加压力,通过液态钎料与固态母材之间的物理冶金或化学冶金形成连接界面。除了熔化焊,钎焊和固相焊均可用于焊接无机非金属材料,以化学冶金结合为主要的界面结合方式;而熔化焊主要用于焊接金属材料。

2. 钎焊成形原理及特点

根据焊前钎料放置方式的不同,钎焊接头的形成主要有两种方式:钎料填缝钎焊和钎料预置钎焊,其最大区别是,前者熔融钎料在钎焊间隙中流动、铺展、润湿母材形成钎焊接头,后者是熔融钎料原位微流动、润湿母材形成钎焊接头。从两种钎焊方式的形成原理可以看出,其钎缝缺陷控制原理及方法也不一样。

钎焊的环境条件可选择真空、气体保护或大气,其差别主要是环境中氧分压的差别,在不同氧分压条件下母材表面加热氧化的程度有所不同,金属氧化膜去除的难易程度也不同,以此为基础结合产品制造要求,设计或选择去膜方法和钎焊工艺方法。

与熔化焊和固相焊相比,钎焊特点有:加热温度较低;焊件变形小、尺寸精度高;可以用于连接同质金属、异种金属和无机非金属材料;适合于批量生产,生产率高;接头强度低、耐热性能差。

3. 钎焊物理和化学冶金问题

钎焊过程中所涉及的科学问题包括母材表面氧化膜去除机制、钎料对母材润湿机制、钎料流动成形机制和接头界面冶金作用规律,这些科学问题直接决定了钎焊的目标是否能够达成、钎焊的前提条件是否具备、钎缝缺陷如何调控、接头服役性能及可靠性如何提升。钎焊基础研究或技术开发等活动,应该紧紧围绕上述科学问题展开,才能实现能满足技术指标要求的产品的钎焊成形制造。

4. 钎焊研究的主要任务

钎焊去膜方法及原理,钎料对母材润湿的物理和化学冶金原理,钎料流动成形原理及缺陷控制,钎料与母材界面物理和化学冶金作用规律,钎焊工艺设计、接头服役性能及可靠性分析,材料的钎焊材料及工艺特点。

思 考 题

1. 从焊接方法的概念及内涵出发,分析钎焊、固相焊和熔化焊三者之间的差异。
2. 基于钎焊成形原理及应用实例,说明钎焊的特点及应用。
3. 试比较分析物理冶金和化学冶金过程对钎焊接头性能的影响。
4. 简要描述钎焊研究的主要内容及目的。

参 考 文 献

[1] 黄继华,陈树海,赵兴科. 焊接冶金原理[M]. 北京:机械工业出版社,2015.
[2] 中国机械工程学会焊接学会. 焊接手册:第1卷 焊接工艺方法及设备[M]. 3版修订本. 北京:机械工业出版社,2013.
[3] 方洪渊,冯吉才. 材料连接界面行为[M]. 哈尔滨:哈尔滨工业大学出版社,2005.
[4] 张启运,庄鸿寿. 钎焊手册[M]. 3版. 北京:机械工业出版社,2017.
[5] 邹僖. 钎焊[M]. 修订本. 北京:机械工业出版社,1989.

第2章

钎焊的基本原理

钎焊连接过程能否实现的前提是液态钎料能否润湿母材。若钎料能润湿母材，则可通过钎料填缝或预置方式进行钎焊。钎焊过程中，钎剂加热熔化后与母材表面发生物理化学冶金作用，清理掉母材表面氧化物；熔化后的钎料在母材表面铺展，在毛细作用下填入两焊件之间的缝隙，在界面处钎料与母材发生溶解与扩散，钎缝金属凝固结晶，在钎缝与母材之间形成界面的冶金结合，从而形成钎焊接头。

液态钎料在金属母材表面的润湿铺展、毛细填缝、溶解与扩散等作用，是钎焊接头形成过程中的冶金过程。在上述过程中，还会发生液态钎料组元与母材之间的化学冶金过程，形成化合物。这些物理或（和）化学冶金过程是钎焊的关键，其作用的效果决定了钎焊焊缝的成形质量和接头的性能。

为了便于钎焊基本原理的学习，本章以无氧化的理想环境中的钎焊过程为研究对象，主要讨论钎焊焊缝形成过程中液态钎料对母材的润湿及其在母材表面的铺展和填入焊件缝隙的流变过程、钎料（主要是合金）与母材的物理化学冶金作用，以及所形成钎焊接头的微观组织特征。

2.1 润湿

2.1.1 表面与界面的基本概念

1. 润湿现象

润湿是指固体表面上的气体被液体取代的过程。润湿或不润湿现象是生活中很常见的现象，例如，将水滴在清洁的玻璃板上，水滴在玻璃板表面迅速铺展散开，这表明水能润湿玻璃，如图 2-1 所示；将水滴在荷叶上，水总是呈椭球状，且会在荷叶上滚动，这表明水不能润湿荷叶，如图 2-2 所示。

2. 表面与界面

表面与界面研究所涉及的对象是一个具有多相性的不均匀体系，体系中存在两个或两个以上不同性质的相。表面和界面指的是由一个相过渡到另一个相的过渡区域。根据物质的状态，通常可以分为气-固、气-液、液-固、液-液、固-固界面。习惯上，气体与液体之间相互接触的面，称为液体的表面，气体与固体相互接触的面，称为固体的表面；液体与固体、液体与液体、固体与固体之间的过渡区称为界面。

气-液界面或气-固界面之所以习惯地称为液体表面或固体表面，是因人所在的位置和角

图2-1 水滴润湿玻璃的现象

图2-2 水滴不润湿荷叶的现象

度不同而做的区分,看到的物体叫表面,看不到的物体之间的过渡区叫界面。一般地,气体与气体之间总是均匀相体系,不存在界面。

实际上,两相之间的界面是一个物质逐步过渡的区域。在界面区,结构、组成和能量等都呈现连续的梯度变化。界面不是几何学上的平面,而是一个结构复杂、厚度极小的准三维区域,因此,通常把界面区称为界面层。

3. 表面张力与界面张力

(1) 液体的表面张力和表面能 液体中的分子或原子之间存在短程的相互作用力,处在液体表面层的分子或原子与处在液体内部的分子或原子所受的力场是不同的。处在液体内部的分子或原子受到周围同种分子或原子的相互作用力是对称的、平衡的。但是,处在液体表面层的分子或原子没有被同种分子或原子完全包围,受到指向液体内部的液体内分子或原子的吸引力。也就是说,液体表面的分子或原子受到的是拉入本体内的力,力图将表面积缩小,直到使这种不平衡的状态趋向平衡状态为止。受此引力作用的表面层分子或原子只限于1~2层,离开表面几个分子或原子直径的距离,此引力作用就不存在了。

从液体内部将一个分子或原子移到表面层要克服这种引力而做功,从而使系统的自由焓增加;反之,表面分子或原子移入液体内部,系统自由焓下降。从热力学角度看,系统的能量越低越稳定,所以液体表面具有自动收缩使表面积减小的能力。

促使液体表面收缩的力叫作液体表面张力,用 σ_{lg} 表示。从力学角度看,表面张力是液体表面相邻两部分之间,单位长度内互相牵引的力(N/m)。从热力学角度看,表面张力倾向将体系的表面能降至最小,也就是形成或扩张单位面积的界面所需的最低能量,即单位面积上的自由能(J/m^2),它的数值和表面张力(N/m)一致[1]。表2-1给出了一些液态金属的表面张力数据,例如,液态金属Sn的表面张力为0.55N/m,液态金属Ag的表面张力为0.93N/m。

(2) 固体的表面张力和表面能 固体是指有一定的体积和形状并能够承受应力的刚性物体。在室温下它的分子或原子处在相对固定的位置上振动,但不可以自由流动。固体的表面与液体的表面截然不同,具有尤其独特的物理化学特性。

固体中的分子或原子之间存在短程的相互作用力,是通过化学键产生的作用力。相对液体中的分子或原子之间的作用力来说,固体中的分子或原子之间作用力是较强的,导致固体中的分子或原子迁移困难。本体中的分子或原子与其周围的分子或原子之间的作用力是平衡

表 2-1　一些液态金属的表面张力数据[2]

金属	σ_{lg}/(N·m^{-1})	金属	σ_{lg}/(N·m^{-1})	金属	σ_{lg}/(N·m^{-1})	金属	σ_{lg}/(N·m^{-1})
Ag	0.93	Cr	1.59	Mn	1.75	Sb	0.38
Al	0.91	Cu	1.35	Mo	2.10	Si	0.86
Au	1.13	Fe	1.84	Na	0.19	Sn	0.55
Ba	0.33	Ga	0.70	Nb	2.15	Ta	2.40
Be	1.15	Ge	0.60	Nd	0.68	Ti	1.40
Bi	0.39	Hf	1.46	Ni	1.81	V	1.75
Cd	0.56	In	0.56	Pb	0.48	W	2.30
Ce	0.68	Li	0.40	Pd	1.60	Zn	0.81
Co	1.87	Mg	0.57	Rh	2.10	Zr	1.40

的。若将体相分离构成新表面后，固体表面的分子或原子的受力是不平衡的，与液体表面一样受到指向固体内部的力。固体表面的分子或原子受到的应力，被称为表面应力，在表面应力的作用下，固体中的分子或原子会向平衡位置缓慢迁移，表面应力缓慢降低。经过长时间的变化，表面的分子或原子达到新的平衡，迁移至新的位置，表面应力趋近表面张力。

固体表面的分子或原子具有残余的应力场，使得其具有吸附其他物质的能力，或叫吸附作用，这种作用称为固体的表面张力，用 σ_{sg} 表示。固体表面的吸附作用分为物理吸附和化学吸附。物理吸附的作用力是范德华力，物理吸附热的数值与液化热相似，一般在 40J/mol 以下。化学吸附的作用力与化合物中形成化学键的力相似，其数值大小要比范德华力大得多，化学吸附热也与化学反应热相似，一般在 80~400kJ/mol 之间[1]。表 2-2 给出了几种固态金属的表面张力数据，例如，固态金属 Cu 的表面张力为 1.43N/m（1050℃），固态金属 Fe 的表面张力为 2.1N/m（1400℃）。

表 2-2　几种固态金属的表面张力数据[2]

金属	温度/℃	σ_{sg}/(N·m^{-1})
Fe	20	4.0
	1400	2.1
Cu	1050	1.43
Al	20	1.91
M	20	0.70
W	20	6.81
Zn	20	0.86

（3）液-固界面张力和界面能　液相与固相之间存在一个物质逐步过渡的界面区，其结构、组成和能量等都呈现连续的梯度变化，是一个结构复杂、厚度极小的准三维区域，这是液、固表面接触并发生相互作用的结果。液体表面张力促使其表面收缩，固体表面张力使其吸附其他物质；当液相与固相的表面接触时，液相与固相发生相互作用，其作用结果产生了液-固界面张力，也称为界面能，用 σ_{ls} 表示[1]。表 2-3 给出了一些两金属体系的界面张力

数据，例如，液态金属 Cu 与固态金属 Fe 之间的界面张力为 0.44N/m（1100℃），液态金属 Ag 与固态金属 Fe 之间的界面张力>3.4N/m（1125℃）。

表 2-3 一些两金属体系的界面张力数据[2]

系统	温度/℃	σ_{sg}/(N·m^{-1})	σ_{lg}/(N·m^{-1})	σ_{ls}/(N·m^{-1})
Al-Sn	350	1.01	0.60	0.28
	600	1.01	0.56	0.25
Cu-Ag	850	1.67	0.94	0.28
Fe-Cu	1100	1.99	1.12	0.44
Fe-Ag	1125	1.99	0.91	>3.40
Cu-Pb	800	1.67	0.41	0.52

2.1.2 润湿原理

1. 润湿的内涵

润湿的内涵指的是液体与固体表面之间的亲和程度，亲和程度越高，润湿越好。润湿发生的条件，从分子或原子层面上看，是固体表面对液体的分子或原子的吸引力大于液体本身分子或原子之间的吸引力，这样就能使液固体系自由能降低。

从热力学角度看，润湿是指液体与固体接触后造成液固体系自由能降低的过程。润湿可分为三大类：附着润湿、浸渍润湿和铺展润湿。

附着润湿是指液体与固体以附着方式接触并润湿，此过程中部分液相和固相表面被转变为新的液-固相界面，气-液相和气-固相界面均减少。浸渍润湿是指固体浸入液体发生润湿的过程，此过程中气-固相界面被液-固相界面所取代，而气-液相表面没有发生变化。铺展润湿是指液滴在固体表面上覆盖并展开的过程，液-固相界面取代气-固相界面，同时，气-液相界面发生形状尺寸的变化。在钎焊工艺过程中，在两焊件之间预先放置钎料，钎料加热熔化并润湿母材过程与附着润湿过程是类似的；在两焊件间隙附近预先放置钎料，钎料加热熔化后在毛细作用下填充焊件间隙，这是润湿和毛细的复合作用结果，此过程的润湿是与铺展润湿过程非常接近的。

2. 润湿的物理模型及数学表达

固体与液体之间的相互作用决定了润湿现象是否发生。将液态钎料滴在固态母材表面，液态金属截面形状或呈球缺形（比半球体的体积小，类似月牙），或呈近似的扁球形（比扁球体的体积小），如图 2-3 所示。钎料液滴形状的变化过程是液相与固相界面能的变化使液-固体系自由能降低的过程，最终呈现的形状是体系自由能最低时的形状。液滴形状存在差异表明液态金属钎料与母材是否润湿或润湿的程度。一般地，在液-固-气三相交界的点处做液相表面切线，其与液-固相界面所构成的夹角 θ 定义为液态钎料与固态母材的接触角。通常认为，图 2-3a 的形状为钎料与母材润湿，此时，$\theta<90°$；图 2-3b 的形状为钎料与母材不润湿，此时 $\theta>90°$。

液态钎料在母材表面铺展结束时，液-固体系处于平衡状态。假设体系的温度、气压和组成不变，忽略液态钎料重力的影响，在液-固-气三相交界处的 O 点，各界面张力平衡，由著名的杨氏方程（Young 方程）可得：

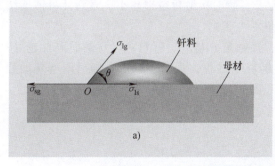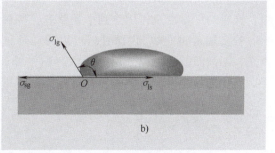

图 2-3　固态母材表面上液态金属钎料呈现形态的截面示意图

a）润湿　b）不润湿

$$\sigma_{sg} = \sigma_{sl} + \sigma_{lg}\cos\theta \tag{2-1}$$

$$\cos\theta = \frac{\sigma_{sg} - \sigma_{ls}}{\sigma_{lg}} \tag{2-2}$$

式中，θ 是液-固-气三相交界的 O 点处液相表面切线与固-液相界面线的夹角，表征的是液态钎料与固态母材的接触角；σ_{lg} 是液态钎料的表面张力；σ_{sg} 是固体母材的表面张力；σ_{ls} 是钎料与母材的界面张力。

由式（2-2）可知，接触角 θ 的大小是由三个表面与界面张力的数值决定的。润湿与否通常以接触角 $\theta = 90°$ 为临界。若 $\sigma_{sg} > \sigma_{ls}$，则 $\cos\theta > 0$，$\theta < 90°$，通常认为液态钎料润湿母材，且 θ 越小，润湿性越好；若 $\sigma_{sg} < \sigma_{ls}$，则 $\cos\theta < 0$，$90° < \theta < 180°$，通常认为液态钎料不润湿母材；若 $\theta = 0°$ 或 $180°$，表明的是完全润湿或完全不润湿的极限状态，完全润湿意味着钎料可以在母材表面完全铺展，完全不润湿只有理论上的意义。钎料与母材的接触角 θ 可以用来判断是否润湿或表征润湿的程度，利用式（2-2）和表 2-1～表 2-3 中 σ_{lg}、σ_{sg} 和 σ_{ls} 的具体数据，可以借助杨氏方程，通过计算评定钎料与母材的润湿性。

2.1.3　润湿性的评定

在钎焊工艺设计过程中，需要选择钎料或设计钎料。针对某母材，在已有的钎料中选择最适宜该母材钎焊的钎料；或者根据母材特性设计钎料合金时，其组分构成元素和化学成分配比及优化必然要通过试验确认。因此，评估某钎料合金是否能钎焊某母材，均涉及钎料润湿性的评定问题。

由杨氏方程可知，液态钎料在母材表面接触角 θ 的大小可以用来判定它们之间是否润湿。假如钎料和母材的表面或界面张力数值齐全的话，接触角 θ 的具体数值可以通过表面或界面张力进行计算得到，即理论上可借助杨氏方程对润湿性进行评定。但是，目前在润湿性研究中，大多采用试验方法进行评定，包括浸渍、铺展、填缝、T 接头钎焊等试验方法。其中应用较普遍且简单实用的评定方法是铺展试验法，包括接触角法和铺展面积法。

（1）**接触角法**　取一定质量或体积的钎料，将其放置于母材表面并一起加热至钎焊温度，并在此温度下保持足够的时间直至钎料不再铺展，冷却凝固；垂直于母材表面，任意截取一个含有铺展钎料形状中心点的横截面，用图像法测量钎料铺展前沿的轮廓线与母材表面的夹角，即为接触角 θ，制样和测试原理如图 2-4 所示。也可以采用高速摄像方法对钎料在母材表面铺展的接触角变化过程进行拍摄，图 2-5 是 Sn-8Ti 钎料在 ZrO 陶瓷表面的接触角随时间变化的情况。从图 2-5 可以看出，随时间延长，瞬时接触角越来越小，直到钎料铺展结束，钎料与母材冶金作用达到平衡状态，接触角不再变化。

若接触角 $\theta<90°$，说明钎料可以润湿母材，接触角 θ 越小，钎料对母材的润湿性越好；反之，不润湿。也可以采用高速摄影拍摄钎料铺展全过程，观察接触角 θ 随时间变化的趋势，变化的速率可以反映钎料与母材相互作用程度的强弱。

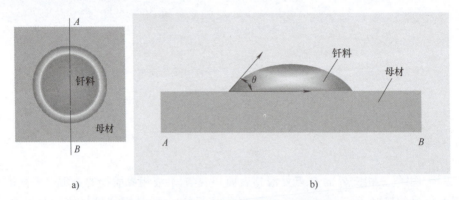

图 2-4 接触角法评定润湿性原理示意图

a) 母材表面铺展后钎料俯视图 b) 钎料与母材的截面图及接触角 θ 测试

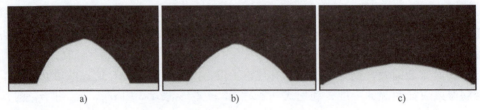

图 2-5 Sn-8Ti 钎料在 ZrO 陶瓷表面的接触角随时间变化的情况[3]

a) 100s b) 250s c) 3600s

（2）铺展面积法 采用上述相同的过程进行钎料铺展试验，冷却凝固后，沿垂直于试样表面方向对铺展的钎料进行拍照，用图像法测量钎料的铺展面积 S，试样俯视图和测试原理如图 2-6 所示。液态钎料能够在母材表面铺展开，铺展面积与钎料熔化的初始面积相比增加较大，说明钎料可以润湿母材；反之，不润湿。铺展面积越大，表明钎料的润湿性越好。

对同一对钎料和母材来说，无论是采用接触角法，还是采用铺展面积法，不应该存在润湿性评定结论的差异。以上润湿性评定方法所获得的结果均与试验条件密切相关，

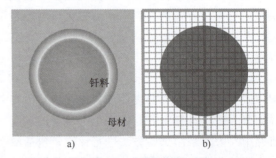

图 2-6 铺展面积法评定润湿性原理示意图

a) 母材表面铺展后钎料俯视图
b) 钎料铺展面积的计算原理

若在真空环境下进行试验测试，其评定结果只适用于真空钎焊；若采用合适的去膜钎剂，其测试结果与真空环境下测试相比可能有些差异，但差异应该不会太大。

2.1.4 润湿性的影响因素

由式（2-2）可知，钎料对母材的润湿性取决于各界面张力之间的关系，σ_{sg} 增大，σ_{ls} 或 σ_{lg} 减小，都能使 $\cos\theta$ 增大，θ 减小，即钎料对母材的润湿性变好。

液态钎料的表面张力 σ_{lg} 表征的是液态钎料内部原子对表面原子的吸引力，σ_{lg} 越大，意味着吸引力越大，液态钎料容易收缩呈球形，不容易产生润湿；σ_{lg} 减小，吸引力减弱，液态钎料原子容易克服其本身的吸引力向表面移动，使表面积增大，更容易润湿与铺展。固态母材的表面张力 σ_{sg} 表征的是固体表面原子对其他物质的吸附作用，σ_{sg} 增大，固态母材对液态钎料的吸附作用增强，容易使液态钎料表面积增大、流动铺展。液态钎料与固态母材之间的界面张力 σ_{ls}，表征的是液态钎料内部分子或原子被拉向固-液界面的难易程度，σ_{ls} 越大，液态钎料内部原子越难以被拉向固-液界面；σ_{ls} 减小，液态钎料内部原子越容易被固态母材原子拉向固-液界面，液态钎料越容易铺展。

上述三种表面张力对润湿性影响的程度是有区别的。液态钎料的表面张力 σ_{lg} 只能影响润湿性的程度，固态母材的表面张力 σ_{sg} 和固-液界面张力 σ_{ls} 决定了是否可以润湿。液态钎料的表面张力 σ_{lg} 和固态母材的表面张力 σ_{sg} 是其自身的化学成分、组织结构及表面状态决定的，也就是说，钎料和母材的化学成分、组织结构及表面状态在一定程度上决定了钎料与母材的润湿性。液态钎料与固态母材之间的界面张力 σ_{ls} 是其物理与化学冶金的相互作用决定的，元素之间的冶金作用在很大程度上决定了钎料与母材的润湿性。当然，温度对冶金作用的影响是不能忽略的，进而影响润湿性，所以钎焊温度也是一个必须考虑的影响因素。

基于上述分析，下面从影响表面张力的因素出发详细讨论影响钎料与母材润湿性的主要因素。

1. 钎料和母材成分的影响

根据上述分析可知，钎料对母材的润湿主要取决于其相互之间的物理与化学冶金作用。一般地，钎料是金属，母材可以是金属，也可以是无机非金属。钎料与母材之间相互作用的物理与化学冶金作用，从材料角度分类，可以是纯金属与纯金属，也可以是纯金属与合金，还可以是合金与无机非金属。

根据金属学原理，对于金属来说，主要存在三种冶金作用：①液、固态金属均不发生相互作用；②液、固态金属均可以相互溶解和固溶；③液态金属相互溶解、固态化合。对于无机非金属来说，金属与无机非金属或不发生相互作用或发生化合反应。下面就结合上述的材料分类和冶金作用原理进行逐一讨论。

(1) **纯金属的钎料与母材** 对于纯金属钎料和母材，若它们在液态和固态均不发生相互作用，则它们之间不能发生润湿。这样的金属系统有 Fe-Ag、Fe-Pb、Fe-Bi 等。以纯 Ag 是否可钎焊纯 Fe 为例来分析，液态金属 Fe 和 Ag 不互溶，固态也不相互固溶；从表面张力角度分析，1125℃时液态 Ag 与固态 Fe 之间的界面张力 σ_{ls} 大于 3.4N/m，可判断 $\cos\theta$ 只能为负值（金属表面张力 σ_{sg} 一般小于 2N/m），这样 $\theta>90°$，因此，Ag 钎料不能润湿或钎焊 Fe 母材。

若它们在液态和固态均可以相互溶解和固溶，液态时溶解度应该是无限的，凝固时固溶度可以是无限的，也可以是有限的，则钎料均可以润湿母材。这样的金属体系是非常多的，例如 Ag-Cu，纯 Ag 钎料是可以钎焊纯 Cu 的。从 Ag-Cu 相图可知，在 779℃时 Ag 在 Cu 中的

固溶度 $w_{Ag} \approx 8.8\%$；从表面张力角度分析，在 850℃ 时 Ag 与 Cu 之间的界面张力 σ_{ls} 为 0.28N/m，可判断 $\cos\theta$ 是大于 0 的，这样 $\theta<90°$，因此，Ag 钎料对 Cu 母材的润湿性极好。

以上分析表明，对于 Ag 钎料来说，对母材 Fe 和 Cu 的润湿性是不同的，由于它们之间的冶金作用不同，界面张力不同，表现出的润湿性差异也非常大。

若钎料和母材在液态金属之间可以相互溶解，但凝固时固溶度几乎为零，两金属之间发生较强化合反应，形成金属间化合物，则钎料也可以润湿母材。这样的金属体系只能采用钎焊和扩散焊方法进行焊接，如 Fe-Al、Fe-Mg、Fe-Ti 等。由于缺乏这些金属体系的界面张力数据，无法从表面张力角度分析其润湿性。但是，从冶金相图可以判断，它们之间存在着多种化合反应，表明它们之间存在较强的相互作用，因此，它们之间的润湿性也是较好的。

(2) 纯金属钎料与合金母材　　对于纯金属钎料钎焊合金母材，纯金属与合金中主元素的冶金作用决定了钎料对母材的润湿性，即纯金属钎料与母材中主元素之间可以相互固溶或者化合，则钎料可以润湿母材。例如，针对是否可以采用纯 Ag 钎料钎焊不锈钢（06Cr18Ni11Ti）或镍基合金（Ni20CrTiAl），采用铺展面积法进行润湿性评定，结果如图 2-7 所示。从图 2-7 可以看出，Ag 对不锈钢的润湿性很差，而对镍基合金的润湿性较好。纯 Ag 钎料是否能润湿不锈钢或镍基合金取决于 Ag 是否能润湿合金中的主元素 Fe 或 Ni。对于 Ag 与 Fe，从前面的分析知道，Fe-Ag 属于无冶金相互作用金属体系，因此纯金属 Ag 钎料无法润湿不锈钢；对于 Ag 与 Ni，在 1000～1200℃ 温度范围内 Ag 在 Ni 中有一定的固溶度 w_{Ag} 为 3%～4%，说明纯金属 Ag 钎料可以润湿纯金属 Ni，也就可以润湿镍基合金。

(3) 合金钎料与合金母材　　对于合金钎料钎焊合金母材，合金钎料中的元素与合金母材中主元素的冶金作用决定了钎料对母材的润湿性。合金钎料某一元素与合金母材中主元素之间可以相互固溶或者化合，则钎料可以润湿母材；合金钎料多种元素能与母材中主元素之间可以相互固溶或者化合，则可以提高或改善钎料对母材的润湿性。例如，采用 AgCu 共晶合金钎料钎焊钢，由于金属 Ag 无法润湿母材中主元素 Fe，即金属 Ag 无法润湿钢；对于 Cu 与 Fe，Cu 在 Fe 中有一定的溶解度 w_{Cu} 为 3%～4%（≈1100℃），从表面张力角度分析，在 1100℃ 温度下 Cu 与 Fe 之间的界面张力 σ_{ls} 为 0.44N/m，$\cos\theta$ 必然为正值，$\theta<90°$，Cu 钎料可以润湿 Fe。因此，AgCu 钎料可以润湿钢。

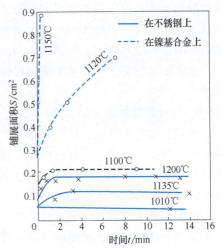

图 2-7　Ag 在不锈钢和镍基合金表面铺展面积随时间变化和温度影响曲线[2]

通过添加具有一定活性的元素可进一步提高或改善 AgCu 钎料对钢的润湿性。图 2-8 是添加不同含量 Pd、Mn、Ni、Zn、Sn、Si 后，AgCu 共晶合金钎料对钢润湿性的变化。从图 2-8 可以看出，在钎料中添加元素 Pd、Mn、Ni，提高润湿性的效果非常明显；Ni 含量低时，与 Pd、Mn 的效果接近，但超过一定值时反而使润湿性变差；元素 Zn、Sn、Si 有助于提高钎料的润湿性，但是提高幅度偏弱。

从液态金属表面张力角度分析，AgCu 共晶合金的表面张力 σ_{lg} 约为 0.97N/m

（1000℃），元素 Zn、Sn、Si 的表面张力（熔点温度）均比 AgCu 共晶合金的低，它们的加入应该使 AgCu 共晶合金的表面张力 σ_{lg} 值降低，可推测润湿程度会提高；元素 Pd、Mn、Ni 的表面张力（熔点温度）均比 AgCu 共晶合金的高，它们的加入应该使 AgCu 共晶合金的表面张力值提高，可推测润湿程度会降低，与实验结果正好相反。这说明，单纯从液态钎料表面张力数据的角度去分析润湿程度，是有一定的局限性的。

由金属冶金原理可知，元素 Zn、Sn、Si 与 Fe 易形成金属间化合物，而元素 Pd、Mn、Ni 与 Fe 形成无限固溶体，这种冶金特性在很大程度上影响 AgCu 共晶合金钎料与钢母材的界面张力 σ_{ls}。合金元素与钢较强的固溶作用能使其界面张力 σ_{ls} 显著减小，润湿程度显著提高；合金元素与钢的化合作用减小界面张力 σ_{ls} 的作用有限，所以虽有助于提高润湿程度，但效果有限。含镍量过高时钎料润湿性变差，应与钎料熔点升高、流动性变差有很大关系。

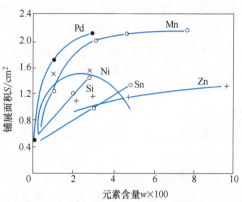

图 2-8 添加不同合金元素后 AgCu 共晶合金钎料在钢表面铺展面积随合金元素含量的变化[2]

（4）**表面活性物质** 将具有一定活性的元素加入到钎料中会促使钎料表面张力的降低，可以显著改善钎料对母材的润湿性。在钎料中添加表面活性物质的方式，已在钎料成分设计中广泛应用。例如，在 Cu 中添加还原性较强的元素 P 形成 CuP 钎料（见表2-4），可以提高其钎焊 Cu 合金过程中的润湿性。为避免钎料脆性增加，元素 P 的添加量一般很低，为 w_P = 0.04%～0.08%。P 与 Cu 可以形成低熔点共晶合金，不仅仅可显著降低钎料的熔点，还可以明显降低 CuP 钎料的表面张力 σ_{lg}，改善润湿性。元素 P 的活性作用主要体现在钎焊过程中能还原氧化铜，促进了润湿。元素 P 将钎料及母材表面的氧化铜还原，还原产物 P_2O_5 又与 CuO 形成复合化合物，在钎焊温度下呈液态覆盖液态钎料与母材的表面，防止进一步氧化。

表 2-4 在钎料中添加表面活性元素的实例[2]

钎料成分	表面活性元素	表面活性元素含量(质量分数,%)	母材
Cu	P	0.04～0.08	钢
	Ag	<0.6	
Cu-37Zn	Si	<0.5	
Ag-28.5Cu	Si	<0.5	钼、钨
Ag	Pd	1～5	钢
	Ba	1	
	Li	1	
Sn	Ni	0.1	
Al-11.3Si	Sb、Ba、Br、Bi	0.1～2	铝

（5）**金属钎料与无机非金属母材** 对于采用金属钎料钎焊无机非金属母材来说，也有与上述金属钎料钎焊金属母材有类似的润湿规律。若金属钎料与无机非金属母材之间能够发

生相互作用,即化学冶金反应,形成化合物,则它们之间是可以发生润湿的。

众所周知,大多数金属元素是不能与无机非金属材料发生物理或化学冶金反应的,这类金属钎料不能直接用于钎焊无机非金属母材。但是,可以借助于合金钎料的润湿性设计原理来改善这一情况,即在钎料中添加能够与无机非金属母材发生化学冶金反应的元素,如Ti、Zr、Cr、Hf等元素。这一做法已在陶瓷钎焊中普遍采用。例如,纯Ti钎料钎焊SiC陶瓷,借助于Ti与SiC的界面反应生成TiC和Ti-Si化合物,增强了SiC陶瓷对液态金属Ti的吸附作用,降低界面能,使得液态金属Ti可以很好地润湿SiC[4]。

2. 钎焊温度

在一定温度范围内,液态金属的表面张力随温度升高而下降,若温度升高到液-气相界面消失(蒸发)时,表面张力降为零。已有研究证明,随温度升高,液态钎料的表面收缩能力下降,其表面张力 σ_{lg} 减小,润湿能力提高。例如,当加热温度从250℃升高到800℃,Sn-Pb钎料的表面张力从接近0.5N/m下降到0.3N/m。

温度对液态钎料与母材之间界面张力 σ_{ls} 的影响更大。图2-9是几种钎料在不锈钢上的铺展面积、接触角与温度的关系。从图2-9可以看出,随钎焊温度升高,钎料的铺展面积显著增大,润湿性明显改善。其原因应该与这些钎料与不锈钢母材之间界面张力的显著降低有关。当然,这里也有钎料自身表面张力下降的因素。

提升温度可以有效提高钎料对母材的润湿性,这一点对于钎焊温度参数的设计具有重要的指导意义。但是,钎焊温度并不是越高越好,母材允许的加热温度是有限的,也有产品可承受温度的限制。更重要的是,温度过高会带来对焊接质量不利的影响,如钎料流动性变强,会造成钎料漫延流散,增加不必要的焊后清理工作,钎料流失甚至造成焊接缺陷,还有可能引起母材晶粒长大、溶蚀等现象发生。

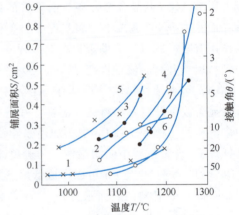

图2-9 几种钎料在不锈钢上的铺展面积、接触角与温度的关系[2]

1—Ag 2—Ag-5Pd 3—Ag-20Pd-5Mn
4—Ag-33Pd-4Mn 5—Ag-21Cu-25Pd 6—Cu
7—Ni-15Cr-4.5Si-3.75B-4Fe

3. 金属母材表面的氧化物

金属材料表面的物质构成及结构与基体差异很大。大部分金属在大气环境中都会被氧化,金属的还原性越强,其表面氧化越严重,表面氧化膜越致密牢固。金属氧化物属于类陶瓷材料,表2-5是几种金属氧化物的表面张力数据。从表2-5可以看出,几种常见的金属氧化物陶瓷的表面张力 σ_{sg} 都明显比基体金属的表面张力小,这就意味着钎料能润湿基体金属但不一定能润湿表面的金属氧化物。因此,母材表面金属氧化物的存在就成了钎料润湿的障碍。基于此,要实现金属材料的润湿,首先要解决润湿前去除金属表面氧化物的问题,这将在第4章中作详细讨论。

表2-5 几种金属氧化物的表面张力数据[2]

氧化物	$\sigma_{sg}/(N \cdot m^{-1})$	氧化物	$\sigma_{sg}/(N \cdot m^{-1})$
Fe_2O_3	0.35	Al_2O_3	0.56
CuO	0.76		

4. 母材表面的粗糙度

母材表面的微细结构与表面加工或处理方法有关，不同方法得到的表面结构存在较大差异，这种差异通常用表面粗糙度来表征，下面就来讨论母材表面粗糙度对钎料润湿性的影响。

图 2-10 是表面处理对 Ag-20Pd-5Mn 钎料在不锈钢上铺展面积的影响，从图 2-10 可以看出，在不同处理方式的母材表面，钎料的铺展面积有较大差异。试验中采用的钎料是 Ag-20Pd-5Mn 银基合金，母材是 06Cr18Ni11Ti 不锈钢，试验温度为 1095℃。分别采用酸洗、喷砂、抛光方法对母材进行表面处理，三种处理方法的表面粗糙度从大到小依次为酸洗、喷砂、抛光。酸洗处理的母材润湿性最好，而抛光处理的润湿性最差。这说明母材表面粗糙度越大，其润湿性越好。分析认为，粗糙表面的沟槽起到了毛细管作用，是促进钎料铺展的主要因素，表面越粗糙，沟槽对液态钎料的毛细作用越强。这是改善钎料对母材润湿性的另一个有效方法。

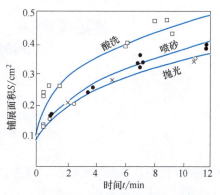

图 2-10 表面处理对 Ag-20Pd-5Mn 钎料在不锈钢上铺展面积的影响[2]

在铝合金母材表面进行的铺展试验结果与上述规律截然不同。试验中所用的钎料是 Sn-20Zn 锡基合金，母材是 2024 铝合金，分别采用抛光、化学清洗、砂纸打光、钢刷刷方法进行母材表面处理，所采用的去膜钎剂和加热保温过程均相同。试验发现，钎料在母材表面的铺展面积几乎没有差别，母材表面粗糙度对润湿性几乎没有影响。其原因是 Sn-20Zn 钎料对 2024 铝有强烈溶解作用，粗糙表面的沟槽被快速溶解而不复存在，导致其对液态钎料的毛细作用不明显。

2.2　液态钎料的流动行为

若钎料能够润湿母材，液态钎料在母材表面的流动有两种方式，在无拘束条件下液态钎料会在母材表面上自由铺展、流动，如果接触到焊件缝隙，液态钎料会在毛细作用下填入焊件缝隙内，形成钎焊焊缝（钎缝）。钎料在母材表面上自由铺展、流动是润湿过程的表现，前面已经讨论过了，本节主要讨论钎料的毛细填缝行为。

2.2.1　毛细填缝原理

钎料填缝钎焊是钎焊中最常见的工艺。该工艺将两块母材以搭接方式装配在一起，试板之间留有一定的间隙，钎料放置在间隙附近的位置，钎料熔化后自发流动填入钎缝的间隙内，完成钎缝的液态成形过程，钎料在毛细作用下填缝过程如图 2-11 所示。通常钎焊的预留间隙很小，就像毛细管一样，可以推测液态钎料是依靠毛细作用流入钎焊的预留间隙内的，这就是液态钎料在两母材间隙中的毛细流动特性。

下面基于流体力学原理，讨论液态钎料在钎缝间隙内的毛细流动原理。

为方便推导毛细流动的数学表达式，假设将间隙很小的两无限大平行的母材试板垂直插

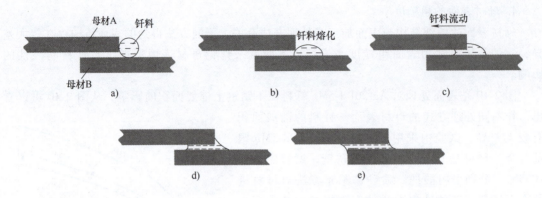

图 2-11　钎料在毛细作用下填缝过程示意图
a) 钎料放置缝隙附近　b) 钎料熔化但未填缝　c) 钎料刚开始填入间隙
d) 钎料填缝中　e) 钎料填缝完成

入液态钎料中，根据润湿情况，液态钎料在平行板间隙内可能爬升到高于液面的一定高度，但也可能下降到低于液面，如图 2-12a 和 b 所示。液态钎料在平行板间隙内上升或者下降取决于其前沿的弯曲液面形态，从本质上说，是取决于弯曲液面产生的附加压力。附加压力是任意形状的界面形成时产生的比平界面多出的压力，其根源是表面张力的作用结果。以气-液界面为例，平界面表面张力合力为零；当液面向气相延伸形成凸起的界面，液体表面张力的合力指向液体内部，液体所受压力比平界面大，产生的附加压力为正值；反之，当液面向液相收缩形成凹陷的界面，液体表面张力的合力指向气相内部，液体所受压力比平界面小，产生的附加压力为负值。

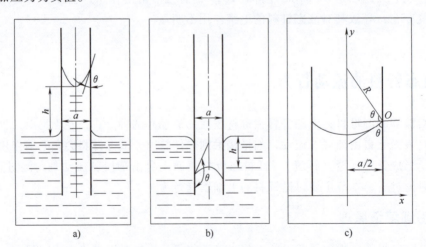

图 2-12　液态钎料在两试板间隙中爬升高度分析示意图
a) 钎料润湿母材　b) 钎料不润湿母材　c) 图 a 中液-固-气三相交点处几何分析示意图

设两平行板间隙大小为 a，液态钎料在两平行板间隙中上升或下降的高度为 h。在液态钎料在母材间隙内所形成的弯曲液面上取一垂直于板的截面，该截面存在两个液-固-气三相交接点，设其中一点为 O 点，它所在液面的曲率半径设为 R，如图 2-12c 所示。根据 Young-Laplace 方程可得：

$$p_A = \frac{\sigma_{lg}}{R} \tag{2-3}$$

式中，p_A 为弯曲液面附加压力。

由流体静力学原理可知：

$$p_A = \rho g h \tag{2-4}$$

式中，p_A 为静水压力，ρ 是液态钎料的密度；g 是重力加速度。

当液态钎料上升到最大高度时，弯曲液面附加压力与静水压力平衡，由式（2-3）和式（2-4）可得：

$$h = \frac{\sigma_{lg}}{\rho g R} \tag{2-5}$$

由图 2-12c 的几何分析可得：

$$R\cos\theta = \frac{a}{2} \tag{2-6}$$

将式（2-6）代入式（2-5），即可得：

$$h = \frac{2\sigma_{lg}\cos\theta}{\rho g a} \tag{2-7}$$

从式（2-7）可以看出，钎料在毛细作用下的填缝有如下规律：

1）当接触角 $\theta<90°$ 时，即液态钎料能润湿母材，则 $h>0$。如图 2-12a 所示，液态钎料前沿呈凹状弯曲液面，此时形成的附加压力指向间隙内部（垂直向上），从而能够牵引液态钎料沿着间隙爬升，超过液面达到一定高度，实现填缝。而且，接触角 θ 越小，h 越大，也就是钎料与母材润湿性越好，毛细填缝能力越强。

2）当接触角 $\theta>90°$ 时，即液态钎料不能润湿母材，则 $h<0$。如图 2-12b 所示，液态钎料前沿呈凸状弯曲液面，此时形成的附加压力指向间隙外部（垂直向下），阻碍液态钎料沿着间隙爬升，甚至无法上升至液面高度。这种条件下，液态钎料无法填缝，亦即无法进行钎料填缝式钎焊。

3）间隙大小 a 与钎料爬升高度 h 成反比，间隙 a 越小，h 越大，意味着钎料毛细填缝作用越强。

上述推导过程是基于假设液态钎料在母材间隙内向上爬升做出来的，虽然此过程与所研究的填缝式钎焊过程有差别，但是从毛细填缝规律的定性分析角度来说，所得到的规律大体一致，亦很有借鉴意义。若以实际填缝式钎焊的物理过程来研究毛细填缝规律，研究过程很复杂，属于学术范畴。

液态钎料在焊件间隙内的流动速度与毛细作用下的填缝规律密切相关，毛细作用越强，流动速度越快。钎料流动速度与焊件间隙成反比，焊件间隙越小，钎料流动速度越快；钎料与母材的接触角 θ 越小，润湿性越好，流动速度越快；液态钎料的黏度越小，流动速度越快。

若采用钎料预置钎焊工艺，钎料预先放置在钎缝间隙内，毛细作用仍然不能忽视。如果存在焊件之间间隙不等的情况，钎料厚度小于间隙尺寸，液态钎料必然会优先填充小间隙的位置，从而造成大间隙位置钎料缺失。

2.2.2 毛细填缝过程

由以上分析可知，影响毛细填缝过程的主要因素是钎料对母材的润湿性和两焊件之间的间隙。润湿与否决定了钎料是否能进行毛细填缝，润湿的程度和焊件间隙都会影响着毛细作用，即钎料在间隙内流动的快慢。从钎焊工艺的角度，焊件间隙的影响更为重要，因为液态钎料在间隙内的流动行为是产生钎缝缺陷的主要原因。

理想状态下，焊件的间隙是均匀的，母材的表面状态也是一致的，那么液态钎料在间隙内的流动速度应该是均一的，填缝前沿是整齐一致的。实际上，间隙绝对均匀很难做到，间隙内表面不可能绝对平整，表面的清洁度、粗糙度也有差异，加上液态钎料同母材表面的物理化学作用等因素的影响，常常造成液态钎料在间隙内不能以整齐的前沿向前推进，出现紊乱流动，形成包围现象。若围住的是气体，则形成气孔缺陷；若围住的是钎剂，则形成夹渣缺陷。因此，液态钎料在间隙内的毛细流动行为是很复杂的现象。简单起见，这里只以平行和不平行间隙为例，分析液态钎料毛细填缝过程的规律。

1. 平行间隙

图 2-13 是平行间隙液态钎料的填缝过程示意图。将液态钎料放置平行间隙的一侧，在毛细作用下液态钎料向间隙内填充，液态钎料一旦流进间隙内，其前沿均会形成内凹的弯曲液面，进而产生指向液体外的附加压力。当液态钎料流入缝隙很小的一段距离后，其两侧的钎料边缘处也会形成弯曲液面，使得此处液态钎料前沿的附加压力要比中间处的附加压力大，同时钎料在边缘处流动的阻力也比较小，造成边缘两侧的液态钎料流动速度明显比中间的快。填缝过程中钎料就可能形成包围现象，将气体夹在液态钎料中形成气孔缺陷。

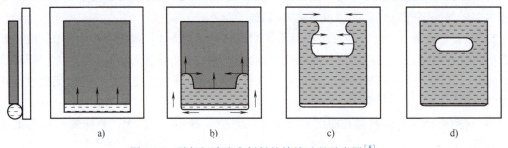

图 2-13 平行间隙液态钎料的填缝过程示意图[5]

a) 钎料熔化　b) 填缝初期　c) 填缝末期　d) 填缝完成

2. 不平行间隙

不平行的焊件间隙是实际产品中比较普遍的情况。假设一种比较简单的不平行间隙，一端的间隙较小，相对的另一端的间隙较大。毛细作用是与间隙的大小成反比的，间隙越小，毛细作用越强，液态钎料将优先填充小间隙而后填充较大的间隙。

图 2-14 是不平行间隙液态钎料的填缝过程示意图。液态钎料的添加位置可以选在小间隙端，也可以在大间隙端。无论从哪一端添加钎料，液态钎料总是优先向间隙小的位置流动。如果液态钎料在小间隙端填充，填缝前沿是比较整齐的，这将大幅降低形成钎料包围夹气缺陷的倾向。但是，如果液态钎料从大间隙端流入，填缝前沿不可能像从小间隙端流入的那样整齐，将优先在某位置由大间隙端向小间隙端方向流动并形成钎料流道。液态钎料通过此流道不断补充，在小间隙端开始优先填充间隙小的位置，然后再往间隙大的位置填充，最

终有可能增加形成钎料包围而产生夹气缺陷的倾向。

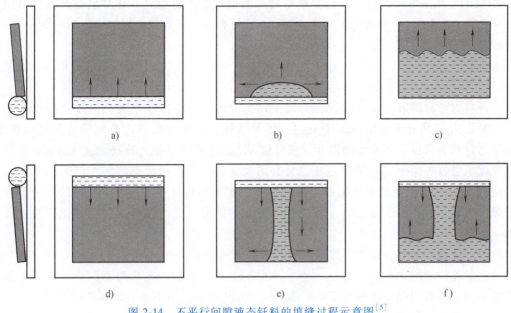

图 2-14　不平行间隙液态钎料的填缝过程示意图[5]

a)~c) 钎料放置小间隙端　d)~e) 钎料放置大间隙端

2.3　液态钎料与母材的相互作用行为

从润湿性判定原则可知，若液态钎料能润湿母材，它们之间一定会发生相互作用，或是发生溶解，或是发生化合反应。在金属钎焊过程中，液态钎料与母材发生润湿而形成紧密接触后，就发生液态钎料溶解母材，母材的组元进入液态钎料合金中，钎料的组元向母材中扩散。在陶瓷钎焊过程中，钎料与母材的相互作用主要以界面化学反应为主。因此，本节主要讨论金属、陶瓷材料钎焊过程中液态钎料与母材的相互溶解、扩散及化学反应的一般规律。

2.3.1　母材的溶解

1. 母材溶解的现象

通常情况下，金属材料在钎焊时母材被液态钎料溶解是一个必然发生的过程，溶解的发生可使钎料中母材成分的占比增加，有利于提高接头性能。但是，母材溶解量也不能过大，因为这将导致液态钎料熔点升高、黏度增加、流动性变差，毛细填缝变得困难而无法填满钎缝间隙。甚至可能发生溶蚀，出现母材被溶穿的严重缺陷。图 2-15 是 Zn-Al 钎料在 420℃ 温度下超声复合钎焊 2024Al 接

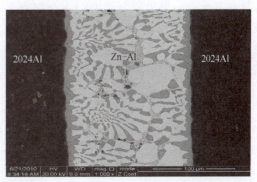

图 2-15　Zn-Al 钎料在 420℃ 温度下超声复合钎焊 2024Al 接头的 SEM 照片

头的 SEM 照片。从图中可以看出，在临近母材侧出现一个条带结构，它是由 α-Al 和少量 η-Zn 构成的。此条带结构就是钎料溶解母材后所形成的溶解层，其化学成分介于母材与钎料成分之间；溶解后 Al 组元会扩散进入到 Zn-Al 钎料中，使其成分发生一定的改变。

2. 溶解机制

母材被液态钎料合金的溶解过程，主要分成两个阶段：①母材表面层金属溶解；②溶解的母材元素在钎料中的扩散。

在钎料对母材溶解的第一阶段，有研究认为，液态钎料原子层对固态母材表面发生润湿，同时在固-液相界面处出现原子交换，固态母材表面金属晶格内的原子结合受到破坏，其与液态钎料金属原子形成新的键合，使母材表面的金属原子进入钎料。这样的过程不断进行，完成了母材表面金属的溶解过程。另有研究认为，母材向液态钎料的溶解是基于一种液-固界面先扩散后溶解的扩散机制。液态钎料与固态母材接触时，液态钎料的组分首先向固态母材表面扩散，在极薄的表面层内达到饱和溶解度，此时表面层将被液化即发生母材溶解。

这两种解释都有其合理性。因为液态钎料组元的原子必然向固态母材晶格或晶界扩散，势必造成对晶体结构的改变，在这一点上它们的本质还是统一的。对不同组分的钎料和母材，有的组元扩散很明显，显然用偏扩散机制解释更合理，有的组元之间扩散不明显或不发生扩散，用偏溶解机制解释更好。

在钎料对母材溶解的第二阶段，液-固界面处被溶解的金属原子将向钎料远处迁移。这种迁移若在稳态液体中进行，依靠的是液体中的元素扩散机制；若液态钎料在非稳态中进行，如温度场不均匀或外界扰动引起的无序流动，依靠的是液体对流扩散机制。无论是元素扩散，还是对流扩散，都会促进液体成分均匀化。

3. 溶解的影响因素

母材向液态钎料溶解对钎料的成分有一定影响，同时也会影响接头的力学性能。为了计算母材的溶解量，假设母材向液态钎料中溶解时，在母材与液态钎料界面处、贴近母材表面形成一层厚度很窄的液态饱和溶解层（δ）（图2-16），其厚度在计算时

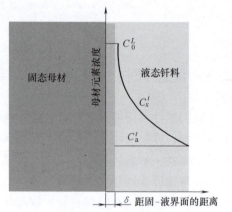

图2-16 母材向液态钎料中溶解量计算数学模型示意图

将忽略不计；母材溶解导致的固-液界面移动距离较小，也认为其保持不变；溶解的母材元素在液态钎料中均匀分布。

母材向液态钎料溶解，在经过时间 t 后，母材的溶解量 Q 为：

$$Q = C_a^t V_L \tag{2-8}$$

式中，C_a^t 为母材元素的平均浓度（kg/m³），V_L 为液态钎料体积（m³）。

根据 Nernst-Brunner 方程，t 时刻母材向液态钎料中的溶解速度为：

$$\frac{dQ}{dt} = KS[C_0^L - C_a^t] \tag{2-9}$$

式中，K 为溶解速度常数（m/s）；C_0^L 为母材在液态钎料中的极限溶解度（kg/m³）；S 为固-

液相界面接触面积（m^2）。

将式（2-8）和式（2-9）联立，可以得到式（2-10）：

$$\frac{\mathrm{d}(C_a^t V_L)}{\mathrm{d}t} = KS[C_0^L - C_a^t] \tag{2-10}$$

对式（2-10）进行积分，可得到任意 t 时刻液态钎料中母材元素的平均浓度为：

$$C_a^t = C_0^L\left[1-\exp\left(-\frac{KS}{V_L}t\right)\right] \tag{2-11}$$

将式（2-11）代入式（2-8）中，任意 t 时刻母材向液态钎料中的溶解量为：

$$Q = V_L C_0^L\left[1-\exp\left(-\frac{KS}{V_L}t\right)\right] \tag{2-12}$$

从式（2-12）中可以看出，母材溶解量与钎料溶解母材的溶解速率常数、液态钎料体积、固-液界面接触面积、母材元素在液态钎料中极限溶解度和钎焊保温时间密切相关。

母材的溶解量 Q 与溶解速度常数 K 密切相关，溶解速度常数由液-固体系决定。液-固两相金属在溶解过程中，当界面生成金属间化合物时，溶解过程由界面反应速度决定；当界面形成固溶体时，溶解过程由扩散系数决定。无论是界面反应常数，还是扩散系数，均受控于钎焊温度 T。因此，在材料体系一定的前提下，溶解速度常数的影响本质上是钎焊温度 T 的影响。

基于以上分析可知，在液态钎料体积和固-液界面接触面积一定的条件下，随着母材元素在液态钎料中极限溶解度、钎焊温度和钎焊保温时间的增大，母材在钎料中的溶解量都会增加。下面将详细分析它们的影响规律。

（1）极限溶解度的影响　　母材的溶解量跟其组元与钎料组元相互作用的程度密切相关。若它们之间在液态和固态下都不相互作用，母材就不会被钎料溶解，例如 Ag-Fe、Pb-Cu 体系，母材 Fe 和 Cu 都不会发生溶解。当然这种情况在钎焊中是不存在的。

1）若钎料和母材在固态下无互溶，液态下能互溶。此情况下母材的溶解机制偏溶解方式。钎料与母材形成图 2-17 所示的状态图，又称简单共晶相图。

钎焊温度为 T 时，液态钎料与固态母材接触，开始发生相互作用。母材 A 逐渐向液态钎料中溶解，并进入液态钎料中。随溶解时间延长，在母材 A 固-液界面饱和溶解层内 A 的成分从 D 减少到 a_A，此时，A 元素在液态钎料中的溶解度达到极限值 C_{AB}（表示 A 组元在 B 中的成分）；钎料中 B 成分从点 C 下降到点 a_B，母材 A 的溶解停止。

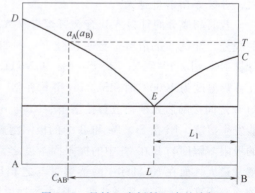

图 2-17　母材 A 在钎料 B 中的溶解度与简单共晶相图的关系

从以上分析可知，母材的溶解量取决于母材 A 在液态钎料 B 中的极限溶解度 C_{AB}，极限溶解度 C_{AB} 越大，溶解量就越多。在一定钎焊温度下，若母材组元在液态钎料中的浓度低于其极限溶解度，则母材将被不断溶解直至达到极限溶解度。

若采用共晶成分的 A-B 合金钎料钎焊 A，由图 2-18 可知，在钎焊温度 T 时，母材 A 在钎料 B、钎料 A-B 中的溶解度之差为 $L-L_1$ 的线段长度。这说明，在极限溶解度一定的前提下，虽然钎料 A-B 中仍然可以溶解母材 A，但是，母材 A 的溶解量显然要比钎料 B 的少。共晶点 E 越靠近 A，$L-L_1$ 线段越短，母材 A 的溶解量也越少。因此，可以通过在钎料中加入母材成分的方法，减少母材的溶解。例如，钎料 Al-Si 钎焊 Al，若采用 Al-12Si、Al-10Si、Al-7.5Si 钎料，其中 Al 的含量依次增多，钎焊过程中母材溶解量也将依次减少；采用 Al-12Si 钎料钎焊 Al，母材 Al 的溶解量就多，相反，采用 Al-7.5Si 钎料，母材 Al 的溶解量最低。

2) **母材与钎料固态下局部互溶，液态下完全互溶**。此种情况下母材的溶解偏扩散方式。母材 A 在钎料 B 中的溶解度与共晶相图的关系，如图 2-18 所示。

在钎焊温度 T 时，在母材 A 发生溶解之前先发生液态钎料 B 向固态母材 A 中扩散，在母材 A 近液-固界面处形成扩散层。随着扩散进行，扩散层中母材 A 的成分下降，从成分点 D 降低到成分点 a_A，此时钎料 B 在母材 A 中达到极限固溶度 C_{BA}（表示 B 组元在 A 中的成分），一旦母材 A 成分下降到低于成分点 a_A，母材 A 中开始出现局部液相，形成饱和溶解层，母材 A 开始发生溶解。在固态母材 A 近液-固界面处，母材 A 的成分，从成分点 a_A 下降到成分点 b_A；钎料 B 的成分，从成分点 a_B 上升到成分点 b_B。在液态钎料 B 中近液-固界面处，钎料 B 的成分，从成分点 C 下降到成分点 b_B；母材 A 的成分，从成分点 a_A 上升至成分点 b_A。当母材 A 在液态钎料 B 中达到极限溶解度 C_{AB} 时，母材溶解停止。

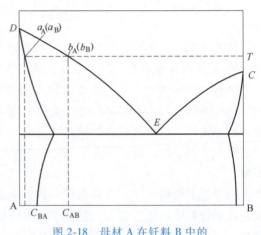

图 2-18　母材 A 在钎料 B 中的溶解度与共晶相图的关系

母材 A 在钎料 B 中的极限溶解度 C_{AB}，与钎料 B 在母材 A 中的极限固溶度 C_{BA} 之差越大，母材 A 溶解量越大。

若共晶成分的钎料 A-B 合金钎焊母材 A，相当于已经在钎料 B 中溶解了一定量的母材 A 的成分，母材 A 的溶解量会明显减少。例如，Ni-4B、Ni-4Be 和 Ni-11Si 钎料在 1200℃ 钎焊母材 Ni。图 2-19 是 Ni-4B、Ni-4Be 和 Ni-11Si 相图中富 Ni 部分的示意图。从图 2-19 可知，在钎焊温度为 1200℃ 时，Si、Be 和 B 在 Ni 中的极限固溶度分别为 7.5%、2.5% 和 0%，Ni 与 B 之间接触后无须扩散直接溶解，Ni 与 Be、Si 之间接触后，均需要一定时间的扩散，才能发生溶解。Ni 在 Si、Be 和 B 中的极限溶解度分别为 90.5%、95.5% 和 96.5%，Ni 在 B 中的极限溶解度与 B 在 Ni 中的极限固溶度之差是最大的，因此，母材 Ni 在钎料 Ni-4B 中的溶解量最大，而在 Ni-11Si 中的溶解量与之相反。图 2-20 是在保温时间 20min 钎缝钎角处 Ni 的溶解深度与温度的关系曲线，图中数据说明上述分析结果与实验是一致的。

(2) **钎焊温度的影响**　钎焊温度是影响母材在钎料中溶解量的关键因素。钎焊温度升高，母材的溶解速率增大，溶解量也增大。

若钎料与母材之间只形成固溶体，温度升高，溶解速率增大，母材溶解量增多，这在金属钎焊中是比较常见的现象。因此，为了防止母材过度溶解，钎焊温度不宜过高。例如，Zn-Al 钎料钎焊铝，钎焊温度从 400℃ 到 500℃，Al 在 Zn 中的溶解度从 14% 增加到 26%，母

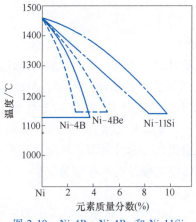

图 2-19　Ni-4B、Ni-4Be 和 Ni-11Si
相图的富 Ni 部分示意图[2]

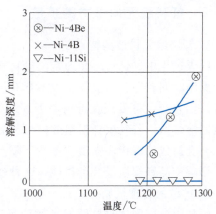

图 2-20　保温时间 20min 钎缝钎角处 Ni
的溶解深度与温度的关系曲线[2]

材溶解量也随之增多,如钎焊温度过高,将可能出现母材严重溶蚀的现象。

若钎焊过程中钎料与母材之间形成化合物,化合物层的出现会阻碍钎料的扩散,使溶解速率降低。图 2-21 是 Cu 在 Sn 中的溶解速率与钎焊温度的关系曲线。从图 2-21 可以看出,Sn 钎料钎焊 Cu 时,在钎焊温度达到 400℃附近,Cu 在 Sn 中的溶解速度变慢,这是因为界面开始形成金属间化合物的缘故。界面化合物的生成起到阻隔作用,阻碍了钎料对母材的溶解和母材组元向钎料的扩散,使溶解速度降低。只有继续提高钎焊温度,才能改变此种情况,使溶解速度继续提高。

（3）保温时间的影响　一般来说,固态母材组元的原子在液态钎料中的扩散系数约为 $10^{-5}cm^2/s$,而钎料元素在固态母材中的扩散系数约为 $10^{-8}cm^2/s$,因此,固态母材组元向液态钎料中的扩散速率要比钎料组元向母材的扩散快得多。这意味着母材中的组元被溶解后会在非常短的时间里均匀分布于液态钎料中,液固界面处不会发生某组元偏聚而大幅减缓溶解速率。若保温时间延长,母材溶解量就会增大。

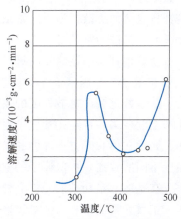

图 2-21　Cu 在 Sn 中的溶解速率
与钎焊温度的关系曲线[2]

在液态钎料量非常充足的条件下,母材溶解速率几乎不变,保温时间越长,母材的溶解量就越大,甚至发生溶蚀。例如,在熔化钎料中浸渍钎焊就属于这种情况,应合理控制保温时间,避免母材产生溶蚀缺陷。在液态钎料量很少的条件下,母材溶解速率会受到液态钎料中母材组元饱和溶解度限制而逐渐减缓,这样保温时间长,母材的溶解量也不会太大。与浸渍钎焊相比,毛细填缝钎焊更容易避免发生母材溶蚀。

母材的溶解与钎料的成分和钎焊参数有着密切的关系,合理设计或选择钎料和工艺参数,获得适当的母材溶解量,有助于提高钎缝性能。

2.3.2 钎料组元向母材的扩散

1. 钎料组元扩散的特点

钎焊过程中,钎料组元通常向母材发生扩散,在母材的近缝区形成扩散层。在钎焊过程中,保温时间较短,一般体扩散不会对母材组织与性能造成不良影响。例如,Al28Cu6Si 钎料钎焊铝合金,可发现在母材临近焊缝处,有一个液态钎料中的 Cu 和 Si 向母材 Al 扩散形成的固溶体区。若发生钎料组分向母材晶间扩散或渗入,在晶界形成扩散导致的低熔点共晶组织,会造成钎焊接头强度、塑性下降。晶间渗入现象发生在薄件钎焊,可能会造成母材变脆,影响产品钎焊质量及可靠性,这种现象应该在钎焊工艺设计时尽量避免发生。

2. 扩散的物理机制

钎料组分向固体母材中的扩散伴有浓度梯度变化,该过程与异种金属原子的浓度差有关。一般的,扩散的方向是沿某组元浓度梯度下降的方向进行,其目标是使浓度趋于均匀化才会停止。实际情况下往往因时间关系扩散组元浓度存在梯度变化。钎料组分向母材的扩散量,根据菲克第二定律,可按下列公式计算:

$$dm = -DS\frac{dC}{dx}dt \tag{2-13}$$

式中,dm 为钎料组分的扩散量;D 为扩散系数;S 为扩散区域的面积;C 为元素浓度;dt 为扩散时间。

钎料组分的扩散行为与元素浓度梯度、扩散系数密切相关。扩散的方向是由高浓度到低浓度区域,扩散的路径可分为体扩散、晶间扩散。当钎料中某组元的含量比母材中的含量高时,就会发生钎料中该组元向母材扩散,浓度差异越大,扩散量越多。

3. 扩散的影响因素

扩散系数是表征扩散程度的关键参量。扩散系数的数值大小取决于晶体结构、扩散原子尺寸和温度。某一特定元素原子对于不同晶体点阵结构的基体金属的扩散系数有较大差异。例如,元素在体心立方点阵中的扩散系数比在面心立方点阵中的大,这主要是因为晶格点阵紧密度不同所致的。扩散原子的直径也对扩散系数有影响,原子直径越小,扩散系数越大。

若在基体元素和扩散元素之外,还存在第三元素,其对扩散系数的影响取决于它与基体元素和扩散元素的亲和力。对扩散元素的亲和力大可能使扩散系数减小,对基体元素的亲和力大可能会使扩散系数增大,有利于扩散。

温度对扩散系数有决定性的影响。对于特定的扩散元素和基体金属,温度决定了扩散是否能发生和扩散的速率。表 2-6 列举了一些扩散元素在基体金属中的扩散系数。

表 2-6 一些扩散元素在基体金属中的扩散系数[2]

基体金属	扩散元素	温度/℃	扩散系数/(cm²/s)
Fe	B	950	2.6×10^{-7}
	Ni	1200	9.3×10^{-11}
	Si	1150	1.45×10^{-8}
	W	1280	2.4×10^{-9}
	Sn	1000	2.0×10^{-9}

(续)

基体金属	扩散元素	温度/℃	扩散系数/(cm²/s)
Cu	Mn	850	1.3×10^{-10}
	Ni	950	2.1×10^{-10}
	Pd	860	1.3×10^{-10}
	Zn	880	5.6×10^{-10}
Ni	Cu	890	$(1.9 \sim 2.4) \times 10^{-10}$
Al	Cu	497	2.52×10^{-10}
	Si	500	9.85×10^{-10}
	Zn	507	2.04×10^{-10}

4. 晶间渗入

在钎焊过程中，钎料组元通过母材晶界扩散进入母材中，发生晶界渗入现象。例如，Sn-20Zn 钎料钎焊 Al 时，Sn-20Zn 通过润湿 Al 晶界发生了晶界渗入，形成凹槽，且 Zn 会优先扩散形成 Zn 扩散层[6]；有人做 Bi-Ni 钎料润湿 Ni 的实验，也发现固体 Ni 和过饱和 Bi-Ni 液态金属之间的直接接触，在晶界处形成约为 100μm 深度的晶界凹槽（图 2-22）；采用 Ag28Cu 钎料真空钎焊无氧铜与镀 Ni 不锈钢，Ni 向无氧铜晶界发生晶间渗入的现象也非常明显，Ni 元素迅速向钎料溶解，沿着 Cu 晶界扩散，导致母材产生严重的晶界渗透（图 2-23）。

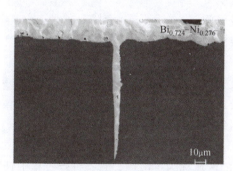

图 2-22 Bi-Ni 钎料润湿 Ni 晶界渗透现象[7]

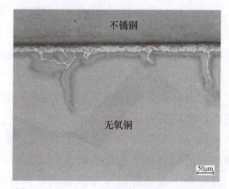

图 2-23 Ag28Cu 钎料真空钎焊无氧铜与镀 Ni 不锈钢发生晶界渗入[8]

根据 Gibbs-Smith 晶间润湿理论，当母材晶界的界面能 σ_{GB} 大于液态钎料与固态母材金属的界面能 σ_{sl} 之 2 倍时，才可能发生液态钎料渗入到固态母材金属晶界中[9]。例如，铜在 1100℃钎焊钢时发生了铜向钢晶界渗入的现象，从已有数据发现，γ-Fe 奥氏体晶界的界面能 σ_{GB} 为 0.85N/m，液态 Cu 与 γ-Fe 的界面能 σ_{sl} 为 0.43N/m，其关系满足上述理论，这说明上述理论与实验结果是吻合的。

在钎焊过程中，钎料组元通过母材晶界扩散，如果在晶界扩散过程中形成低熔点共晶液相，晶间渗入将更加严重。例如，铜钎料钎焊钢，钢中含碳量越高，Cu 的晶间渗入越严重，这是因为 Cu 渗入钢晶界形成 Fe-Cu-C 三元共晶，晶界液相增多。

根据金属学相图可知，钎料与母材组元如果能够形成低熔点共晶组织，钎料组分扩散到母材晶界中就可能形成熔点低于钎焊温度的液化层，凝固后在晶界上生成共晶体。晶界上是否生成共晶体取决于钎料组分在母材中的溶解度。钎料组分在母材晶间扩散过程中，先形成固溶体，超过饱和溶解度后晶界发生液化，凝固时形成共晶体。钎料组分在母材中溶解度越大，在晶内扩散越强，晶间渗入越少。反之，则晶间渗入越多，晶界形成共晶体易导致近钎缝处母材脆化。

2.4 钎焊接头的冶金特征

钎焊接头是由钎缝和母材组成的。

从上述钎料与母材的冶金作用可知，钎料组元扩散进入母材，形成扩散区。对于钎缝来说，由于钎料对母材的溶解，其成分和组织与填充的钎料合金存在着明显的差异。特别值得注意的是，在钎缝与母材之间存在一个很窄的过渡区域，其成分和组织结构均不同于钎料和母材，通常称为界面区。一般的，将钎焊接头分为钎缝区、界面区和扩散区三个组成部分来分别研究。

图 2-24 为钎焊接头的组成结构示意图。钎焊接头中，在钎料与母材之间、钎缝金属区两侧存在着两个界面区，它是液态钎料与母材相互作用后形成的，其成分既有来自于母材的，也有来自于钎料合金的。一般的，同质母材钎焊的界面成分和组织是相同的，异质母材钎焊的界面是不相同的。形成的组织可以是固溶体，也可以是化合物，有的甚至是脆性金属间化合物。因此，界面区的组织结构及性能在整个接头的力学性能中起着决定性作用。

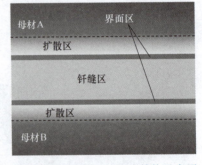

图 2-24 钎焊接头的组成结构示意图

在两个界面区之间的区域，称为钎缝区，看上去似乎是由填充的钎料合金组成的区域，实际上由于液态钎料合金与母材发生了相互扩散与溶解，其成分和组织与原来填充的钎料合金相比有所改变，有时两者的差异可能极大。

在母材上靠近钎料与母材界面处含有钎料组分的区域称为扩散区，它是钎焊过程中钎料组分向母材扩散形成的，大多数情况下其对接头性能影响不大。

2.4.1 钎缝金属

钎缝金属的组织结构由钎料合金及其与母材之间的相互作用程度决定，主要有三种情况：与母材组织接近、不同、完全不同。

金属钎焊过程中，钎缝金属是以钎料合金成分为主且含有少量母材成分的一个新合金，其性能在一定程度上影响着接头性能。钎缝组织与钎料的差异取决于钎料与母材之间的溶解与扩散程度，与钎料成分、钎缝间隙和钎焊参数的关系很大。钎缝间隙越大，钎缝中心区组织越接近钎料原始组织，反之，则二者差异越大。

如果钎料组元与母材能相互固溶，钎焊时母材向钎料溶解，母材的组元扩散进入钎料中，钎缝成分是由原钎料合金和溶解并扩散进入钎料中的母材组元共同构成的，形成的钎缝组织也与钎料有一定的差异。例如，Al-11.7Si 钎料钎焊 Al，Al-11.7Si 钎料由 α-Al 固溶体和 Si 的共晶组织组成，钎焊过程中母材 Al 向钎料溶解，扩散进入钎料中，使得钎缝中心区域，除了仍然保留钎料的原始共晶组织外，还出现了少量的 α-Al 固溶体。

如果钎料组元与母材之间的固溶度较低，钎料与母材之间能发生一定的溶解，可能形成钎料和母材的混合组织。例如，纯 Sn 钎料超声钎焊 6063Al，钎缝组织则由 β-Sn 固溶体与 α-Al 固溶体组成（图 2-25）。

陶瓷钎焊过程中，陶瓷惰性较大，通常只能与钎料中的活性元素发生界面化学反应实现钎焊。反应过程中所消耗的活性组元的量很小，因此，钎缝仍然主要由钎料合金组成。其力学性能可能有所不同，这主要是钎缝太薄所产生的尺寸效应的影响。例如，AgCuTi 钎料真空钎焊 SiC，钎缝组织主要由 Ag 基固溶体、Cu 基固溶体及 Ag-Cu 共晶组织组成（图 2-26）。

图 2-25　纯 Sn 钎料超声钎焊 6063Al 接头的微观组织

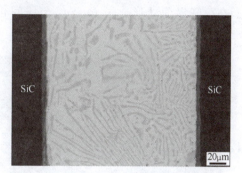

图 2-26　AgCuTi 钎料真空钎焊 SiC 接头的微观组织

2.4.2　接头界面区

根据组织结构特征，钎焊接头的界面主要分为固溶体界面和化合物界面。固溶体界面主要出现于金属材料的钎焊接头，化合物界面在金属材料的钎焊接头以及陶瓷材料的钎焊接头中均可能出现。界面区组织是决定接头力学性能的关键因素。

1. 固溶体界面

钎料与母材合金的基体相同，在界面区通常形成固溶体。例如，Al-11.7Si 钎料钎焊 Al，钎焊过程中发生 Al 的溶解，在临近母材区域 Al 含量增加；凝固时，钎料从母材表面开始外延结晶，先生成 α-Al 固溶体，而后钎缝中才出现共晶体，界面区主要由固溶少量 Si 的 α-Al 固溶体构成。从图 2-15 也可以看到同样的现象，Zn-Al 钎料超声复合钎焊 2024Al 时，接头界面主要由 α-Al 固溶体构成。

2. 化合物界面

以化合物为连接介质的钎焊界面，主要出现在一些金属钎焊和大部分陶瓷钎焊接头中。金属钎焊的界面化合物为金属间化合物（IMC），陶瓷钎焊的界面化合物为无机非金属类的化合物。无论是金属化合物，还是无机非金属类化合物，它们的共同属性是脆硬性。

在金属钎焊中，形成的金属间化合物要比钎缝或钎料的硬度高、脆性大，往往会导致接头的力学性能显著降低。例如，Ag-28Cu 钎料钎焊 Ti3Al1.5Mn，界面存在 TiAg 金属间化合物，接头强度与钎料强度相比，下降幅度超过 60%。

钎焊纯金属母材（A）时，选用的是纯金属钎料（B），若 A 与 B 两种金属之间可形成金属间化合物，其典型二元相图如图 2-27 所示，我们知道 Ti-Ag、Ag-Zn、Ag-Sn、Ag-Al、

Ti-Al、Cu-Zn、Fe-Zn 等的相图就属于这一类。

母材 A 钎焊过程中，当钎焊温度达到 T 时，母材 A 向钎料 B 溶解并进入 B 中，界面区 A 的最大浓度可达极限溶解度 C_{BA}；冷却时，界面区 A 的浓度高，依附于固相母材表面优先析出金属间化合物 A_mB_n，然后，生成 α 固溶体。例如，在 250℃ 温度下 Sn3Ag0.5Cu 钎料钎焊 Cu，Sn 在 Cu 中的固态溶解度为 4%（质量分数），但 Cu 在 Sn 中的固态溶解度很小，钎缝凝固时，钎缝组织由 β-Sn、Ag_3Sn 和 Cu_6Sn_5 网状共晶组织组成。在两侧界面处形成了 Cu_6Sn_5 金属间化合物凸起（图 2-28）。

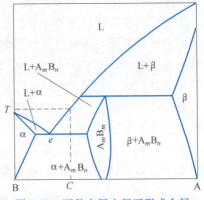

图 2-27 两种金属之间可形成金属间化合物的典型二元相图

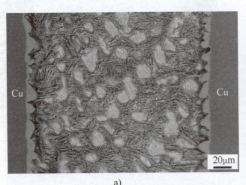
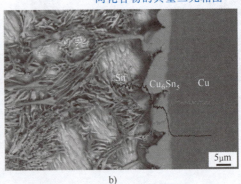

图 2-28 250℃ 温度下 Sn3Ag0.5Cu 钎料钎焊 Cu 接头及界面微观组织形貌
a）接头宏观照片 b）界面区放大照片

如果 A-B 系存在几种化合物，冷却凝固过程中界面区优先生成含 A 量少的化合物，然后再生成含 A 量多的化合物。例如，在 350℃ 温度下 Sn3Ag0.5Cu 钎料钎焊 Cu，钎缝组织由 β-Sn、Ag_3Sn 和 Cu_6Sn_5 网状共晶组织组成，界面区由较薄的 Cu_3Sn（ε 相）和稍厚的 Cu_6Sn_5（η 相）金属间化合物组成（图 2-29），高温钎焊时 Cu_3Sn 才出现，这说明 Cu_3Sn 的生成是在 Cu_6Sn_5 生成之后出现的。

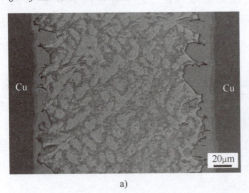
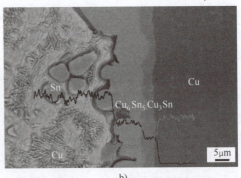

图 2-29 350℃ 温度下 Sn3Ag0.5Cu 钎料钎焊 Cu 接头及界面微观组织形貌
a）接头宏观照片 b）界面区放大照片

采用合金钎料钎焊时，是否形成界面化合物，取决于钎料与母材组元之间的冶金作用（通常可以通过相关相图判断），还与组元的占比和它与母材的亲和力有关。例如，分别采用 Ag-Si、Ag-Sn 和 Ag-Zn 钎料钎焊低碳钢。钎料中基体 Ag 与 Fe 无相互作用，Si、Sn、Zn 均能与 Fe 形成化合物；但它们与 Fe 的亲和力差别较大，Si 最强，Sn 次之，Zn 最小，与 Ag 的亲和力也不同，Zn 最强，Si 次之，Sn 最小。研究发现，Ag-Si 钎料钎焊低碳钢，界面区存在明显的 FeSi 化合物，接头强度相当低。采用 Ag-Sn 钎料，当 $w_{Zn}<14.5\%$ 时，界面无化合物生成；当 w_{Sn} 达 26% 时，界面出现了明显的脆性 FeSn 化合物。Ag-Zn 钎料中 $w_{Zn}>70\%$ 时，界面也未出现化合物层，这就是生产实际中广泛采用含 Zn 的 Ag 基钎料钎焊钢的原因。

上述研究结果表明，合金钎料钎焊时，钎料的某组元能与母材形成化合物，而且，它与母材组元的亲和力又显著大于钎料基体组元的亲和力，该组元在浓度较低的情况下也能在界面生成化合物，Ag-Si 钎料钎焊低碳钢符合此规律。

若该组元对钎料基体和母材组元的亲和力接近，则只有在钎料中的含量达到一定值时，才有可能在界面形成化合物，Ag-Sn 钎料钎焊低碳钢就属于这种情况。若该组元对钎料基体组元的亲和力比对母材的亲和力大得多，则不易生成化合物，Ag-Zn 钎料钎焊低碳钢就是这样。

为了降低界面区形成的化合物层对接头强度的影响，可以采取措施减薄或防止化合物生成，一般措施有：

1）在钎料中添加不与母材和钎料基体组元形成化合物的组元。例如，Sn-Pb 钎料钎焊铜，与 Sn 钎料钎焊铜相比，界面形成的 Cu_6Sn_5 化合物明显减薄；若采用 $w_{Pb}>70\%$ 的 Sn-Pb 钎料，在 250℃ 下进行钎焊，当保温时间较短时，界面区可以不产生化合物。

2）在钎料中添加能与钎料形成化合物，但不能与母材形成化合物的组元，也能使界面化合物减薄。例如，Sn-3.5%Ag 钎料钎焊铜，与 Sn 钎料相比，界面化合物明显减薄。Cu-Zn-Si 钎料钎焊铜，Si 与母材容易在界面区形成 FeSi 化合物层，若在 Cu-Zn-Si 钎料中添加少许 Ni（$w_{Ni}\approx 2\%$），界面区就不产生化合物，原因是 Si 与 Ni 的亲和力大于它与 Fe 的亲和力。

在陶瓷钎焊中，所采用的钎料必须含有能与被焊陶瓷发生化学反应的组元，一般称为活性元素，如 Ti、Zr、Cr、Hf、V 等元素。钎料与陶瓷的润湿与结合均是通过在界面形成新的化合物相实现的。因此，在接头界面区能形成化合物层是实现陶瓷钎焊的先决条件。例如，AgCuTi 钎料真空钎焊 SiC，在 900℃ 进行钎焊，接头界面处形成了 4~5μm 厚的 $TiC+Ti_5Si_3$ 化合物层（图 2-30），通过此化合物层的过渡实现了 AgCuTi 钎料与 SiC 的连接。

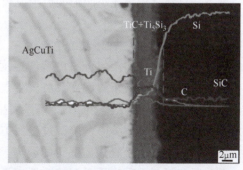

图 2-30　AgCuTi 钎料真空钎焊 SiC 接头界面区的微观组织

2.5　本章小结

1. 钎料与母材的润湿概念及原理

表面和界面指的是在两相之间物质逐步过渡的区域。液体的表面张力（σ_{lg}）是促使表面收缩的力；固体的表面张力（σ_{sg}）是固体表面的分子或原子具有残余的应力场，使得其具有吸附其他物质的能力，或叫吸附作用；液-固界面张力（σ_{ls}）是液相与固相的两表面接触时，液相与固相发生相互作用所产生的力。上述三种表面张力之间的关系，由杨氏方程（Young方程）确定。

若$\sigma_{sg}>\sigma_{ls}$，则$\cos\theta>0$，$\theta<90°$，钎料润湿母材，且θ越小，润湿性越好；若$\sigma_{sg}<\sigma_{ls}$，则$\cos\theta<0$，$90°<\theta<180°$，钎料不润湿母材。液态钎料的表面张力σ_{lg}只能影响润湿性的程度，固态母材的表面张力σ_{sg}和液态钎料与固态母材之间的界面张力σ_{ls}决定了是否可以润湿。可以借助于杨氏方程进行计算获得接触角θ，进而进行润湿性评定的，也可以采用接触角和铺展面积观测方法进行测试评定。

根据金属学原理，对于金属来说，钎料与母材在液、固态下均不发生相互作用，则不能润湿，在液、固态均可以相互溶解和固溶，或者在液态下可以相互溶解，固态下能发生化合反应，则均可以发生润湿。对于陶瓷来说，金属钎料与陶瓷之间能够发生化合反应，则可以润湿。

提升温度可以有效提高钎料与母材的润湿性；母材表面金属氧化物的存在是钎料润湿的障碍；越粗糙的表面具有在钎料与母材润湿性的基础上改善润湿性的附加作用。

2. 液态钎料毛细填缝机制

液态钎料在钎缝间隙内产生毛细流动的前提是钎料与母材的接触角$\theta<90°$，液态钎料能够沿着间隙填入钎缝，润湿性越好，毛细填缝能力越强；当钎料与母材的接触角$\theta>90°$时，液态钎料就不能沿着间隙填入钎缝，无法进行钎料填缝式钎焊；钎焊焊缝间隙a与钎料填缝能力成反比，当间隙a越小，钎料毛细填缝作用越强。

对于平行间隙的钎缝，在毛细作用下液态钎料流入缝隙后会形成弯曲液面，造成液态钎料流动速度差异，填缝过程中钎料就可能形成包围现象，形成夹气缺陷。对于不平行间隙钎缝，液态钎料将优先填充小间隙而后填充较大的间隙，降低形成包围现象的概率，可大幅减少气孔缺陷。

3. 钎料与母材的物理化学冶金作用

母材溶解量与钎料溶解母材的溶解速度常数、液态钎料体积、固-液界面接触面积、母材元素在液态钎料中极限溶解度和钎焊保温时间密切相关。溶解速度常数由液-固体系决定的，液-固两相金属在溶解过程中，当界面生成金属间化合物时，溶解过程由界面反应速度决定；当界面形成固溶体时，溶解过程由扩散系数决定。在材料体系一定的前提下，溶解速率常数的影响本质上是钎焊温度T的影响。

若钎料和母材在固态下无互溶，液态下能互溶，母材的溶解量取决于母材A在液态钎料B中极限溶解度C_{AB}，极限溶解度C_{AB}越大，溶解量就越多。母材与钎料固态下局部互溶，液态下完全互溶。母材A在钎料B中的极限溶解度C_{AB}，与钎料B在母材A中的极限固溶度C_{BA}之差越大，母材A溶解量越大。

钎焊过程中钎料组元向母材可能发生体扩散或晶界扩散，在母材的近缝区形成扩散层。钎料组分扩散的方向是由高浓度到低浓度区域，扩散的路径可分为体扩散、晶间扩散。表征扩散程度关键参量的扩散系数的数值大小取决于晶体结构、扩散原子尺寸和温度。在钎焊过程中，钎料组元通过母材晶界扩散进入，在晶界扩散过程中形成低熔点共晶液相。

4. 钎焊接头的冶金特征

从冶金学角度，钎焊接头分为钎缝区、界面区和扩散区。钎缝金属的组织结构是由钎料合金及其与母材之间的相互作用程度决定的。金属钎焊过程中，钎缝金属是以钎料合金成分为主且含有少量母材成分的一个新合金，其性能在一定程度上影响着接头性能。钎缝组织与钎料的差异取决于钎料与母材之间的溶解与扩散程度，与钎料成分、钎缝间隙和钎焊参数的关系很大。陶瓷钎焊过程中，钎缝主要由钎料合金组成，其力学性能可能与钎料有所不同，这主要是钎缝太薄所产生的尺寸效应的影响。

钎焊接头的界面类型主要分为固溶体和化合物界面。固溶体界面主要出现于金属材料的钎焊接头，化合物界面或出现于金属材料的钎焊接头，以金属间化合物为主，或出现于陶瓷材料的钎焊接头。界面区组织是决定接头力学性能的关键因素。

思 考 题

1. 表面（或界面）张力和润湿有哪些类型？阐述它们的基本概念及内涵。
2. 试用杨氏方程及表面张力的数据判断 Ag 钎料能否钎焊 Cu，为什么？
3. 判断钎料对母材润湿的评价方法及原理都有哪些？
4. 哪些因素影响钎料对母材的润湿性？
5. 试分析两平行板和不平行板间隙毛细填缝式钎焊过程中气孔缺陷形成的原因。
6. 金属钎焊过程中液态钎料溶解母材的机制是什么？有哪些影响因素？
7. 试分析极限溶解度对不同的钎料与母材溶解量的影响规律。
8. 从冶金角度分析钎焊接头的组成及形成原因。
9. 钎焊接头界面有哪些类型？其形成条件是什么？

参 考 文 献

[1] 胡福增，等. 材料表界面［M］. 上海：华东理工大学出版社，2001.
[2] 邹僖. 钎焊［M］. 修订本. 北京：机械工业出版社，1989.
[3] FU W, PASSERONE A, BIAN H, et al. Wetting and interfacial behavior of Sn-Ti alloys on zirconia［J］. Journal of Materials Science，2019，54（1）：812-822.
[4] 冯吉才，等. 陶瓷与金属的连接技术：上册［M］. 北京：科学出版社，2016.
[5] 方洪渊，冯吉才. 材料连接界面行为［M］. 哈尔滨：哈尔滨工业大学出版社，2005.
[6] 大槻徵. アルミニウムの粒界エネルギーの測定［J］. 日本金属学会会報，1992，31（2）：153-155.
[7] WOLSKI K, LAPORTE V. Grain boundary diffusion and wetting in the analysis of intergranular penetration［J］. Materials Science and Engineering：A，2008，495（1-2）：138-146.
[8] MU G, ZHANG Y, QU W, et al. Mechanism of intergranular penetration of liquid filler metal into oxygen-free copper［J］. Welding in the World，2022，66（7）：1447-1460.
[9] TRASKINE V, PROTSENKO P, SKVORTSOVA Z, et al. Grain boundary wetting in polycrystals：wettability of structure elements and liquid phase connectivity（part I）［J］. Colloids and Surfaces A：Physicochemical and Engineering Aspects，2000，166（1-3）：261-268.

第3章

钎料合金

钎焊接头是依靠熔化的钎料在母材表面润湿与铺展,并与母材发生相互作用后冷却凝固形成的。钎焊温度和保温时间是钎焊工艺的两个主要参数,钎焊温度取决于钎料合金的熔化温度,是保证液态钎料对母材润湿或流动并填满间隙的重要条件;保温时间取决于钎料合金与母材的相互作用程度,避免钎料对母材的过度溶解甚至溶蚀。钎料合金的物性参数是上述钎焊参数设定的重要依据。

钎料多采用二元或多元合金,其构成可分为主组元和其他组元。主组元很大程度上决定钎焊接头的性能,但其他组元的作用也不可忽视,它们或者有降低钎料熔点的作用,或者有提高钎料活性的作用。例如,铝合金钎焊的 Al-Si-Mg 钎料、铜合金钎焊的 Cu-P-Ag 钎料、陶瓷钎焊的 Ag-Cu-Ti 钎料等。Al-Si-Mg、Cu-P-Ag 钎料中的主组元与母材相同,可保证良好的润湿性和接头的耐蚀性,钎缝凝固时容易以母材晶粒为晶核外延生长,形成牢固的结合。Al-Si-Mg 钎料的其他组元 Si 和 Mg 与主组元 Al 形成三元共晶,使得钎料熔点大幅降低;Cu-P-Ag 钎料中的 P 与主组元 Cu 形成共晶降低钎料熔点,Ag 可以降低钎缝的脆性;Ag-Cu-Ti 钎料中 Ti 的作用是提高钎料的活性,促进对陶瓷的润湿,是陶瓷钎焊的关键组元。

钎料技术日趋成熟,目前已发展出数十种钎料合金系,满足各种金属材料、无机非金属材料的钎焊需求。新型材料的不断涌现对钎焊质量的要求不断提升,新型钎料合金的设计面临着巨大挑战。除了满足钎焊的基本要求以外,现代制造还对钎料合金的低成本化、绿色化和洁净化等提出了更高要求,这也是钎料技术发展的重要方向之一。

本章将介绍钎料合金的设计和选用、常用钎料合金的组成及应用特点等。

3.1 钎料合金的设计与选用

3.1.1 钎料合金的分类

按钎料的熔点划分,通常将熔点低于 450℃ 的钎料称为软钎料,将熔点高于 450℃ 的钎料称为硬钎料。

若以某元素为主组元的钎料,称为"某"基钎料,这样就可以将钎料按其化学组成进行划分。常用软钎料可分为铋基、铟基、锡基、铅基、镉基、锌基等钎料,硬钎料可分为铝基、银基、铜基、锰基、钯基、钛基、镍基等钎料。常用钎料合金的分类见表 3-1,其熔点范围如图 3-1 所示。

表 3-1 常用钎料合金的分类

种类	组成		型号
软钎料	铟基钎料		S-InBi、S-InSn、S-InSnPb、S-InPb、S-InAg
	铋基钎料		S-BiSn、S-BiPbSn、S-BiCd、S-BiAg
	锡基钎料	含铅	S-SnPb、S-SnPbSb、S-SnPbCd、S-SnPbAg、S-SnPbSbP
		无铅	S-SnCu、S-SnAg、S-SnAgCu、S-SnZn、S-SnZnBi
	锌基钎料		S-ZnAl
硬钎料	铝基钎料		BAlSi、BAlSiCu、BAlSiMg、BAlSiZn
	银基钎料		BAgCu、BAgCuZn、BAgCuZnSn、BAgCuZnCd、BAgCuZnIn、BAgCuZnNiMn
	铜基钎料	高铜	BCu、BCuAg、BCuNiB
		铜锌	BCuZn、BCuZnMn、BCuZnMnCo、BCuZnFeSnSiMn、BCuZnSnSiMn、BCuZnSnSi、BCuZn-Si、BCuZnSiMn
		铜磷	BCuP、BCuPAg、BCuSnPAg、BCuPSnSi、BCuSnP、BCuSnPNi、BCuPSb
		其他	BCuSnP、BCuSnSiMn、BCuSiMn、BCuAlNiMn、BCuAl、BCuAlFe、BCuMnAlFeNi、BCuMn-Co、BCuMnNi
	钛基钎料		BTiCuNi、BTiCuBe、BTiZrBe、BTiZrNiBe、BTiZrCu、BTiZrCuNi、BZrNi、BZrTiCuNi
	锰基钎料		BMnNiCr、BMnNiCo、BMnNiCu、BMnNiCrFeCo、BMnNiCoFeB、BMnNiCuCr
	镍基钎料		BNiCrSiB、BNiCrWB、BNiCrSi、BNiSiB、BNiP、BNiCrP、BNiMnSiCu
	金基钎料		BAuCu、BAuNi
	钯基钎料		BPdAgCu、BPdAgMn、BPdMnNi

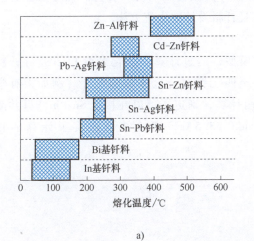

a)

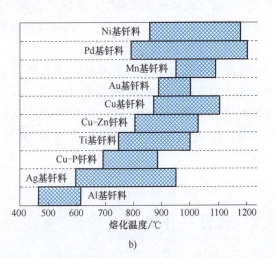

b)

图 3-1 常用钎料合金的熔点范围
a) 软钎料 b) 硬钎料

3.1.2 钎料合金的选用原则

选择钎料合金时需要考虑以下几点：

1) 尽量选择主成分与母材主成分相同的钎料合金，有助于提高钎料合金与母材的相容性，保证钎缝强度。

2）钎料的液相线温度低于母材固相线温度至少 20~30℃。

3）钎料的熔化区间，即该钎料合金组成的固相线与液相线之间的温度差尽可能小，温差过大易引起溶析或溶蚀。

4）钎焊过程中钎料合金中的某一组元应能与母材产生液态互溶、固溶或形成化合物，从而能够形成牢固的结合。

5）钎料合金的主成分与母材的主成分在元素周期表中的位置应当尽量靠近，这样引起的电化学腐蚀较小，即接头的耐蚀性好。

6）钎料的主成分应具有较高的化学和热稳定性，以免钎焊过程中钎料成分发生改变。

7）钎料合金应具有良好的加工性能，以便能制成丝、棒、片、箔、粉等型材。

以上条件只有少数情况能在一种钎料合金上得到全面体现，例如，钎焊 Al 母材的 Al-Si 共晶钎料，多数情况则不能完全具备。因此，多数情况下需要通过添加某些微量元素对钎料进行改性，这是目前改善钎料性能的一种重要措施。

3.1.3 钎料合金的设计方法

钎料合金的设计方法有以下两种：

1. 试验设计

通过大量的工艺试验对比研究确定最佳性能的钎料组分，目前是大多数研究常用的钎料设计方法。钎料合金的研制采用"尝试"式的设计手段，通过调整钎料的成分比例，逐一比较不同钎料的物理、化学以及工艺特性，筛选出满足不同需要的钎料。尽管有些试验采用了正交试验方法来减少试验量，这种"尝试"性设计方法仍旧费时、费力。但考虑到钎料合金的特殊性，这种方法在较长一段时间内还将是钎料设计的主流方法。

2. 热力学辅助设计

这是一种基于热力学基本理论建立热力学模型，通过计算、优化合金相图进行钎料合金设计的方法，目前可应用于二元、三元乃至四元钎料合金体系的设计。例如，有学者根据热力学第二定律，进行了 Sn-In-Ag 相平衡计算，确定了可以在接近 Sn-Pb 钎料共晶温度范围内进行再流焊的钎料合金成分为 Sn20In3.5Ag，试验结果证实了计算的正确性[1]。

3.2 软钎料合金

3.2.1 铟基钎料

In 的熔点较低，为 156℃，可与 Bi、Sn、Pb、Ag 等元素形成低熔点共晶钎料。铟基钎料对很多金属和非金属均具有良好的润湿能力。另外，铟基钎料的塑性很好，可用于电真空器件、玻璃、陶瓷和低温超导器件等不同热膨胀系数材料的非匹配封接。然而，由于 In 为稀有金属，资源有限，价格也日益上涨，使得该类钎料的使用受到限制，目前仅应用于一些特殊场合。常用铟基钎料的化学成分及熔点见表 3-2。

表 3-2　常用铟基钎料的化学成分及熔点[2]

型号	成分(质量分数,%)							熔化温度/℃
	In	Sn	Cd	Ag	Bi	Pb	Zn	
In97Ag	余量	—	—	3	—	—	—	143
In66Bi	余量	—	—	—	33.7	—	—	72
In62BiCd	余量	—	8	—	30	—	—	62
In60Pb	余量	—	—	—	—	40	—	144
In52SnZn	余量	46	—	—	—	—	1.8	108
In51Sn	余量	49	—	—	—	—	—	118
In44SnCd	余量	42	14	—	—	—	—	93
In30SnPb	余量	50	—	—	—	20	—	138
In25SnPb	余量	37.5	—	—	—	37.5	—	181

3.2.2　铋基钎料

Bi 的熔点为 271℃,通过添加 Sn、Pb、Cd 等元素可形成熔点较低的钎料。Bi 与很多母材之间的互溶度都很低,因此铋基钎料的润湿性较差,钎焊前需要在母材上预先镀一层 Zn、Ag 或 Sn。此外,由于 Bi 的脆性很高,导致铋基钎料的脆性也较高,这类钎料主要用于热敏电子元器件的钎焊。常用铋基钎料的化学成分及熔点见表 3-3。

表 3-3　常用铋基钎料的化学成分及熔点[2]

型号	成分(质量分数,%)						熔化温度/℃
	Bi	Sn	Ag	Cd	Pb	In	
Bi97.5Ag2.5	余量	—	2.5	—	—	—	263.5
Bi60Cd	余量	—	—	40	—	—	144
Bi58Sn	余量	42	—	—	—	—	138
Bi55Pb	余量	—	—	—	45	—	124
Bi54PbSnIn	余量	16.3	—	—	—	29.7	91
Bi52.5PbSn	余量	15.5	—	—	32	—	95
Bi50PbSnCd	余量	12.5	—	12.5	25	—	70
Bi50PbSn	余量	25	—	—	25	—	115
Bi49PbSnIn	余量	12	—	—	18	21	58

3.2.3　锡铅钎料

锡铅钎料是应用最广泛的一类软钎料,锡铅二元合金的共晶成分为 Sn-38.1Pb,共晶温度为 183℃,如图 3-2 所示,共晶组织由体心立方 β-Sn 和面心立方 α-Pb 组成。这类钎料的钎焊温度低、润湿性好,得到的钎焊接头可靠性较高、导电性好、热阻小,是软钎焊的首选钎料。

图 3-3 为 Sn-Pb 钎料的物理性能和力学性能。由图 3-3 可知,随着 Pb 含量的升高,Sn-Pb

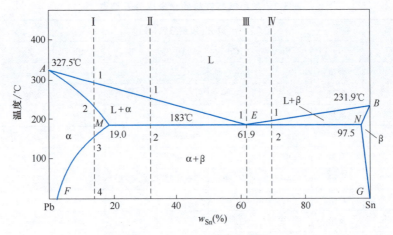

图 3-2　Sn-Pb 二元合金相图

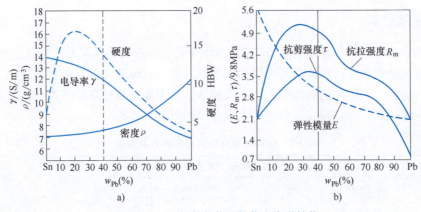

图 3-3　Sn-Pb 钎料的物理性能和力学性能
a）物理性能　b）力学性能

钎料的电导率和密度呈现单调下降或单调升高的趋势，其硬度和强度则呈现先升高后降低的趋势，在 w_{Pb} 约为 27% 时其综合力学性能达到最佳。

由于 Sn-Pb 钎料熔点较低，其工作温度一般不高于 100℃。但工作温度过低，该种钎料有冷脆倾向。这是由于 Sn 在低温（<13℃）下发生同素异构转变，产生体积膨胀而脆性破坏。Pb 在低温下无冷脆现象，所以当 Sn-Pb 钎料组织以 Pb 固溶体为主，Sn 固溶体量少且弥散分布时，低温冷脆现象不明显。

为了满足一些特殊性能的需要，Sn-Pb 钎料除了含 Sn、Pb 两种元素以外，也会添加其他的一些合金元素。添加 Cd 可使钎料的固液相线温度下降至 145℃，但 Cd 的添加会使钎料的晶粒粗化失去光泽并降低钎料的铺展性能。添加 Ag 元素主要是为了一些重要的场合下减轻对母材镀银层的溶蚀，同时提高钎料的抗蠕变和疲劳性能。加入少量 Sb 元素可以提高液态钎料抗氧化能力，从而改善钎料的润湿性，并增大其强度和电阻率，提高接头的热稳定性；w_{Sb} 一般为 0.3%～3%，其超过 6% 时会使钎料变硬、变脆，润湿性反而下降。添加 Bi 可使钎料的熔点下降，润湿性提高，但会使钎料的电阻率增加，脆性增大。

常见 Sn-Pb 钎料的物理性能及主要用途见表 3-4。

表 3-4　常见 Sn-Pb 钎料的物理性能及主要用途[3]

型号	固相线/℃	液相线/℃	电阻率/(Ω·mm²/m)	主要用途
S-Sn95Pb	183	224	—	电气、电子工业、耐高温器件、食品工业
S-Sn63Pb	183	183	0.141	电气、电子工业、印制线路、微型技术、航空工业及镀层金属的软钎焊
S-Sn60Pb S-Sn60PbSb	183	190	0.145	
S-Sn50Pb S-Sn50PbSb	183	215	0.181	
S-Sn40Pb S-Sn40PbSb	183	238	0.170	钣金、铅管、电缆线、换热器金属器材、辐射体、制罐等的软钎焊
S-Sn30Pb S-Sn30PbSb	183	258	0.182	灯泡、冷却机制造、钣金、铅管
S-Sn10Pb	268	301	0.198	钣金、锅炉用及其他高温用
S-Sn5Pb	300	314	—	
S-Sn50PbCd	145	145	—	轴瓦、陶瓷的烘烤软钎焊,热切割、分级软钎焊及其他低温软钎焊
S-Sn5PbAg	296	301	—	电气工业、高温工作条件
S-Sn63PbAg	183	183	0.120	同 S-Sn63Pb,但焊点质量等诸方面优于 S-Sn63Pb

Sn95Pb 等含 Sn 量较高的钎料主要用于电气和电子工业的耐高温器件,以及食品工业的钎焊以避免食品被铅污染。

Sn63Pb 和 Sn60Pb 是熔化温度最低的一类 Sn-Pb 钎料,它具有优越的钎焊工艺性能,特别适合于低温钎焊或者对温度要求很苛刻的场合,如电子器件的软钎焊温度应尽可能的低,以避免对周围元件的热损伤。

Sn50Pb、Sn40Pb、Sn30Pb 等这一类钎料的固相线保持在 183℃,液相线也比较低,熔化间隔比较小,钎焊的工艺性能较佳,同时 Pb 含量的增加提高了钎料的综合力学性能和经济性,其中 Sn40Pb 和 Sn40PbSb 成为最通用的 Sn-Pb 钎料,广泛用于钣金、铅管软钎焊、电缆线、换热器金属器材等部件的软钎焊。

Sn10Pb、Sn5Pb 钎料的含 Sn 量较低,其润湿性和铺展性都明显下降,固、液相线都明显提高,适用于工作温度较高的场合,如钣金、锅炉以及其他高温用零部件的软钎焊。

锡铅钎料因其优异的工艺性能和良好的力学性能,在电子领域得到了广泛的应用。Pb 是一种有毒元素,会危害人的中枢神经系统。大多数废旧电子产品使用后都作为工业垃圾进行填埋处理,钎缝中的 Pb 会慢慢渗入土壤甚至进入地下水,这对人类的健康构成了很大的威胁。自 2003 年欧盟颁布"RoHS"无铅化法令起,日本、美国、中国也提出了相关的法规和禁令,有铅钎料在生产中被禁用,发展无铅钎料成为趋势。

3.2.4　锡基无铅钎料

无铅钎料大部分以 Sn 为基体,通过添加 Ag、Cu、Zn 等元素构成二元或多元合金体系。目前锡基无铅钎料主要包括 Sn-Ag 系、Sn-Cu 系、Sn-Ag-Cu 系、Sn-Zn 系等,常用的锡基无铅钎料成分见表 3-5。

表 3-5 常见锡基无铅钎料的成分[4]

型号	熔化温度范围/℃	成分(质量分数,%)							
		Sn	Ag	Cu	Bi	Sb	Zn	Pb	杂质总量
S-Sn99.3Cu0.7	227	余量	0.10	0.5~0.9	0.10	0.10	0.001	0.07	0.2
S-Sn97Cu3	227~310	余量	0.10	2.5~3.5	0.10	0.10	0.001	0.07	0.2
S-Sn96.5Ag3.5	221	余量	3.3~3.7	0.05	0.10	0.10	0.001	0.07	0.2
S-Sn95Ag5	221~240	余量	4.8~5.2	0.05	0.10	0.10	0.001	0.07	0.2
S-Sn98.3Ag1Cu0.7	217~224	余量	0.8~1.2	0.5~0.9	0.10	0.10	0.001	0.07	0.2
S-Sn95.8Ag3.5Cu0.7	217~218	余量	3.3~3.7	0.5~0.9	0.10	0.10	0.001	0.07	0.2
S-Sn99Cu0.7Ag0.3	217~227	余量	0.2~0.4	0.5~0.9	0.06	0.10	0.001	0.07	0.2
S-Sn91Zn9	199	余量	0.10	0.05	0.10	0.10	8.5~9.5	0.07	0.2
S-Sn89Zn8Bi3	190~197	余量	0.10	0.05	2.8~3.2	0.10	7.5~8.5	0.07	0.2

(1) Sn-Ag 系钎料 Sn-Ag 二元合金的共晶成分为 Sn-3.5Ag，共晶温度为 221℃，如图 3-4 所示，共晶组织由 β-Sn 和 Ag_3Sn 组成。Ag 以 Ag_3Sn 微粒的形式均匀分散在 β-Sn 中，能有效阻挡疲劳裂纹的蔓延，故钎料具有良好的抗拉强度和抗高低温冲击特性。Sn-3.5Ag 钎料熔点为 221℃，其钎焊温度较 Sn-37Pb 钎料高。Sn-3.5Ag 的密度和电导率都小于 Sn-37Pb 钎料，但线膨胀系数更高。力学性能方面两者的抗拉强度相差不大，但 Sn-3.5Ag 的抗剪强度略高，弹性模量和硬度都更高。Sn-3.5Ag 钎料的铺展性和润湿性与 Sn-37Pb 钎料相比差很多，并且由于含有 Ag 元素，钎料成本较高。

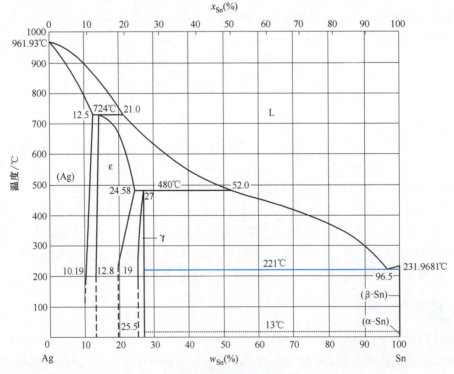

图 3-4 Sn-Ag 二元合金相图

(2) Sn-Cu 系钎料　Sn-Cu 二元合金的共晶成分为 Sn-0.7Cu，熔化温度为 227℃，如图 3-5 所示，共晶组织由 β-Sn 和 Cu_6Sn_5 组成，基体为 β-Sn，Cu 以 Cu_6Sn_5 形态分散在 Sn 基体内。凝固初期，Sn 初晶包围着 Cu_6Sn_5 微粒，但 Cu_6Sn_5 微粒不稳定，经 100℃ 保持数十小时后，微细共晶组织就会变成分散着的粗大 Cu_6Sn_5 颗粒组织，致使 Sn-0.7Cu 合金的抗蠕变、耐热疲劳性能降低，但仍比 Sn-37Pb 好。Sn-0.7Cu 钎料的熔点比 Sn-37Pb 及其他主要的无铅钎料高；电导率和密度比 Sn-37Pb 钎料的小，硬度相当；此外，Sn-0.7Cu 钎料的抗拉强度较低，仅为 Sn-37Pb 钎料的一半，但两者的抗剪强度相差不大；Sn-Cu 钎料的铺展性能较差，主要应用于波峰焊。在 Sn-Cu 钎料中加入微量的 Ni 可以改善其性能，通过微量元素添加获得的 Sn-0.7Cu-0.05Ni 钎料强度有所提高，其力学性能可与 Sn-37Pb 基本相同，并且铺展性能有所改善。然而 Ni 的熔点较高，其添加进钎料中会使钎料的熔化温度略微升高。

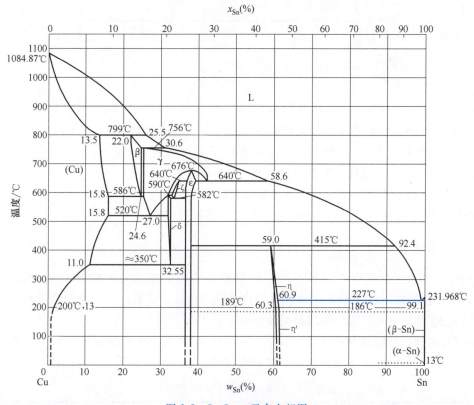

图 3-5　Sn-Cu 二元合金相图

(3) Sn-Ag-Cu 系钎料　Sn-Ag-Cu 三元共晶的熔点为 217℃，因此在 Sn-Ag 钎料中添加 Cu 能使钎料的熔点略有降低，同时维持 Sn-Ag 合金良好的力学性能。此外，添加 Cu 元素还能减少钎料对母材的溶蚀。Sn-Ag-Cu 系钎料是适用性很强的钎料，可在回流焊、波峰焊、手工焊组装时使用，也可以用于对多层基板的高密度封装。

(4) Sn-Zn 系钎料　Sn-Zn 二元合金共晶成分为 Sn-9Zn，熔点为 198.5℃，如图 3-6 所示。Sn-Zn 的共晶温度与 Sn-Pb（183℃）的共晶温度接近，但当 w_{Zn}>9% 后，熔点重新提高；而且会在共晶体中形成硬的富 Zn 相初晶，使合金的硬度迅速增大，导致塑性变差。Sn-9Zn 钎料的物理性能与 Sn-37Pb 钎料相差不大，但 Sn-9Zn 的表面张力很高，相比 Sn-Ag-Cu 和

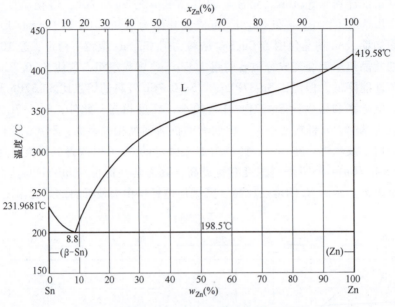

图 3-6 Sn-Zn 二元合金相图

Sn-Cu 钎料，其润湿性很差；Sn-9Zn 钎料的强度和抗蠕变性能均优于 Sn-37Pb，但因其硬度较大，钎料塑性差。在 Sn-Zn 钎料内加入少量 Bi 元素（一般 w_{Bi} 为 3%）可以降低钎料的熔化温度，同时改善其润湿性，但仍远低于 Sn-37Pb 钎料。

Sn-Zn 系钎料合金的实际应用主要受其润湿性差和抗氧化性能不良的限制，主要是由于钎料中 Zn 的化学性质活泼，造成 Sn-Zn 系钎料极易被氧化。

3.2.5 铅基钎料

纯 Pb 不能较好地润湿 Cu、Fe、Al、Ni 等许多常用金属，因此不宜单独用作钎料。铅基钎料一般是通过添加 Ag、Sn、Cd、Zn 等合金元素组成。铅基钎料的化学成分和性能见表 3-6。加入 Ag 可使铅基钎料能够润湿铜及铜合金，同时降低钎料熔点；加入 Sn 可进一步提高铅银钎料对铜的润湿性和填缝能力；加入 Cd 和 Zn 可提高钎料的强度，但钎料的熔点升高，结晶区间也较大，需采用快速加热的钎焊方法。

表 3-6 铅基钎料的化学成分和性能

型号	化学成分（质量分数,%）				熔化温度范围/℃	用途
	Pb	Ag	Sn	其他		
S-Pb97Ag	97	3	—	—	300~305	接近铅银共晶成分的钎料,耐热性较差,在 200℃ 时抗拉强度为 11.5MPa,可焊工作温度高的铜及铜合金
S-Pb92SnAg	92	2.5	5.5	—	295~305	
S-Pb90InAg	90	5	—	In:5	290~294	
S-Pb65SnAg	65	5	30	—	225~235	—
S-Pb83.5SnAg	83.5	1.5	15	—	265~270	
S-Pb50AgCdSnZn	50	25	8	Cd:15 Zn:2	320~485	熔点较高,结晶区间大,适用于快速加热方法钎焊,能填满较大间隙,适用于铜及铜合金的钎焊

铅基钎料的固相线温度较高,耐热性优于锡铅钎料,适用于钎焊在150℃以下工作的铜和黄铜零件。铅基钎料钎焊的铜和黄铜接头在潮湿环境下耐蚀性较差,钎焊接头表面必须通过涂覆防潮涂料等措施防止被腐蚀。

3.2.6 镉基钎料

镉基钎料是软钎料中兼具良好耐热性和耐蚀性的一种钎料。例如,Cd95Ag 钎料在温度高达 218℃ 时仍可保持一定的强度,比锡基和铅基钎料的强度都要高,用它钎焊的铜接头甚至可承受 250℃ 的工作温度。镉基钎料的化学成分和特性见表 3-7。

表 3-7 镉基钎料的化学成分和特性

型号	化学成分(质量分数,%)				熔化温度范围/℃	特性
	Cd	Zn	Ag	Ni		
S-Cd96AgZn	96	1	3	—	300~325	适用于铜及铜合金零件的软钎焊,如散热器、电机整流子等;在铜及铜合金上具有良好的润湿性及填缝能力
S-Cd95Ag	95	—	5	—	338~393	
S-Cd84AgZnNi	84	6	8	2	363~380	强度极限比 Sn-Ag 和 Pb-Ag 钎料高,耐热性是软钎料中最好的一种,在 260℃ 时抗拉强度为 12MPa
S-Cd82.5Zn	82.5	17.5	—	—	265	同 S-Cd95Ag;加 Zn 可以减少 Cd 在加热过程中的氧化
S-Cd82ZnAg	82	16	2	—	270~280	这两种钎料是在 Cd-Zn 共晶的基础上加 Ag,熔点较低,强度及耐热性良好,钎缝能进行电镀
S-Cd79ZnAg	79	16	5	—	270~285	

镉基钎料添加 Ag 目的是提高钎料对铜及铜合金的润湿性,以及接头的耐蚀性;但 w_{Ag} 超过 5% 同时无其他添加元素时,钎料的液相线会迅速上升,结晶区间变得很宽,钎焊时需采用快速加热的方法。添加少量 Zn 除了可以降低熔化温度外,还可减轻熔化钎料表面的氧化以及提高钎料的强度。

用镉基钎料钎焊铜及铜合金时,应避免加热温度过高和加热时间过长,以防止 Cd 与 Cu 在钎缝界面反应生成脆性铜镉金属间化合物,降低接头性能。另外,Cd 蒸气有毒,对人类健康危害极大,钎焊时必须注意采取通风等安全保护措施。

3.2.7 锌基钎料

锌基钎料属于高温软钎料,熔点为 370~480℃,以 Zn 为基体,添加少量的 Al、Ag、Cu 等元素,主要用于铝及铝合金的钎焊。锌基钎料主要是 Zn-Al 系钎料,两者的共晶成分为 Zn-5Al,共晶温度为 381℃,如图 3-7 所示,通过调整钎料内 Al 的含量,Zn-Al 钎料熔点可控制在 382~500℃ 范围内。Zn 属于密排六方晶格,由于晶格常数 c 轴大于 a 轴近一倍,断裂容易发生在 c 轴上,因此纯 Zn 的铸态性能很差。共晶点处合金的机械加工性能和纯 Zn 差不多,可以通过热加工制成丝、片状钎料,但长期存放易变脆。随着钎料合金中 Al 含量的增加,合金的加工性能可得到明显改善。

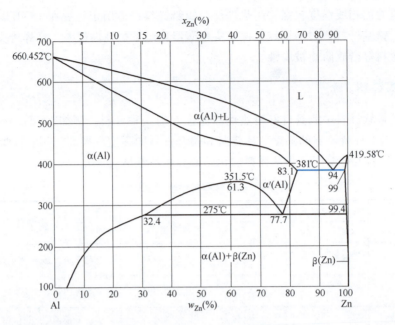

图 3-7 Zn-Al 二元合金相图

Zn-Al 钎料对 Al 基体的溶蚀性很强，这是由于 Zn 和 Al 的互溶度很大，钎料熔化后以相当快的速度向母材晶间渗透，这会影响钎料在钎缝中前进的速度，导致其流动性变差。该钎料的铺展性、耐蚀性和强度都较高，但在钎焊铝和铝合金时强度和稳定性仍显不足，需添加适量 Cu、Ag、稀土和碱土族元素来改善其钎焊性能。Cu 是 Zn-Al 钎料内常用的添加元素，Cu 的加入可以提高钎料的强度和硬度，降低其延伸率，同时使钎料变脆。此外，钎料内添加 Cu 能提高其铺展性，但会影响钎料的耐蚀性。少量 Ag 元素能提高钎料的铺展性并改善钎焊接头的力学性能，但会使钎料的熔点升高。添加微量的碱土族 Mg 元素可以提高 Zn-Al 钎料的耐蚀性，但会增加钎料的脆性。Sn 元素能降低 Zn-Al 钎料的熔化温度，适量的 Sn 还能提高钎焊接头的强度，但会显著降低钎料的耐蚀性。

3.3 硬钎料合金

3.3.1 铝基钎料

铝基钎料主要用来钎焊铝及其合金，Al-Si 系钎料是主要的铝基钎料，共晶成分为 Al-12.6Si，共晶温度为 577℃，图 3-8 为 Al-Si 二元合金相图。Al-Si 钎料的钎焊性、强度、镀覆性以及耐蚀性都极佳，且与母材色泽接近。此外，Al-Si 钎料还可以通过变质处理增加钎料及钎焊接头的力学性能。然而这类钎料的熔点较高，钎焊温度多在 600℃ 以上，接近铝母材的固相线温度，钎焊过程中容易出现母材晶粒长大、溶蚀等问题。为了降低钎料的熔点，一般在 Al-Si 合金的基础上选择性添加可与 Al 形成低熔点共晶的元素，如 Cu、Zn、Mg、Ge 等。常见 Al-Si 系钎料的化学成分见表 3-8。

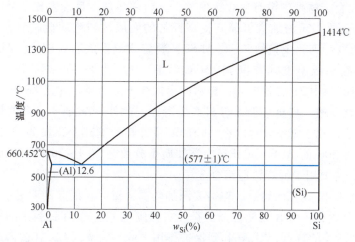

图 3-8　Al-Si 二元合金相图

表 3-8　常见 Al-Si 系钎料的化学成分[5]

型号	化学成分(质量分数,%)								熔化温度/℃	
	Al	Si	Fe	Cu	Mn	Mg	Zn	其他	固相线	液相线
BAl95Si	余量	4.5~6.0	≤0.6	≤0.30	≤0.15	≤0.20	≤0.10	Ti≤0.15	575	630
BAl92Si	余量	6.8~8.2	≤0.8	≤0.25	≤0.10	—	≤0.20	—	575	615
BAl90Si	余量	9.0~11.0	≤0.8	≤0.30	≤0.05	≤0.05	≤0.10	Ti≤0.20	575	590
BAl88Si	余量	11.0~13.0	≤0.8	≤0.30	≤0.05	≤0.10	≤0.20	—	575	585
BAl86SiCu	余量	9.3~10.7	≤0.8	3.3~4.7	≤0.15	≤0.10	≤0.20	Cr≤0.15	520	585
BAl89SiMg	余量	9.5~10.5	≤0.8	≤0.25	≤0.10	1.0~2.0	≤0.20	—	555	590
BAl89SiMg(Bi)	余量	9.5~10.5	≤0.8	≤0.25	≤0.10	1.0~2.0	≤0.20	Bi:0.02~0.20	555	590
BA89Si(Mg)	余量	9.50~11.0	≤0.8	≤0.25	≤0.10	0.20~1.0	≤0.20	—	559	591
BAl88Si(Mg)	余量	11.0~13.0	≤0.8	≤0.10	≤0.10	0.10~0.50	≤0.20	—	562	582
BAl87SiMg	余量	10.5~13.0	≤0.8	≤0.25	≤0.10	1.0~2.0	≤0.20	—	559	579
BAl87SiZn	余量	9.0~11.0	≤0.8	≤0.30	≤0.05	≤0.05	0.50~3.0	—	576	588
BAl85SiZn	余量	10.5~13.0	≤0.8	≤0.25	≤0.10	—	0.50~3.0	—	576	609

在 Al-Si 二元合金的基础上添加 Cu 可以显著降低 Al-Si 系钎料的熔点。在 Al-Si-Cu 三元相图中，共晶成分为 Al-5.5Si-28Cu，熔点为 525℃。Al-Si-Cu 钎料组织中主要有 α-Al 固溶体、Si 颗粒和 Al_2Cu，其中 Al_2Cu 是脆性相，钎料中含有较多的 Cu 会使 Al_2Cu 相增多，钎料变脆并在钎焊时容易发生对母材的溶蚀，产生晶间断裂，影响接头性能。典型的 Al-Si-Cu 系列钎料如 BAl86SiCu 钎料，在 Al-Si 中添加质量分数为 3.3%~4.7% 的 Cu，使钎焊温度下降了近 20℃，此时钎料脆性不大，仍保持较好的加工性能，主要用于钎焊 5000 系（Al-Mg 系）和 7000 系母材。然而，BAl86SiCu 钎料的钎焊温度仍较高，不适用于部分铝合金的钎焊，为了进一步降低钎料熔点，需要添加更多的 Cu。当 Cu 含量增加并接近共晶点成分时，钎料的液相线温度明显下降并接近共晶温度，如 Al-9.6Si-20Cu 钎料的液相线温度为 543℃ 左右。此时钎料脆性大大增加，难以加工成丝或箔，只能制成条使用，并且对接头性能影响较大。

Al-Si-Zn 三元合金体系中没有化合物生成，钎料的热加工性能要比 Al-Si-Cu 系好，可以制成丝或带材。此外，Zn 的加入可显著提高钎料的润湿性和流动性。Al-Si-Zn 合金共晶点处 w_{Zn} 高达 94.86%，因此少量的 Zn 对 Al-Si 钎料熔化温度的影响较小。Al-Si-Zn 中 w_{Zn} 达到 30% 后，钎料液相线温度才能降到 550℃ 以下，w_{Zn} 达到 40% 时，液相线温度下降到 530℃ 以下。此时钎料中 Zn 含量较高，钎料的耐蚀性下降明显，并且 Zn 和 Al 互溶度大，钎焊时钎料易向母材渗透，甚至可能对母材产生溶蚀。此外，Zn 属于高蒸气压元素，在焊接过程中易挥发，不适用于真空钎焊。在 Al-Si-Cu 系钎料的基础上添加 Zn 能进一步降低钎料熔点，在含 w_{Cu} 为 20% 的 Al-Si-Cu 钎料中添加质量分数为 20%~30% 的 Zn 时，钎料熔点可降至 500℃ 以下，主要用于钎焊铸造铝合金。

Mg 可以降低 Al-Si 钎料的熔点，但需要添加较高含量时才能起到明显的效果，而 Mg 含量高的铝基钎料会生成一些 β 相使合金变脆。实际应用中，Mg 在钎料中的作用主要是利用其化学性质比 Al 活泼的特点，对 Al 起到保护作用。此外，Mg 与 Si 在固溶时效后会形成纳米级 Mg_2Si 析出相，这些析出相弥散分布在 Al 基体中，有效提高钎料的强度。一般钎料中 w_{Mg} 不超过 5%，甚至低于 3%。

Al-Si 二元合金系中添加了 Ge 后，Al-Si 的共晶温度随 Ge 含量的增加而降低，由此形成 Al-Ge-Si 三元体系。在 Al-Si 钎料中加入 Ge 还能显著提高钎料的铺展性和流动性。Al-Si-Ge 三元系内没有化合物生成，但由于 Ge 的脆性大，会使钎料的脆性变大，难以加工成丝状或箔状；而且 Ge 价格昂贵，经济效益低。

在 Al-Si 系钎料中添加 Ni、Sr、稀土元素等具有变质效果的元素可以有效改善钎料的微观组织、力学性能及钎焊特性等。Ni 元素主要用于 Al-Si-Cu 系钎料的变质，这是由于 Ni 元素的加入可以取代一部分 Cu 元素，提高钎料的机械加工性；此外，Ni 元素的加入还可以提高钎料的填缝能力及接头的剪切强度。加入微量的 Sr 可以使 Al-Si 钎料中的 Si 相由粗大的板片状变为细小的纤维状，从而提高合金的力学性能，尤其是延伸率。对于含 Mg 的 Al-Si 合金而言，Sr 的加入还能优化 Mg_2Si 的形态，使其均匀分布在钎料基体中，提高合金的综合性能。稀土元素的加入能细化并改善基体相、第二相的组织及分布，同时使合金中粗大的高熔点化合物的晶粒形状发生改变，并使其分布均匀，降低对合金的脆化作用；微量稀土还能减少分布于晶界的低熔点化合物同时予以球化，从而改善钎料合金组织，提高其强度和加工性等。

3.3.2 银基钎料

银基钎料是应用最广泛的中温硬钎料，其特点是熔点适中，工艺性好，并具有良好的强度、韧度、导电性、导热性和耐蚀性，可用于钎焊低碳钢、结构钢、不锈钢、铜及铜合金、高温合金、可伐合金、硬质合金以及难熔金属等。

银基钎料内主要合金元素包括 Cu、Zn、Cd 和 Sn 等。Cu 是银钎料内最主要的合金元素，添加 Cu 可降低 Ag 的熔化温度，又不会形成脆性相。w_{Cu} = 28% 的银铜合金共晶成分的熔化温度为 780℃（图 3-9）。BAg72Cu 共晶成分钎料具有良好的导电性，由于不含易挥发元素 Zn 和 Cd，特别适用于保护气氛钎焊和真空钎焊。添加 Zn 可进一步降低银基钎料的熔化温度，最低熔化温度约为 670℃。作为钎料用合金，除了熔化温度应尽可能低之外，还要考虑到它的组织和性能，组织中不应出现较多的脆性相，以避免对钎料加工（如轧制、拉伸）

性能的影响。以 Ag-Cu-Zn 钎料为例,从其三元合金相图来看(图 3-10),设计钎料时希望成分落于 Ag(银固溶体)相、Cu(铜固溶体)相或 Ag+Cu 两相区域内,因为 Ag 和 Cu 相均属于塑性极好的组织;如果合金成分落在 Cu+(Ag,Cu)Zn 和 Ag+(Ag,Cu)Zn 两相区,加工性能尚可;如果合金成分落在 (Ag,Cu)$_5$Zn$_8$ 极脆性相范围内,加工性能将很差。为了避免出现脆性相,钎料中 w_{Zn} 不宜大于 35%。

在银铜锌合金中加入 Cd 可进一步降低银基钎料的熔化温度。适量的 Cd 能溶于 Ag 和 Cu 中形成固溶体,形成的银铜锌镉钎料熔化温度低,润湿性和铺展性好,力学性能也很好,价格也不算贵,是银基钎料中综合性能最好的一种钎料。唯一的缺点是 Cd 属于有害元素,Cd 蒸气对人体危害极大。

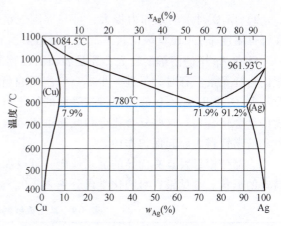

图 3-9 Ag-Cu 二元合金相图

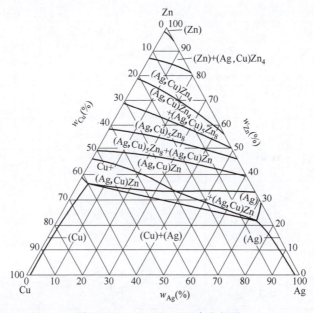

图 3-10 Ag-Cu-Zn 三元合金相图

银铜锌钎料中加入少量 Sn 来替代 Cd 是一种可行的方案,钎料中加入质量分数为 2%~5% 的 Sn 即可显著降低钎料的熔化温度。但 Sn 的添加量不能过多,否则将导致钎料塑性明显下降,进而影响钎料的加工性能以及所得接头的性能。

在银铜合金中添加少量 Li 可形成一种自钎钎料,钎焊不锈钢时可以不采用额外钎剂。Li 的自钎作用表现为:

1)它的氧化物 Li$_2$O 能与许多金属表面氧化物形成低熔点复合化合物,如与不锈钢表面的 Cr$_2$O$_3$ 形成 Li$_2$CrO$_4$。该复合化合物的熔点为 517℃,低于钎焊温度,钎焊时呈液相,方便排出。

2) Li_2O 对水的亲和力极大,可与周围气氛中的水分作用形成熔点仅为 450℃ 的 LiOH。在钎焊温度下 LiOH 呈熔化状态,几乎能溶解所有氧化物,并覆盖于母材表面起保护作用。

Li 在 Ag 中的溶解度较大,还是表面活性物质,能提高钎料的润湿性。因此,它是较理想的自钎元素。有时为了进一步提高钎料的自钎能力,还可以同时加入 Li 和 B。它们的氧化物 Li_2O 和 B_2O_3 不仅能还原母材表面的氧化物,二者之间还能形成一系列熔点低于钎焊温度的复合化合物。这些复合化合物既能迅速溶解各种氧化物,又能以液态薄膜形式覆盖在母材和液态钎料表面起保护作用。

大部分银钎料具有优异的加工性能,可以加工成丝状、条状、颗粒状、膏状、带状以及特定的形状。常见银钎料的化学成分见表 3-9。

表 3-9 常见银钎料的化学成分[6]

型号	化学成分(质量分数,%)								熔化温度/℃	
	Ag	Cu	Zn	Cd	Sn	Ni	Mn	其他	固相线	液相线
BAg100	≥99.95	0.05	—	—	—	—	—	—	961	961
BAg72Cu	71.0~73.0	余量	—	—	—	—	—	—	779	779
BAg72Cu(Li)	71.0~73.0	余量	—	—	—	—	—	Li:0.25~0.50	766	766
BAg72Cu(Ni)	70.5~72.5	余量	—	—	—	0.3~0.7	—	—	779	795
BAg30CuZnNi(Si)	29.0~31.0	35.0~37.0	29.5~34.0	—	—	2.0~2.5	—	Si:0.05~0.15	675	790
BAg45CuZn	44.0~46.0	29.0~31.0	23.0~27.0	—	—	—	—	—	665	745
BAg45CuZnSn	44.0~46.0	26.0~28.0	23.5~27.5	—	2.0~3.0	—	—	—	640	680
BAg45CdZnCu	44.0~46.0	14.0~16.0	14.0~18.0	23.0~25.0	—	—	—	—	605	620
BAg30CuZnIn	29.0~31.0	37.0~39.0	25.5~28.5	—	—	—	—	In:4.5~5.5	640	755
BAg25CuZnMnNi	24.0~26.0	37.0~39.0	31.0~35.0	—	—	1.5~2.5	1.5~2.5	—	705	800
BAg54CuZn(Ni)	53.0~55.0	余量	4.0~6.0	—	—	0.5~1.5	—	—	760	845
BAg56CuNi	55.0~57.0	余量	—	—	—	1.5~2.5	—	—	785	870
BAg56CuInNi	55.0~57.0	26.25~28.25	—	—	—	2.0~2.5	—	In:13.5~15.5	600	710
BAg63CuSnNi	62.0~64.0	27.5~29.5	—	—	5.0~7.0	2.0~3.0	—	—	690	800
BAg85Mn	84.0~86.0	—	—	—	—	—	余量	—	960	970

3.3.3 铜基钎料

纯铜作为钎料,对钢的润湿性和填缝能力极好,在还原性气氛下可不采用钎剂钎焊低碳钢和低合金钢等。纯铜钎料要求接头配合间隙很小,大多数情况下,钎焊低碳钢推荐的间隙为 0~0.07mm。这对零件的加工和装配提出了严格的要求。纯铜钎焊钢时，还可能出现漫流现象，即钎料流到钎缝以外不需要钎焊的地方，需要在钎缝周围涂抹上阻流剂，以防止出现漫流现象。阻流剂多为 Y_2O_3、TiO_2、Al_2O_3 等难熔氧化物、陶瓷或者石墨的粉末，使用时用水、有机溶剂、有机黏结剂调制成黏性溶液。

在铜中加入适量 Sn、Zn、Ge、P 等元素可明显降低钎料的熔点，同时获得不同性能的铜基钎料。当 w_{Sn} 为 5.5%~7% 时，铜锡钎料熔点高（910~1040℃），成形性能好，容易加工成丝或者片；加入的 Sn 翻倍时，钎料熔点有所降低（825~990℃），但很难加工成丝，只能用非晶态方法制成薄片。与铜钎料相比，此种铜基钎料的钎焊温度可以下降，且对填充间隙的要求没有那么苛刻，适用于碳钢、不锈钢、纯铜、白铜等材料的钎焊。

Zn 在 Cu 中的固溶度较大，如图 3-11 所示，随着含 Zn 量的增加，钎料合金组织中将出现 α、β、γ 等相。其中 α 相为强度和塑性良好的固溶体，β 相为强度高、塑性低的化合物，γ 相及 β′ 相为脆性更大的化合物。钎料固有的组织和特性在很大程度上决定了所获钎焊接头的性能，因此，其适用场合及范围在选择钎料时应有所考虑。例如，BCu54Zn 钎料的组织中存在大量的 β′ 脆性相，故钎焊接头不能承受冲击、弯曲载荷的作用；BCu62Zn 钎料的组织为 α 固溶体，具有良好的强度和塑性，可用来钎焊受力大、需要接头塑性好的零件。

表 3-10 为常见铜锌钎料的化学成分及熔化温度。铜锌钎料中含 Zn 量较高，钎焊过程中要控制好加热温度，避免过热，否

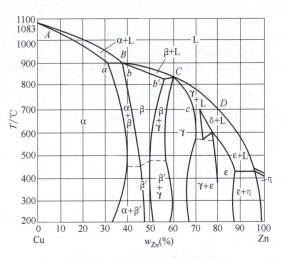

图 3-11 Cu-Zn 二元合金相图

则 Zn 将大量挥发导致接头中形成大量气孔缺陷。Zn 蒸气有毒，容易对人身体健康造成伤害。在铜锌钎料中加入少量 Si，可同钎剂中的硼酸盐形成低熔点的硅酸盐覆盖在液态钎料表面，以减少高温钎焊时 Zn 的挥发。但加入的 Si 能显著降低 Zn 在 Cu 中的溶解度，促进 β 脆性相的生成，使钎料变脆；且 Si 添加量高会形成过量的 SiO_2，不容易去除，故 w_{Si} 不宜超过 0.5%。在铜锌钎料中加入少量 Sn 可降低钎料的熔点，提高钎料的铺展性，Sn 同样能降低 Zn 在 Cu 中的溶解度，因而 w_{Sn} 不宜超过 1%。加入 Fe、Mn 可提高铜锌钎料的强度、塑性和润湿性，可满足钎焊硬质合金刀具等对接头性能要求高的场合。

表 3-10 常见铜锌钎料的化学成分及熔化温度[7]

型号	化学成分(质量分数,%)								熔化温度/℃	
	Cu	Zn	Sn	Si	Mn	Ni	Fe	Co	固相线	液相线
BCu54Zn	53.0~55.0	余量	—	—	—	—	—	—	885	888
BCu57ZnMnCo	56.0~58.0	余量	—	—	1.5~2.5	—	—	1.5~2.5	890	930
BCu58ZnMn	57.0~59.0	余量	—	—	3.7~4.3	—	—	—	880	909

(续)

型号	化学成分(质量分数,%)								熔化温度/℃	
	Cu	Zn	Sn	Si	Mn	Ni	Fe	Co	固相线	液相线
BCu58ZnFeSn(Si)(Mn)	57.0~59.0	余量	0.7~1.0	0.05~0.15	0.03~0.09	—	0.35~1.20	—	865	890
BCu58Zn(Sn)(Si)(Mn)	56.0~60.0	余量	0.2~0.5	0.15~0.2	0.05~0.25	—	—	—	870	900
BCu60ZnSn(Si)	59.0~61.0	余量	0.8~1.2	0.15~0.35	—	—	—	—	890	905
BCu60Zn(Si)	58.5~61.5	余量	—	0.2~0.4	—	—	—	—	875	895
BCu60Zn(Si)(Mn)	58.5~61.5	余量	≤0.2	0.15~0.40	—	—	—	—	870	900
BCu62Zn	60.5~63.5	余量	—	—	—	—	—	—	900	905

Ge 也能降低铜钎料的熔点,且当 w_{Ge}<12% 时其在铜中以 α 相固溶体的形式存在,因此铜锗钎料具有良好的塑性及强度。此种钎料还具有蒸气压低的特点,主要用于钎焊电真空器件的场合。

在铜中加入适量 P 形成的铜磷钎料是一种自钎料,该钎料工艺性能良好,价格低,在钎焊铜及铜合金方面得到广泛的应用。常见铜磷钎料的化学成分及熔化温度见表 3-11。

表 3-11 常见铜磷钎料的化学成分及熔化温度[7]

型号	化学成分(质量分数,%)				熔化温度/℃		最低钎焊温度/℃
	Cu	P	Ag	其他	固相线	液相线	
BCu93P-A	余量	7.0~7.5	—	—	710	793	730
BCu93P-B	余量	6.6~7.4	—	—	710	820	730
BCu92P	余量	7.5~8.1	—	—	710	770	720
BCu92PAg	余量	5.9~6.7	1.5~2.5	—	645	825	740
BCu80SnPAg	余量	4.8~5.8	4.5~5.5	Sn:9.5~10.5	560	650	650
BCu87PSn(Si)	余量	6.0~7.0	—	Sn:6.0~7.0;Si:0.01~0.04	635	675	645
BCu86SnP	余量	6.4~7.2	—	Sn:6.5~7.5	650	700	700
BCu86SnPNi	余量	4.8~5.8	—	Sn:7.0~8.0;Ni:0.4~1.2	620	670	670
BCu92PSb	余量	5.6~6.4	—	Sb:1.8~2.2	690	825	740

在 Cu 中加入 P 主要起两种作用:

1) 由 Cu-P 相图(图 3-12)可知,P 的加入能显著降低 Cu 的熔点。当 w_P 为 8.4% 时,Cu 与 P 形成低熔共晶,其熔化温度仅为 714℃,组织由 Cu+Cu_3P 组成,其中 Cu_3P 为脆性相。随着 P 添加量的增加,铜磷钎料内 Cu_3P 相增多,脆性也增大,使其塑性比银基钎料差很多,只能在热态下挤压或轧制。

2) P 在空气中钎焊铜时起自钎剂作用。在钎焊温度下,P 还原钎料及母材表面的 CuO,形成还原产物 Cu 及 P_2O_5,后者可与 CuO 进一步反应形成复合化合物,呈液相薄膜覆盖在钎料及母材表面，防止氧化，促进润湿。

为了进一步降低铜磷钎料的熔化温度和改善其脆性，可往钎料内添加 Ag。Cu-Cu$_3$P-Ag 三元系合金形成一低熔点共晶（图 3-13），其成分为 w_{Ag} = 17.9%、w_{Cu} = 30.4% 和 w_{Cu_3P} = 51.7%，共晶点为 646℃，该成分合金很脆，只能作为用铜磷钎料钎焊的工件补钎用。为了节约 Ag，可在铜磷钎料中添加 Sn，以达到降低熔点的目的。当 Cu-6P 合金中加入质量分数为 1% 的 Sn 时，其液相线明显下降；继续提高 Sn 含量，液相线以直线下降。当钎料内 w_{Sn} 提高到 6% 时，液相线可降至 677℃。

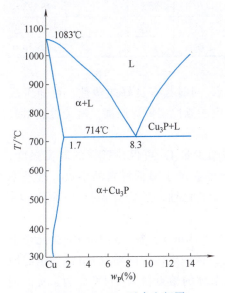

图 3-12　Cu-P 二元合金相图

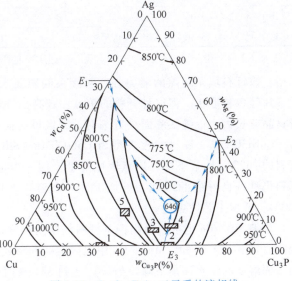

图 3-13　Cu-Cu$_3$P-Ag 三元系的液相线

铜磷和铜磷银钎料只能用来钎焊铜和铜合金，不适合钎焊钢、Ni 基合金和 w_{Ni} 超过 10% 的铜镍合金，以避免接头内形成含 P 的脆性金属间化合物。铜磷钎料钎焊接头的耐蚀性一般与 Cu 相当，但应避免暴露在含硫气体中，在这种环境下铜磷接头有被腐蚀倾向。铜磷钎料可以加工成线状、条状、环状和其他形状，如拉丝、颗粒和膏状。可使用火焰钎焊、电阻钎焊、感应钎焊和炉中钎焊等钎焊方式。

当钎焊接头的工作温度超过 200℃ 时，前述银基钎料和铜基钎料都无法满足使用要求，因为这些钎料的强度随温度升高急剧下降，如图 3-14 所示。表 3-12 列出了一些高温铜基钎料，它们的钎焊接头可满足 400~600℃ 的工作温度要求。

为了提高铜基钎料的高温强度，可以加入较多的 Ni 或者 Mn。如 CuNi30-2-0.2 钎料，w_{Ni} 达到 27%~30%，在 600℃ 以下几乎与 SUS321 不锈钢等强度，且抗氧化性也相当。但 Ni 使钎料的熔点显著升高，为此可加入适量的 Si 和 B 降低钎料的熔点。此外，Si 和 B 还有改善钎料润湿性的

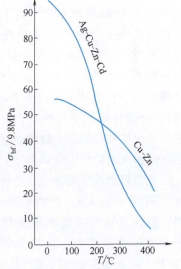

图 3-14　银基钎料与铜基钎料强度与温度的关系

表 3-12 高温铜基钎料的化学成分及熔化温度

型号	化学成分(质量分数,%)							熔化温度范围/℃	钎焊温度范围/℃
	Ni	Si	B	Fe	Mn	Co	Cu		
H1CuNi30-2-0.2	27～30	1.5～2.0	≤0.2	<1.5	—	—	余量	1080～1120	1175～1200
Cu69NiMnCoSiB	18	1.75	0.2	1	5	5	余量	1053～1084	1090～1110
Cu58MnCo	—	—	—	—	31.5	10	余量	940～950	1000～1050
Cu40MnNi	20	—	—	—	40	—	余量	950～960	1000～1050
ПМ38МЛ	4～6	1.5～2.5	<0.1	—	36～40	Li<0.15	余量	—	920～950
ВПР-2	5～6	—	—	0.8～1.2	22～26	—	余量	—	980～1000
ВПР-4①	28～30	0.8～1.2	0.15～0.25	1～1.5	27～30	4～6	余量	—	1000～1050

① $w_K = 0.01\% \sim 0.2\%$, $w_{Na} = 0.05\% \sim 0.15\%$, $w_P = 0.1\% \sim 0.2\%$。

作用。该钎料填充间隙的能力强,对接头间隙要求不严,同时具有良好的塑性,可加工成丝、片等各种形状。但这种钎料的熔点比较高,钎焊时应注意控制钎焊温度,避免过热引起母材晶粒长大、近缝区麻面(钎剂对近缝区母材损伤)等缺陷。

CuNi30-2-0.2 钎料的改进型为 Cu69NiMnCoSiB。添加少量 Co 可保持钎料的高温强度,钎料的 Ni 含量明显下降,熔点因此降低。加入少量 Mn 亦有助于降低钎料的熔点。改进型钎料仍具备良好的润湿性、可加工性、高温强度以及抗氧化性,且钎焊温度下降了 80～100℃,钎焊工艺性更佳。

添加 Mn、Co 也可以提高铜基钎料的使用温度,如 Cu58MnCo 钎料。由 Cu-Mn 二元合金相图(图 3-15)可知,Mn 在 Cu 中以固溶体的形式存在,在一定范围内随着 Mn 添加量的增加,固溶体的熔点逐渐下降。当 w_{Mn} 达到 33.7% 时,固溶体的熔点仅为 871℃。为了提高铜锰钎料的室温及高温强度,可以在钎料中加入 Co 元素。当钎料中 w_{Co} 为 9% 时,不锈钢钎焊接头的强度与母材实现等强。Cu58MnCo 钎料的 w_{Co} 为 10%,其液相线为 943℃,钎焊温度为 1000℃ 左右,正好在马氏体不锈钢的淬火温度范围内,可将钎焊和淬火处理合并进行。该钎料具有固溶体组织,延展性好,可加工成各种形状,但由于 Mn 含量高,Mn 既易氧化又易挥发,所以不适用于火焰钎焊和真空钎焊,主要用于有保护气氛的炉中钎焊。

铜锰钎料除了添加 Co 之外,亦可采用 Ni 替代 Co,如 Cu40MnNi 钎料。但该钎料的强度和抗氧化性稍差,加工性能稍好,价格稍低。在 Cu-Mn-Ni 合金中加入少量 Si(w_{Si} = 1.5% ～ 3.5%)可降低合金的熔点,同时 Si 还可与 Ni 形成 Ni_3Si,起到强

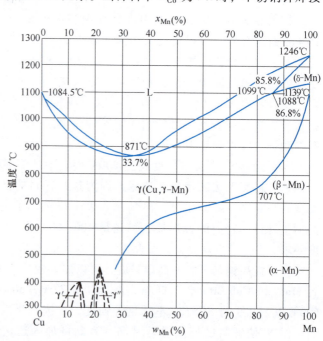

图 3-15 Cu-Mn 二元合金相图

化的作用，提高合金的耐热性；加入少量Fe可提高它在钢表面的铺展性，但过多的Fe可能导致形成Fe的独立相，降低合金的耐蚀性。

3.3.4 锰基钎料

锰基钎料比银基钎料和铜基钎料可以承受更高的工作温度，当不锈钢钎焊接头的工作温度高于600℃时，可以考虑采用锰基钎料。常见锰基钎料的化学成分及熔化温度见表3-13。

表3-13 常见锰基钎料的化学成分及熔化温度

型号	化学成分(质量分数,%)							熔化温度范围/℃	钎焊温度范围/℃
	Mn	Ni	Cr	Cu	Co	Fe	B		
BMn70NiCr	70±1	25±1	5±0.5	—	—	—	—	1035~1080	1150~1180
BMn40NiCrFeCo	40±1	41±1	12±1	—	3±0.5	4±0.5	—	1065~1135	1180~1200
BMn68NiCo	68±1	22±1	—	—	10±1	—	—	1050~1070	1120~1150
BMn50NiCuCrCo	50±1	27.5±1	4.5±0.5	13.5±1.0	4.5±0.5	—	—	1010~1035	1060~1080
BMn65NiCrFeB	余量	16±1	—	—	16±1	3±0.5	0.2~1.0	1010~1035	1060~1085
BMn45NiCu	45±1	20±1	—	35±1	—	—	—	920~950	1000
BMn52NiCuCr	52±1	28.5±1	5±0.5	14.5±1	—	—	—	1000~1010	1060~1080

根据Mn-Ni二元合金相图（图3-16），Ni在Mn中能以固溶体的形式存在，且$w_{Ni}<40\%$时，随着Ni含量的增加，合金的熔点逐渐降低，最低可到1005℃。为了提高钎料的高温强度和抗氧化性，锰基钎料就是在熔点低、塑性好的Mn-Ni合金的基础上添加不同的合金元素组成。

加入质量分数为5%的Cr可提高钎料的抗氧化性，同时钎料具有良好的润湿性和填缝能力，对母材的溶蚀作用小；加入质量分数为10%的Co形成Mn-Ni-Co三元合金，钎料高温性能好，适用于钎焊工作温度较高的零件及薄件；加入少量Co，同时提高Cr的含量、改变Mn与Ni的比例，可提高钎料的高温性能和耐蚀性，钎料的熔点和钎焊温度有所上升，钎料的流动更容易控制。

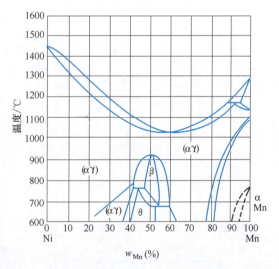

图3-16 Mn-Ni二元合金相图

加入一定量Cu，利用Mn-Ni-Cu可以形成更低熔点的组织来调节钎料的熔点，同时添加质量分数为4.5%的Co来提高钎料的高温性能，钎焊可以在更低的温度下进行，可避免钎焊不锈钢时晶粒长大现象。钎料的溶蚀性也降低，更适合钎焊薄件。加入大量Cu时，钎料熔点极大下降，适用于钎焊的补焊以及分步钎焊的末级钎焊。

锰基钎料都具有良好的塑性，可以制成各种形状。它们对不锈钢和高温合金的润湿性和填缝能力都很好，而且对不锈钢没有明显的溶蚀作用和晶间渗入作用。该钎料蒸气压高，主要用于惰性气体保护钎焊，不适于火焰钎焊和真空钎焊。由于锰的抗氧化性比较差，故锰基钎料的高温性能有限。

3.3.5 钛基钎料

Ti 在地球中的储量极为丰富，储量仅次于金属 Al、Fe、Mg，居第四位。钛及钛合金虽然生产历史较短，在第二次世界大战后才开始应用，但其发展极快，这与航空和航天技术的发展以及这类金属本身所特有的优异性能密切相关。目前钛及其合金不仅在航空航天中应用广泛，在航海、化工、冶金、医疗和仪表等方面也得到了广泛的应用。

钛合金钎料一般选择与 Ti 容易形成低熔点共晶的 Cu、Ni 作为降熔元素，但 Ti-Cu-Ni 钎料（如 Ti-15Cu-15Ni）熔点偏高，需在 960℃ 以上进行钎焊，必须添加其他合金元素以进一步降低钎料的熔点。Zr 是钛合金的主要强化元素之一，它与 Ti 无限固溶，不会与 Ti 产生脆性相，能在不显著降低钛合金塑性的情况下提高合金强度。钛合金中含质量分数为 50% 的 Zr 时，熔点出现一个比 Ti 熔点低 100℃ 左右的极小值；Zr 在钛合金中呈中性，对 α/β 转变温度影响很小；此外，Zr 可与 Cu、Ni 形成共晶，有望获得低熔点的 Ti-Zr-Cu-Ni 系合金。基于以上原因，Zr 是钛基钎料内主要的添加元素。Be 可与 Ti 形成有限固溶体及化合物，少量加入也可降低钎料熔点。其他的元素（如 V、Cr、Fe、Co 等）虽然也有类似作用，但效果均不如上述几种元素好，近几十年来研发的钛基钎料均是 Ti 或 Ti-Zr 和 Ni、Cu、Be 组成的低熔点合金。常见钛基钎料见表 3-14。

表 3-14 常见钛基钎料[2]

分类	型号	主要成分(质量分数,%)	熔化温度范围/℃	钎焊温度范围/℃
Ti-Cu-Ni	MBF-5006	Ti-15Cu-25Ni	901~914	930~950
	MBF-5011	Ti-18.5Cu-27.5Ni	910~920	970~980
	MBF-5012	Ti-20Cu-20Ni	915~936	950
	Ti60Cu25Ni	Ti-25Cu-15Ni	930	1000
	Ti73Cu13Ni14Be	Ti-13Cu-14Ni-0.26Be	—	950
Ti-Cu-Be	Ti49Cu49Be	Ti-(48~50)Cu-(1~3)Be	900~955	997~1020
Ti-Zr-Be	Ti48Zr48Be	Ti-48Zr-4Be	890~900	940~1050
Ti-Zr-Ni-Be	Ti43Zr43Ni12Be	Ti-43Zr-12Ni-2Be	795~816	850~1050
Ti-Zr-Cu	MBF-5004	Ti-25Zr-50Cu	780~815	850~950
Ti-Zr-Cu-Ni	MBF-5002	Ti-37.5Zr-15Cu-10Ni	805~815	850~950
	ВПР16	Ti-13Zr-21Cu-9Ni	910~920	930~960
	Ti51Zr27Cu15Ni	Ti-27Zr-15Cu-7Ni	829~858	—
	CTEMET 1201	Ti-12Zr-23Cu-12Ni	830~955	—
	CTEMET 1202	Ti-12Zr-22Cu-12Ni-1.5Be-0.8V	748~857	—
Zr-Ni	MBF-5001	Zr-17Ni	982~986	—
Zr-Ti-Cu-Ni	CTEMET 1406	Zr-11Ti-13Cu-14Ni	770~833	—
	CTEMET 1409	Zr-11Ti-12Cu-14Ni-2Nb-1.5Be	685~767	—

与银基、铝基钎料相比，钛基钎料钎焊接头强度更高，耐蚀性和耐热性更好，在盐雾环境、硝酸和硫酸中尤为优良。在5%NaCl溶液中，采用BAg72CuLi钎料获得的工业纯钛钎焊接头浸泡72h就发生腐蚀；而采用Ti-Zr-Cu或Ti-Zr-Cu-Ni获得的钎焊接头在浸泡1000h也未观察到腐蚀现象。注意到这类钎料中基本上都含有与Ti具有强烈作用的Cu、Ni元素，钎焊时会快速扩散到基体金属中与Ti反应造成对基体的溶蚀或形成脆性的扩散层，不利于薄壁结构的钎焊。对此解决途径有两条：一是严格控制钎焊温度和时间，使钎料与基体金属的反应和溶蚀控制在可接受的范围之内；二是采用不含Cu、Ni的钛基钎料，例如Ti48Zr48Be，该钎料不仅具有良好的流动性，而且在940℃/2~20min条件下钎焊纯钛和TA7时对基体无明显的溶蚀。

钛基钎料本身比较脆，加工性能较差，制作箔材较为困难，一般以粉状或用胶调成膏状使用，后来又发展了薄片叠层钎料。随着真空或惰性气体保护非晶态急冷制箔技术的进一步发展和工程化应用，才使钛基钎料的制箔问题得到真正的解决，目前市场上已有非晶态钛基钎料箔供应。采用钛基钎料钎焊钛合金可以获得较高的接头强度，甚至达到或接近母材强度，但钛合金钎焊接头一般呈现脆性，如何降低钛合金钎焊接头的脆性是研究人员关注的一个重要问题。通过减小钎焊接头间隙和控制钎料用量，并配合施加一定的压力可减缓钛合金钎焊接头的脆性，但适用性有限。往Ti-Zr-Cu-Ni系钎料中加Co或加微量稀土元素也有利于缓解接头的脆性。

3.3.6 镍基钎料

镍基钎料是钎焊不锈钢和高温合金最常用的钎料。Ni具有良好的耐蚀性和抗氧化性，但其熔点太高、高温强度也不够，因此这类钎料往往以Ni为基体，同时添加了降熔元素和提高钎缝强度的元素。根据降熔元素的不同，镍基钎料可以划分为镍铬硅硼、镍铬钨硼、镍铬硅、镍硅硼、镍磷、镍铬磷和镍锰硅铜等，见表3-15。

表3-15 常见镍基钎料[8]

型号	化学成分(质量分数,%)												熔化温度/℃	
	Ni	Co	Cr	Si	B	Fe	C	P	W	Cu	Mn	Mo	Nb	固相线	液相线
BNi74CrFeSiB	余量	≤0.1	13.0~15.0	4.0~5.0	2.75~3.50	4.0~5.0	≤0.06	≤0.02	—	—	—	—	—	980	1070
BNi81CrB	余量	≤0.1	13.5~16.5	—	3.25~4.0	≤1.5	≤0.06	≤0.02	—	—	—	—	—	1055	1055
BNi82CrSiBFe	余量	≤0.1	6.0~8.0	4.0~5.0	2.75~3.50	2.5~3.5	≤0.06	≤0.02	—	—	—	—	—	970	1000
BNi92SiB	余量	≤0.1	—	4.0~5.0	2.75~3.50	≤0.5	≤0.06	≤0.02	—	—	—	—	—	980	1040
BNi95SiB	余量	≤0.1	—	3.0~4.0	1.50~2.20	≤1.5	≤0.06	≤0.02	—	—	—	—	—	980	1070
BNi71CrSi	余量	≤0.1	18.5~19.5	9.75~10.50	≤0.03	—	≤0.06	≤0.02	—	—	—	—	—	1080	1135

(续)

型号	化学成分（质量分数，%）												熔化温度/℃	
	Ni	Co	Cr	Si	B	Fe	C	P	W	Cu	Mn	Mo	Nb	固相线	液相线
BNi67WCrSiFeB	余量	≤0.1	9.0~11.75	3.35~4.25	2.2~3.1	2.5~4.0	0.30~0.50	≤0.02	11.5~12.75	—	—	—	—	970	1095
BNi89P	余量	≤0.1	—	—	—	—	≤0.06	10.0~12.0	—	—	—	—	—	875	875
BNi76CrP	余量	≤0.1	13.0~15.0	≤0.10	≤0.02	≤0.2	≤0.06	9.7~10.5	—	—	—	—	—	890	890
BNi66MnSiCu	余量	≤0.1	—	6.0~8.0	—	—	≤0.06	≤0.02	—	4.0~5.0	21.5~24.5	—	—	980	1010

BNi74CrFeSiB 内 Cr 含量高，钎焊时 B 向母材扩散，可以使钎缝的重熔温度提高，适用于钎焊高温下受大应力的部件。BNi82CrSiBFe 钎料的熔化温度比上述钎料要低，可在较低温度下钎焊，钎料与母材的作用减弱，可钎焊较薄的工件。由于钎料内含 Cr 量低，钎焊接头的抗氧化性比 BNi74CrFeSiB 钎料钎焊接头稍差。

BNi92SiB 钎料的流动性很好，适宜于钎焊搭接量较大的接头，然而接头的耐热性比含 Cr 的镍基钎料差。BNi95SiB 钎料内含 Si 和 B 量比 BNi92SiB 低，熔化温度有所提高，结晶间隔也增大，钎料流动性下降，但钎料的硬度有所改善，适用于要求钎缝圆角较大，或者要求钎焊后进行加工的零件。此外，由于 BNi95SiB 内 B 含量的下降，钎料和母材的相互作用减弱，可用来钎焊比较薄的结构件。

BNi71CrSi 钎料不含 B，同母材的作用大大减弱，适宜于钎焊薄壁件。由于钎料内 Cr 含量高，接头的高温强度和抗氧化性与 BNi74CrFeSiB 相当；此外，由于 BNi71CrSi 内不含 B，这类钎料特别适用于核领域。

BNi68CrWB 钎料同 Ni-Cr-Si-B 相比，它的特点是 w_B 降低到 2.5%，w_W 高达 12%。钎料内含 B 量的下降可减少 B 对母材的晶间渗入，即减弱钎料同母材的反应；W 可强化钎料，提高钎料的高温强度。由于 B 含量的降低和 W 的加入，钎料的熔化温度间隔增大，流动性变差，可以填满宽达 200μm 的间隙，是焊高温工作的部件和涡轮叶片补钎时常用的钎料。

BNi89P 和 BNi76CrP 是镍基钎料中熔化温度最低的两种钎料，它们属于共晶成分，流动性极好，钎料对母材的溶蚀作用不大。BNi76CrP 钎料因含较多的 Cr，其耐热性比 BNi89P 钎料好；但这两种钎料的高温性能比镍铬硼硅和镍硼硅钎料仍差得多。这两种钎料主要用来钎焊不锈钢薄件，因钎料内不含 B，也特别适用于核领域。

BNi66MnSiCu 钎料内不含 B，Si 含量也不高，加工性能较好。这种钎料的使用领域和 BNi76CrP 钎料相似，由于钎料含 Cu 和 Mn，它的耐蚀性和抗氧化性比 BNi76CrP 好。

为降低镍基钎料的熔点，除镍磷和镍铬磷钎料外，绝大部分镍基钎料都含 B 和 Si。钎焊过程中 B 由于原子半径小，扩散系数大，容易向母材中扩散。如果钎缝内含 B 量降到极限溶解度以下，硼化物相就消失。Si 则不然，Si 的扩散速度低，钎缝中的硅化物相在钎焊过程中不易消失。Si 对一些高温合金来说是有害元素,当合金内 w_{Si} 超过 0.4% 时,合金的韧性和高温性能急剧下降。这是因为溶于固溶体内的 Si 成为定向连接源,降低了合金的塑性变形能力;此外,Si 能促使形成一些脆性相,并使其稳定化。因此在设计高温合金时 Si 的含量要严格控制。在钎焊这些合金中,同样不希望钎缝中引入大量 Si,因此必须采用不含 Si 的钎料。

镍基钎料组织中含有大量脆性的金属间化合物相,塑性加工性能差,因此镍基钎料通常是以粉末、黏带和非晶态箔形式使用。粉状钎料使用时需要加入有机黏结剂制成膏状。黏带钎料是由粉状钎料和有机黏结剂调和后轧制而成的。非晶态箔是将熔融状态的钎料以 10℃/s 的冷却速度在水冷铜辊上凝固,形成具有一定柔性成分均匀的钎料箔。

3.3.7 贵金属钎料

1. 金基钎料

金、银和铂族金属(铂、铬、钯、钌、铱、锇)通称为贵金属,含有上述元素的合金称之为贵金属合金。贵金属材料具有一系列特殊的物理化学性质,如优异的耐蚀性、高的导电性及导热性、高稳定性和长寿命等。目前,贵金属材料已广泛应用于航天、航空、航海、兵器、计算机、微电子、激光、核能技术、化学、化工、石油、医药、建材、冶金、机械、轻工、环境保护等领域。由于贵金属相对稀少和昂贵,除饰品和齿科材料外,在工业上多作为功能材料应用,往往需与有色、黑色和难熔金属等异种金属连接组成部件,钎焊是连接贵金属材料的主要连接方法。为了保证钎焊接头物理化学性能、力学性能与母材一致,贵金属材料软钎焊一般选用 Sn-Pb 系、Pb-Ag 系及含 Ag 或 In 的软钎料;硬钎料常采用含有一定量母材成分的贵金属钎料合金,如金基钎料和钯基钎料。

金基钎料以前几乎全部用来钎焊首饰,近年来,随着电子工业、核能工业、航空和航天工业的发展,金基钎料也扩大了它的应用范畴,常见金基钎料的化学成分及熔化温度见表 3-16。

表 3-16 常见金基钎料的化学成分及熔化温度[2]

类型	化学成分(质量分数,%)						熔化温度/℃	
	Au	Cu	Ni	Ag	Pd	其他	固相线	液相线
Au-Cu	100	—	—	—	—	—	1063	1063
	81.2	15.5	3	—	—	—	—	≈910
	80	20	—	—	—	—	910	910
	80	19	—	—	—	Fe:1.0	905	910
	75	25	—	—	—	—	910	914
	50	50	—	—	—	—	955	970
	40	60	—	—	—	—	975	995
	35	62	3	—	—	—	973	1029
	30	70	—	—	—	—	995	1020
	70	—	—	30	—	—	1030	1040
	60	20	—	20	—	—	—	≈845

(续)

类型	化学成分(质量分数,%)						熔化温度/℃	
	Au	Cu	Ni	Ag	Pd	其他	固相线	液相线
Au-Ni	82.5	—	17.5	—	—	—	950	950
	68	22	8.9	—	—	Cr:1.0;B:0.1	960	960
	72	—	22	—	—	Cr:6	975	1038
	92	—	—	—	8	—	1180	1230
	75	—	—	—	25	—	1375	1400
	70	—	22	—	8	—	—	≈1045
	50	—	25	—	25	—	—	≈1121

(1) 金铜钎料　Au 和 Cu 能无限固溶，在 80Au-20Cu 处形成一低熔固溶体（图 3-17），熔点为 911℃。金铜钎料是由不同比例的 Au 和 Cu 组成，以满足不同钎焊温度的要求。该钎料具有以下特点：

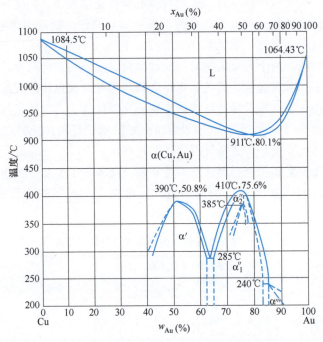

图 3-17　Au-Cu 二元合金相图

1）对钢、镍、铁、钴、钼、钽、钒、钨及其合金具有优良的润湿性。
2）与一般的金属和合金相互作用小，不发生溶蚀现象，可钎焊薄件。
3）无易挥发组分，可进行真空钎焊。钎料内不易形成难熔氧化物的组分，在保护气氛或真空钎焊时对气氛纯度和真空度的要求不高。
4）耐蚀性好，尤其是含 Au 量高的钎料。
5）延性好，容易加工成丝、片、箔等形状。

(2) 金镍钎料　Au 与 Ni 无限固溶，在 82.5Au-17.5Ni 处形成低熔点固溶体，其熔点为 950℃，如图 3-18 所示。w_{Ni} 为 35% 的金镍合金，不但熔化温度高，而且黏度也大，不适合作钎料使用；82.5Au-17.5Ni 是应用最广泛的金镍钎料。金镍钎料具有金铜钎料的全部优点，尤其在高温强度和抗氧化性方面比金铜钎料好很多。

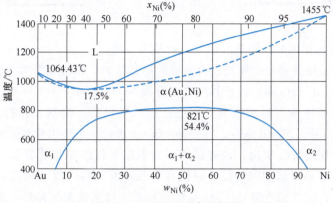

图 3-18　Au-Ni 二元合金相图

2. 钯基钎料

含钯钎料是在银铜合金和银锰合金基础上加入 Pd，常见的含钯钎料见表 3-17。该类钎料具有以下特点：

1）润湿性良好，若在 Ag 中加入质量分数为 1% 的 Pd，钎料在钢上的润湿角明显减小，当加入的 Pd 超过 5%，润湿角非常小。

2）溶蚀作用小，可钎焊薄壁件。

3）耐蚀性和抗氧化性好。

4）含钯钎料的延性好，可以加工成片、丝或箔形状，比镍基钎料使用方便。

钯基钎料钎焊接头的加工性比镍基钎料好。银铜钯钎料（SCP 系列）由于较低的蒸气压，特别适用于在真空条件钎焊润湿性差的材料，如不锈钢、镍基合金、钨、钼、锆、铍等材料。

表 3-17　常见的含钯钎料[2]

牌号	化学成分（质量分数,%）					熔化温度范围 /℃	钎焊温度 /℃
	Pd	Ag	Cu	Mn	Ni		
SCP1	5	68.4	26.6	—	—	807~810	815
SCP2	10	58.5	31.5	—	—	824~852	860
SCP3	15	65	20	—	—	850~900	905
SCP4	25	54	21	—	—	901~950	955
SCP5	5	95	—	—	—	970~1010	1015
SCP6	18	—	82	—	—	1080~1090	1095
SCP7	20	52	28	—	—	879~898	905
SPM1	20	75	—	5	—	1000~1120	1120
SPM2	33	64	—	3	—	1180~1200	1220
NMP1	21	—	—	31	48	1120	1125
PN1	60	—	—	—	40	1237	1250

3.4 本章小结

1. 软钎料主要包括铟基、铋基、锡基、锌基等钎料

铟基钎料对很多金属和非金属均具有良好的润湿能力;铋基钎料润湿性较差,脆性也较高;锡基钎料中锡铅钎料应用广泛,其共晶成分为 Sn-38.1Pb,这类钎料的钎焊温度低、润湿性好,得到的钎焊接头可靠性较高、导电性好、热阻小。锡基无铅钎料包括 Sn-Ag 系、Sn-Cu 系、Sn-Ag-Cu 系、Sn-Zn 系等,其中 Sn-Ag-Cu 系钎料是适用性很强的钎料,可在回流焊、波峰焊、手工焊组装时使用,也可以用于对多层基板的高密度封装。锌基钎料主要是 Zn-Al 系钎料,Zn-Al 系钎料的铺展性、耐蚀性和强度都较高,但在钎焊铝和铝合金时强度和稳定性仍显不足,需添加适量 Cu、Ag 及稀土和碱土族元素来改善其钎焊性能。

2. 硬钎料主要包括铝基、银基、铜基、钛基、镍基、金基、钯基等钎料

铝基钎料主要用来钎焊铝及其合金,Al-Si 系钎料是主要的铝基钎料,其钎焊性、强度、镀覆性以及耐蚀性都极佳。为了降低钎料的熔点,一般在 Al-Si 钎料基础上选择性添加可与 Al 发生低熔点共晶反应的元素,如 Cu、Zn、Mg、Ge 等。

银基钎料的熔点适中,工艺性好,并具有良好的强度、韧度、导电性、导热性和耐蚀性,是应用广泛的中温硬钎料。银基钎料内主要合金元素包括 Cu、Zn、Cd 和 Sn 等。

铜基钎料主要分为高铜钎料、铜锌钎料、铜磷钎料等,其中铜磷钎料由于工艺性能良好,价格低,在钎焊铜及铜合金方面得到广泛的应用。

钛基钎料一般选择与 Ti 容易形成低熔点共晶的 Cu、Ni、Zr 作为降低熔点的元素。与银基、铝基和铜基钎料相比,钛基钎料钎焊接头强度高、耐蚀性和耐热性好,在盐雾环境、硝酸和硫酸中尤为优良。然而钛基钎料本身比较脆,加工性能较差,一般以粉状或膏状使用。

镍基钎料是钎焊高温合金最常用的钎料,这类钎料以 Ni 为基体,并由降熔元素及提高钎缝强度的元素组成。由于降熔元素的引入,导致镍基钎料内含有大量的脆性化合物相,无法进行塑性变形,通常以粉末、黏带和非晶态箔形式使用。

金基钎料主要包括金铜系和金镍系钎料,对常见的黑色金属和有色金属具有优异的润湿能力,同时与母材的相互作用小,无溶蚀现象,获得的接头强度高、耐蚀性和加工性能优异。

钯基钎料适用于在真空条件钎焊润湿性差的材料。

思 考 题

1. 钎料的选用原则有哪些?
2. 软、硬钎料是如何划分的?常用的软钎料和硬钎料分别有哪些?
3. 对比分析锡铅钎料和锡基无铅钎料对母材焊接性的影响?
4. 铝基钎料内常用添加组元对接头焊接质量有哪些影响?
5. 常见镍基钎料钎焊接头的服役温度及高温下的组织稳定性如何?
6. 钛基钎料钎焊接头内脆性相包括哪些?如何改善?

参 考 文 献

[1] KORHONON T M, KIVILAHTI J K. Thermodynamics of the Sn-In-Ag Solder System [J]. Journal of Electronic Materials, 1998, 27 (3): 149-158.
[2] 张启运, 庄鸿寿. 钎焊手册 [M]. 北京: 机械工业出版社, 2017.
[3] 全国有色金属标准化技术委员会. 锡铅钎料: GB/T 3131—2020 [S]. 北京: 中国标准出版社, 2020.
[4] 全国焊接标准化技术委员会. 无铅钎料: GB/T 20422—2018 [S]. 北京: 中国标准出版社, 2018.
[5] 全国焊接标准化技术委员会. 铝基钎料: GB/T 13815—2008 [S]. 北京: 中国标准出版社, 2008.
[6] 全国焊接标准化技术委员会. 银钎料: GB/T 10046—2018 [S]. 北京: 中国标准出版社, 2018.
[7] 全国焊接标准化技术委员会. 铜基钎料: GB/T 6418—2008 [S]. 北京: 中国标准出版社, 2008.
[8] 全国焊接标准化技术委员会. 镍基钎料: GB/T 10859—2008 [S]. 北京: 中国标准出版社, 2008.
[9] 邹僖. 钎焊 [M]. 北京: 机械工业出版社, 1989.
[10] 美国焊接学会钎焊委员会. 钎焊手册 [M]. 曹雄夫, 等译. 北京: 国防工业出版社, 1982.

第4章

钎焊去膜原理

金属表面一般都会形成张力远低于金属本身的氧化物,金属母材表面形成氧化膜后,其表面张力显著降低,致使钎料润湿困难。此外,液态钎料表面也会形成氧化膜,并对钎料形成包裹。氧化膜阻碍了钎料与母材的接触,使液态钎料难以在母材表面铺展和润湿,钎焊过程必须去除氧化膜。

去除氧化膜的方法包括化学反应和物理破碎两种。利用钎剂、活性气体、中性气体和真空可实现化学反应去膜。钎焊中常用的活性气体有氢气和一氧化碳,中性气体有氮气和氩气。钎剂的丰富门类可应对不同的钎焊工况,也是最有效和应用最广泛的去除氧化膜的方法。物理破碎去膜主要包括机械刮擦和超声去膜,机械刮擦的去膜效果有限,但简单实用,超声去膜具有去膜速度快,绿色无污染的特点,近年来发展迅速,在一些情况下已经逐渐替代钎剂的使用。

本章在简述金属表面氧化膜特性的基础上,重点阐述了钎焊过程中金属氧化膜的主要去除方法及原理。

4.1 金属表面氧化膜

4.1.1 母材表面氧化膜

固态纯金属表面结构由外至内可分为气体吸附层、氧化膜、微晶组织和变形层,其中氧化膜会影响液态钎料在固态金属表面的润湿,进而影响金属钎焊性。实际上,氧化膜是一种统称,其组成随金属种类的变化而变化,它不仅含有金属氧化物,还含有氧化物的水合物、氢氧化物和碱式碳酸盐等成分。例如,铝、钛、铍、镁等亲氧金属的表面膜主要是氧化物。铜、铁等金属除与氧结合外,还与 CO_2 有相当好的亲和力,其表面膜中常存在碱式碳酸盐。锡、锌等两性金属的表面层中常存在 $Sn(OH)_2$ 或 $Zn(OH)_2$ 等。鉴于氧化膜中成分的多元性和复杂性,氧化膜也被称为表面膜。

与单质金属相比,合金的表面氧化膜情况更为复杂。在氧化过程中,合金中利于降低表面能的组元和亲表面气氛的组元在固态下也会不停地向表面扩散,形成结构复杂的表面膜,加热时这种趋势更为明显。例如,含微量 Al 的 GH37 镍基合金,加热时表面膜几乎全为 Al_2O_3;含微量 Ti 的铁镍合金表面膜是 TiN^+-TiO^{2+};Mg 含量很少的铝合金表面膜中存在明显 $MgAlO_4$ 相。这种扩散使合金表面膜中某些组元与内部金属基体形成纵深的结合,因此表面膜与基体金属的结合一般比纯金属的结合更加牢固。另外,由于合金中往往含有多种可与氧发生反应的组元，因而其表面的氧化膜也可能由不止一种氧化物组成。通常，如果含量较少的合金组元对氧的亲和力小于基本组元，则它们不与氧作用，合金表面的氧化膜自然也就不存在它们的氧化物；反之，它们的氧化物就可能形成于氧化膜中，影响钎焊时氧化膜的去除。温度也是影响合金表面氧化膜成分的因素，如表4-1中数据所示，随着温度由50℃提升至300℃，黄铜表面的氧化膜组分经历了由Cu_2O向$ZnO·Cu_2O$再向ZnO的转变。钎焊合金材料时，应充分考虑这些情况。

表 4-1　Cu-40Zn 黄铜表面氧化膜组成与温度的关系[1]

加热温度和时间	表面氧化膜	加热温度和时间	表面氧化膜
50℃，1h	Cu_2O	200℃，1h	$ZnO·Cu_2O$
100℃，1h	Cu_2O	250℃，1h	$ZnO·Cu_2O$
150℃，1h	$ZnO·Cu_2O$	300℃，1h	ZnO

金属表面的氧化膜能对内部金属起到保护作用，其实际保护效果和氧化膜的结构有关。一般情况下，铝表面的$\gamma\text{-}Al_2O_3$、铁表面的Fe_3O_4、铜表面的Cu_2O都具有低结晶度和高致密性，这类结晶度低或者无定形结构的氧化膜具有较大的致密度，它们能隔绝氧化膜下金属与环境中的气体接触，保护金属免于进一步氧化[2]。有些氧化膜结构比较疏松，不能够完全隔绝空气，例如碱金属和碱土金属表面氧化膜及CuO、Fe_2O_3等氧化膜，氧化膜厚度会随时间的增长而增加，无法对内部金属起到保护作用。

不同金属与氧之间亲和力的不同导致了所形成的氧化膜间性能的差异，金属表面氧化膜的物理化学特性在一定程度上决定了这些金属钎焊性的好坏。氧化膜越容易清除，越有利于钎焊的进行。氧化膜的热稳定性、化学稳定性以及与金属基体结合的牢固程度随着氧化膜致密性的提高而增大，这就导致了氧化膜越致密就越难以去除。例如，铝、镁、钛、铬的氧化膜通常难以去除，铜、铁、镍的氧化膜就比较容易去除。钎焊过程中需根据氧化膜的具体特性采取相应的清除措施。

4.1.2　液态钎料表面氧化膜

液态钎料表面同样存在氧化膜，液态金属表面的氧化存在一些与固态金属氧化行为不同的独特规律。例如，氧化速度快、表面成分均匀、具有液态结构等特性，尤其是某些微量元素可以在液态表面迅速偏析，对液体金属表面氧化的行为影响很大。

根据液态金属氧化理论[3]，熔融状态的金属表面会强烈地吸附氧，被吸附的氧分子在高温金属表面将分解成氧原子，氧原子得到电子变成离子，然后再与金属离子结合生成金属氧化物：

$$O_2 \rightarrow O+O$$
$$O+2e \rightarrow O^{2-}$$
$$xM^{n+}+yO^{2-} \rightarrow M_xO_y$$

M_xO_y为任意氧化物，其形成过程在液态金属新鲜表面暴露的瞬间即可完成。当形成单分子氧化膜后，再以电化学反应的形式实现膜的生长，主要是以电子运动或离子传递的方式进行。当形成密实的连续氧化膜后，氧化过程能否继续进行取决于界面反应速度以及参加反应的物质通过氧化膜的扩散速度。

氧化膜的组成、结构、生长速度和方式以及氧化物在液态钎料中的分配系数与钎料的组成密切相关。此外，氧化过程还与温度、氧分压、钎料表面对氧的吸附和分解速度、表面原子与氧的化合能力、表面氧化膜的致密度以及生成物的溶解和扩散能力等有关。

液态钎料表面氧化膜的成分和结构会影响钎料的铺展和润湿，这个问题在电子工业中常用的锡基钎料钎焊过程中尤为突出。例如，Sn-Zn 系钎料对 Cu 的润湿性差的主要原因之一就是生成了使液态钎料表面张力增加的 ZnO。此外，波峰焊过程中液态锡基钎料表面形成较厚氧化膜，导致大量氧化渣的产生，典型的氧化渣结构是中心 90% 的可用钎料和外部 10% 的氧化膜[4]，清除这些氧化渣会造成钎料大量浪费。

钎焊过程中的固体母材和液态钎料表面都会被自身氧化膜包裹，这使钎料与母材之间不能直接接触，导致润湿困难。一个典型的案例是，Al-Si 共晶钎料（熔点 577℃）在 Al 母材（熔点 660℃）上加热到 600℃时，被固态氧化膜包裹的液态钎料呈不规则球形而难以润湿，需要用钢针刺入钎料并刺破母材氧化膜才能发生润湿。所以在钎焊过程中要采取一定的方法去除母材和钎料表面氧化膜，以提升钎料对母材的润湿性。在钎料中添加某些微量元素作为表面活性物质可以增强一些钎料处于液态时的抗氧化性和润湿性。例如，微量 In、Ga、Ge 添加到 Sn-Cu 系钎料中能在液态钎料表面或亚表面产生富集，生成的氧化物能防止钎料的氧化并降低表面膜张力，促进钎料的润湿[5]。

除了改进钎料成分，抑制液态钎料表面氧化膜生成以外，人们更多关注的是在钎焊过程中去除固体母材表面的氧化膜，它是影响钎料铺展和润湿的主要因素。常用的去膜方法有钎剂去膜、气体介质去膜、真空去膜、机械方法去膜和超声波去膜几种。

4.2 钎剂的组成及设计

4.2.1 钎剂的作用

在钎焊过程中，钎剂作为溶剂与钎料配合使用，为钎焊过程顺利进行和致密性钎焊接头的获得提供保证。钎剂在焊接过程中主要起到去膜、保护和活化的作用。

（1）**去膜作用** 钎焊过程中钎剂通过物理化学过程去除、破碎或松脱母材的表面膜，使液态钎料能与裸露的基体表面接触并充分润湿。去膜过程主要依靠溶解去膜和化学去膜两种方式。化学去膜是指钎剂与氧化膜发生化学反应破坏其完整性或使其消失；溶解去膜是指熔融钎剂将母材和钎料的表面膜溶解，使氧化膜破碎或消失。

（2）**保护作用** 钎焊过程中，母材和钎料去除氧化膜后露出的新基体，若与空气接触很容易再次氧化，熔融状态的钎剂覆盖在母材和钎料表面通过隔绝外部环境起到保护作用，从而避免氧化膜再次生成。

（3）**活化作用** 钎剂中的某些组分与母材或钎料作用会使液态钎料与固体母材间的界面活化，降低固液界面的张力，从而促进熔化钎料在母材表面润湿和铺展。

钎剂使界面活化而促进界面润湿的作用是通过界面上传质反应实现的，界面传质速度越快，界面张力下降程度越高，越有利于钎料润湿。要想最大限度地降低钎料和母材间的表面张力，促进钎料在母材表面的润湿，最好是使钎剂和母材以及钎剂和钎料间均发生传质反应,这样的钎剂中起活化作用的组分通常不止一种。例如,当锌基钎料与铝母材润湿时,若钎剂中仅含 Zn^{2+},钎剂虽能与铝母材产生传质,但不能与锌基钎料间产生传质,这时常加入一些其他符合要求的金属离子,如 Sn^{2+}、Pb^{2+} 等。

钎剂的施加为界面传质和润湿性的增强提供了条件,其去膜作用消除了发生传质的物理阻隔,其活化作用促成或参与了某种界面传质过程。由于在钎剂作用下的传质过程会经历一个从高潮到逐渐变缓的过程,界面张力会随传质速度的减缓重新上升,因而钎剂活性具有时效性。

4.2.2 钎剂的要求

为充分发挥钎剂的作用,必须根据母材和钎料的特性,配置或选用具有以下性能的钎剂:

1) 应具有溶解或破坏母材和钎料表面氧化膜的能力,并具备一定的活化性能,以促进钎料的润湿和铺展。

2) 钎剂熔点和活性温度应与钎料熔点相适应。钎剂能够稳定有效地发挥作用的温度范围称为钎剂的活性温度范围。应要求钎剂在钎料熔化前就开始发挥其去膜作用,为钎料润湿和铺展创造条件,所以钎剂熔点和最低活性温度应低于钎料的熔点。钎焊温度一般都高于钎料的熔点,所以钎剂最高活性温度应覆盖钎焊温度。

3) 应具有良好的热稳定性。热稳定性是指钎剂在加热过程中保持其成分和作用稳定不变的能力。钎剂的热稳定温度范围的设定要考虑与钎焊升温速度和钎焊时间相适应,一般不小于 100℃。

4) 在钎焊温度范围内应具有黏度小、流动性好的特性,并且钎剂及其作用产物密度要小于钎料密度,以均匀地覆盖于钎料和母材表面,减小液态钎料与母材的界面张力,同时发挥钎剂隔绝空气的保护作用。此外,这还有利于钎剂及作用产物能及时从钎缝中排出,防止夹渣的形成。

5) 钎剂及其残渣焊后易清除,并且不应对母材和钎缝有强烈的腐蚀作用。

6) 不应具有毒性或在使用中析出有害气体。

7) 具有经济合理性,在保证钎剂具有一系列使用性能的基础上,尽量不使用贵重钎剂原料,降低焊接成本。

事实上,钎剂很难满足以上全部性能要求。例如,提升钎剂去膜能力和减小其腐蚀作用之间就存在矛盾。这种情况下,只能在满足去膜能力要求的前提下,依靠工艺措施来防止其腐蚀作用。

4.2.3 钎剂的组成

钎剂的组成主要取决于所要清除氧化物的物理化学性质,构成钎剂的组成物质可以是单一组元,如早期的硼砂和松香等,也可以是具有多组元复杂系统。多组元系统。通常由基体组分、去膜剂和活性剂组成。

(1) **基体组分** 基体组分决定钎剂熔化温度,是钎剂其他组分及钎剂作用产物的溶剂,钎焊过程中以液膜形式覆盖在母材和钎料表面,隔绝空气,起到保护作用。基体组分多采用热稳定的金属盐或金属盐系统,如硼砂、碱金属、碱土金属的氯化物,还有松香、合成树脂等。

（2）**去膜剂** 去膜剂作用是溶解母材和钎料表面氧化膜，发挥钎剂的去膜作用。碱金属和碱土金属的氟化物具有溶解金属氧化物的能力，常用来作去膜剂。有机酸可以依靠羧基的作用，以金属皂的形式除去母材和液态钎料的氧化膜。在钎焊加热过程中，由胺、肼等与酸生成的有机卤化物可分解成碱性和酸性两部分，其中酸性部分具有去膜作用。一些胺、酰胺或中性有机物可在钎焊过程中与金属离子形成配位化合物，也能起到去膜的作用。增大钎剂去膜剂的含量有利于提高钎剂去膜能力，但去膜剂含量过多，会导致钎剂熔点提高、流动性下降，影响钎剂性能。

（3）**活性剂** 活性剂可加速氧化膜的去除从而改善钎料的铺展状况，发挥钎剂的活化作用，用于解决钎剂中的去膜剂含量受限引起的氧化膜溶解缓慢或难以去除的问题。常用的氯化锌、氯化锡等重金属卤化物活性剂能与一些母材作用，使表面氧化膜脱落并在母材表面析出纯金属薄层，从而促进钎料的铺展；硼酐等氧化物能与金属氧化物形成低熔点的复合化合物，促进氧化膜的清除。

上述划分是按其主要作用进行的，实际钎焊过程中，钎剂的各个组分共同发挥着上述三方面作用，而每种组分所起的作用往往也不单一。此外，除上述三类组分外，会根据实际焊接需要添加特殊作用组分。例如，电子工业所用的软钎剂中会添加抗蚀剂、阻燃剂、光亮剂等。

4.2.4 钎剂的设计

钎剂的具体组分应按母材和钎料类型、钎焊温度范围来设计，通常钎剂的设计应遵循以下原则：

1）钎剂与待焊基体材料相匹配。钎剂的设计要考虑钎剂对母材的作用过程、去膜、活化和保护效果。

2）钎剂的有效温度范围要与钎料的熔化温度相匹配。钎剂的主要任务是为钎料的润湿、铺展和填缝服务，必须使钎剂的活性温度区间与钎料的熔化温度以及钎焊温度相匹配，以便充分发挥钎剂的去膜作用。钎剂最好在钎料熔化前 2~3s 时熔化，这时钎料正好赶上钎剂的活性高潮，所以升温速度越慢的工况，钎剂熔化温度应越接近钎料液相线。

3）钎剂与钎焊方法相适应。钎剂的状态应适用所使用的钎焊方法。例如，电阻钎焊中对焊缝区域的导电性有较高要求，钎剂的组分要允许电流通过，而且通常要稀释钎剂。

4）钎剂与钎焊工艺相适应。钎剂的熔化温度、活性温度、理化性能要在相应钎焊工艺条件下达到最理想的状态。

5）满足钎焊接头技术要求。钎剂的作用效果应满足钎焊接头的钎着率、强度、钎剂残渣清除要求。

6）钎剂应满足运输便宜性、安全性、生产使用经济性等要求，应该根据实际需求添加增稠剂、增黏剂等助剂。

4.3 钎剂的种类

钎剂的分类与钎料分类相适应，通常可分为软钎剂、硬钎剂和铝用钎剂等。软钎剂主要包含腐蚀性较强的无机软钎剂和腐蚀性较弱甚至无腐蚀的有机软钎剂；硬钎剂以适用于较高温度的硼砂、硼酸和硼酐基为主要原料组成；铝用钎剂专门种类较多，单独分为一类，常见的铝用钎剂分为中低温钎剂和高温钎剂两种，以适应不同的场景。一些特殊的气体也能起到钎剂的作用，这就是所谓的气体钎剂，气体钎剂常用于炉中钎焊和火焰钎焊工况。表 4-2 所示为各种钎剂的分类。

表 4-2 各种钎剂分类

钎剂大类	钎剂小类	物质分类	物质组成
软钎剂	无机软钎剂（强腐蚀）	无机酸	盐酸、氢氟酸、磷酸
		无机盐	氯化锌、氯化铵、氯化锌-氯化铵
	有机软钎剂（弱腐蚀和无腐蚀）	弱有机酸	乳酸、硬脂酸、水杨酸、油酸
		有机胺盐	盐酸苯胺、磷酸苯胺、盐酸肼、盐酸二乙胺
		胺和酰胺类	尿素、乙二胺、乙酰胺、二乙胺、三乙醇胺
		天然树脂	松香、活化松香
硬钎剂	硼砂或硼砂基		
	硼酸或硼酐基		
	硼砂-硼酸基		
	氟盐基		
铝用钎剂	铝用中、低温钎剂	铝用有机软钎剂（QJ204）	
		铝用反应钎剂（QJ203）	
	铝用高温钎剂	氯化物	
		氧化物-氟化物	
		氟化物	
气体钎剂	炉中钎焊用气氛钎剂	活性气体	氯化氢、氟化氢、三氟化硼
		低沸点液态化合物	三氯化硼、三氯化磷
		低升华固态化合物	氟化铵、氟硼酸铵、氟硼酸钾
	火焰钎焊用气氛钎剂（硼有机化合物蒸气）	硼酸甲酯蒸气	
		硼甲醚酯蒸气	

4.3.1 软钎剂

软钎剂的定义与软钎料相适应，通常温度低于 450℃时使用的钎剂称为软钎剂。根据成分的不同，软钎剂可以进一步细分为无机软钎剂和有机软钎剂两类。无机软钎剂的残渣多具有较强腐蚀性，大多属于腐蚀性钎剂；有机软钎剂的残渣腐蚀性较弱或无腐蚀性，多属于弱腐蚀性或无腐蚀性钎剂。通常情况下有机软钎剂活性较弱，去除氧化膜能力也较弱，活性温度区间较窄，活性持续时间较短；无机软钎剂活性大，去除氧化膜能力强，活性温度区间宽，活性持续时间长。

1. 无机软钎剂

无机软钎剂一般由无机酸或（和）无机盐组成，它的化学活性强、热稳定性好，具有较强的去除氧化物能力，能较好地保证钎焊质量，可适应较宽的钎焊温度范围和材料种类，常用于一般黑色金属和有色金属，包括铜、不锈钢、耐热钢和镍铬合金等。但是，此类钎剂的残留和残渣对接头的腐蚀性强，焊后需要彻底清除。

常用的无机酸软钎剂有盐酸、氢氟酸和磷酸等，它们通常以水溶液或酒精溶液形式使用，也可与凡士林调成膏状使用。盐酸与氢氟酸会强烈腐蚀金属，并且会在加热时析出有害气体，因此很少单独使用，只在某些钎剂中作为活性剂。磷酸有较强的去氧化能力，且比前两种酸方便和安全，适用于钎焊含铬不锈钢或锰青铜。但受其挥发温度的限制，磷酸钎剂只限于300℃以下使用。

氯化锌是组成无机软钎剂的基本成分中最常用的无机盐。它吸水性极强，可迅速与空气中的水结合形成水溶液，常以水溶液形式作钎剂。这类钎剂的活性取决于氯化锌的浓度，但提高氯化锌水溶液的浓度只能在一定范围内增强其活性。由图4-1可知，当其浓度在30%以下时，钎剂活性随浓度增加而显著升高，浓度超过30%后对促进钎料铺展不起作用。这时，为了进一步提高其钎剂性能，可添加活性剂氯化铵，氯化铵还可显著降低钎剂的熔点（图4-2）和黏度（图4-3），同时还能减小钎剂与钎料间的界面张力，促进钎料铺展和润湿。为进一步提高其活性，在氯化锌或氯化锌-氯化铵水溶液钎剂中加入适量盐酸，以用于去除铬钢、不锈钢或镍铬合金表面的致密氧化膜。

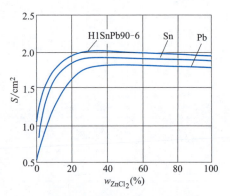

图 4-1　钎料在低碳钢板上的铺展面积 S 与钎剂中 $ZnCl_2$ 浓度的关系[6]

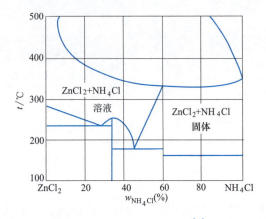

图 4-2　$ZnCl_2$-NH_4Cl 相图[6]

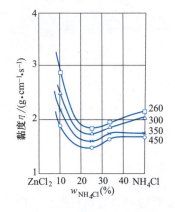

图 4-3　$ZnCl_2$-NH_4Cl 系的黏度与成分的关系[6]

在钎焊时，为了消除液态钎剂发生飞溅而腐蚀母材和有害气体析出等缺点，可在氯化锌中加入凡士林制成膏状钎剂来使用。另外，当加热超过350℃后，氯化锌钎剂会因强烈冒烟而不便使用，可添加氯化镉（熔点568℃）、氯化钾（768℃）、氯化钠（800℃）等高熔点氯化物来满足锌基和镉基钎料钎焊钢及铜合金的需要。此时，由于钎剂活性温度的提高，可添加少量氟化物来增强活性。例如，一种配方为 $50\%ZnCl_2+15\%NH_4Cl+30\%CdCl_2+5\%NaF$ 的钎剂就是按这种原理组成的，可适用于镉基、锌基钎料以及钎焊钢及铜合金。

2. 有机软钎剂

有机软钎剂包括弱腐蚀性钎剂和无腐蚀性钎剂两种。钎剂中含有机酸、有机卤化物、胺和酰胺等物质的属于弱腐蚀性软钎剂。有机酸和有机卤化物有较强的去氧化物能力,热稳定性尚好,这类钎剂主要用于电器零件的钎焊,但其残渣有一定腐蚀性,钎焊后需要清洗。胺和酰胺的活性不如有机卤化物,但其残渣腐蚀性也相应较小。

无腐蚀性有机软钎剂的主要成分是松香,松香类钎剂也是使用最广泛的有机软钎剂。松香作为一种天然树脂,实际上是一种混合物,除主要成分和主要作用成分松香酸($C_{19}H_{29}COOH$)外,还含有海松酸、左旋海松酸和松脂油等物质。松香在127℃熔化,在高于150℃的温度下表现出溶解银、铜、锡等氧化物的能力。

常用的三种松香钎剂有三种,包括未活化松香、弱活化松香和活性松香。未活化松香中不含提高钎剂活性的添加剂,是活性最弱的松香钎剂,适用于非常清洁、钎焊性特别好的金、银、铜等金属的钎焊过程。未活化松香适用范围较小,因此需要添加一些能加强钎剂作用能力,并且其残渣既无腐蚀性又不导电的添加剂,这就是弱活化松香。这种松香钎剂常用于钎焊可靠性要求高的电子器件,钎焊后可以不清除残渣。松香中加入少量有机酸、有机胺酸以及胺等活性物质后成为活性松香钎剂,活化物质会在钎焊过程中因加热而分解,且其残渣仍不导电、无腐蚀,所以活性松香可作为无腐蚀性钎剂。用于电子产品时,活性钎剂残渣必须通过不腐蚀、不导电试验才算合格。

常温下的松香具有电绝缘性、耐湿性和无腐蚀性等特点,焊后的松香残渣能恢复其原有特性,所以特别适用于电子元器件的钎焊。松香钎剂一般以粉末状或以酒精、松节油溶液的形式使用,广泛用于铜、黄铜、磷青铜、Ag、Cd等材料的钎焊。松香钎剂的局限在于松香酸,属于弱有机酸,本身溶解氧化物的能力不强,不适用于表面氧化严重的材料的钎焊。另外,当温度超过300℃后,它即转变为无去膜能力的新松香酸或焦松香酸。因此,<u>松香钎剂只能在300℃以下使用</u>。常用有机软钎剂成分及适用范围见表4-3。

表 4-3 常用有机软钎剂成分及适用范围

种类	成分(质量分数,%)	适用范围
弱腐蚀性钎剂	盐酸谷氨酸 11.1,尿素 6.4,水 82.5	铜、黄铜、青铜
	一氢溴化肼 9.89,水 90.06,非离子润湿剂 0.05	铜、黄铜、青铜
	乳酸(85%)17.89,水 81.90,润湿剂 0.21	铍青铜
无腐蚀性钎剂	松香 100	金、银、铜、锡、镉
	松香 40,盐酸谷氨酸 2,酒精 58	铜及铜合金
	松香 22,盐酸苯胺 2,酒精 76	铜、黄铜、镀锌铁
	松香 24,盐酸二乙醇胺 4,三乙醇胺 2,酒精 70	铜及铜合金、碳钢
	松香 30,氯化锌 3,氯化铵 1,酒精 66	铜及其合金、镀锌铁镍
	松香 38,正磷酸(密度 1.6)2,酒精 60	铬钢、铬镍不锈钢

4.3.2 硬钎剂

硬钎剂是指钎焊温度高于450℃时使用的钎剂。通常硬钎剂主要以硼砂、硼酸以及其混合物为基体组分。硼酸(H_3BO_4)为白色六角片状晶体,加热后生成的硼酐作为去膜组分。

硼砂（$Na_2B_4O_7 \cdot H_2O$）是单斜类白色透明晶体，结晶水蒸发时硼砂会发生猛烈沸腾，导致钎剂隔绝空气的保护作用降低，所以硼砂需要在脱水后使用。脱水后的硼砂（$Na_2B_4O_7$）在741℃时熔化并分解成硼酐和偏硼酸钠这两种去膜组分，所以其去膜能力强于硼酸。实际应用中，只有硼砂可以单独作为钎剂，但它熔点比较高，而且在低于800℃时黏度较大，流动性不足。当硼砂中加入的硼酸量足够时，混合物中由硼酸分解形成的硼酐可以降低混合物熔点，所以它们的混合物可广泛用作钎剂。此外，硼酸能降低硼砂钎剂的表面张力，促进钎剂铺展，并对改善钎剂残渣的脱渣性有积极作用。

硼砂、硼酸及其混合物作为硬钎剂时有流动黏度大、活性温度偏高、去氧化膜能力不强的问题。因此，通常添加某些碱金属或碱土金属的氟化物、氟硼酸盐等来改善其适用性。氟化钙可以提高钎剂去氧化膜能力，使钎剂可以钎焊高合金钢、不锈钢和高温合金，但高熔点的氟化钙无法降低钎剂活性温度。氟化钾是最常用的氟化物，它不仅能提高钎剂去氧化能力，还能够降低钎剂熔点及表面张力，使钎剂活性温度降至650~850℃。氟硼酸盐中的常用主要组分是氟硼酸钾，其作用与氟化钾相似，但其熔点较氟化钾更低，为540℃，因此其对钎剂活性温度的降低作用更加明显。此外，氟硼酸钾的去氧化物能力强，可作为钎剂主体，添加碱性化合物如碳酸盐等，配置成钎剂使用，适用于对于熔点低于750℃的银基钎料。此外，KCl等氯化物功能与氟化物类似，也具有降低硼酸盐基钎剂熔点的能力；氢氟化钾功能与氟化钾类似，可以降低硼酸盐基钎剂的熔点，并增强钎剂去氧化物能力。表4-4所示为一些常用硬钎剂的成分及应用范围。

表4-4 常用硬钎剂成分及应用范围

牌号	成分（质量分数，%）	钎焊温度/℃	应用范围
YJ1	硼砂100	800~1150	铜基钎料钎焊碳钢、铜、铸铁
YJ2	硼砂25，硼酸75	850~1150	硬质合金等
YJ6	硼砂15，硼酸80，氟化钙5	850~1150	铜基钎料钎焊不锈钢和高温合金
YJ8	硼砂50，硼酸10，氟化钾40	>800	用铜基钎料钎焊硬质合金
YJ11	硼砂95，过锰酸钾5		铜锌钎料钎焊铸铁
FB101	硼酸30，氟硼酸钾70	550~850	用于银钎料钎剂
FB102	无水氟化钾42，氟硼酸钾23，硼酐35	600~850	应用最广的银钎料钎剂
FB103	氟硼酸钾>95，碳酸钾<5	550~750	用于铝铜锌镉钎料
FB104	硼砂50，硼酸35，氟化钾15	650~850	银基钎料炉中钎焊
QJ205	氯化镉30，氯化锂25，氯化钾25，氯化锌5，氯化铵5	450~600	镉基钎料钎焊铜及铜合金，包括铝青铜
284	无水氟化钾35，氟硼酸钾42，硼酐23	500~850	用于银铜锌镉钎料

需要注意的是，使用含氟量较高的钎剂可能会产生含氟的有害气体。例如，含大量氟硼酸钾的钎剂温度高于750℃时会析出有毒的三氟化硼气体，应在低于750℃、通风良好的条件下使用。

4.3.3 铝用钎剂

铝及其合金具有很高的化学活性，其表面氧化膜熔点很高，并且稳定而致密，上述钎剂不能满足钎焊铝及铝合金的需要，必须使用专门的铝用钎剂。铝用钎剂也分为软钎剂和硬钎剂两种。

1. 铝用软钎剂

根据去除氧化物方式的不同，铝用软钎剂可以分为铝用有机软钎剂和铝用反应软钎剂两类。

（1）铝用有机软钎剂　铝用有机软钎剂通常以二乙醇胺、三乙醇胺等有机胺作为基体组分，以氟化物、氟硼酸或氟硼酸铵为去膜剂，以 Zn、Sn 等重金属的氟硼酸盐作活性剂。这类钎剂热稳定性较差，长时间加热会失去活性，并且当温度超过275℃时钎剂会碳化失效。因此，使用时要快速加热，并且避免钎剂过热。铝用有机软钎剂通常无吸湿性，残渣不吸潮，且易用水清除。不足是作用过程中有大量气体放出而呈沸腾状，不利于钎料填缝或获得致密的钎缝，影响钎料与母材的连接牢固性。典型铝用有机软钎剂成分、形态及熔化温度见表4-5。

表 4-5　典型铝用有机软钎剂成分、形态及熔化温度

代号	成分(质量分数,%)	形态	熔化温度/℃
QJ204(Φ59A)	三乙醇胺(82.5),$Cd(BF_4)_2$(10.0),$Zn(BF_4)_2$(2.5),$NH_4(BF_4)_2$(5.0)	室温为溶液	—
Φ61A	三乙醇胺(82),$Zn(BF_4)_2$(10),$NH_4(BF_4)_2$(8)	室温为溶液	—
Φ54A	三乙醇胺(82),$Cd(BF_4)_2$(10),$NH_4(BF_4)_2$(8)	室温为溶液	—
1070X	二乙醇胺(82.0),ZnF_2(1.0),SnF_2(9.0),NH_4HF_2(8.0)	室温浑浊液	—
1040W	ZnF_2(3.5),SnF_2(6.3),二乙醇胺的氢氟酸盐(90.2)	蜡状固体	≈50
1080W	ZnF_2(2.5),SnF_2(26.3),二乙醇胺的氢氟酸盐(71.2)	蜡状固体	≈45
1140W	ZnF_2(1.7),SnF_2(6.3),二乙醇胺的氢氟酸盐(92.0)	块状固体	175
1090X	二乙醇胺(82.0),$ZnCl_2$(1.1),$SnCl_2$(8.9),NH_4HF_2(8.0)	膏状体	—

（2）铝用反应软钎剂　铝用反应软钎剂主要组分为锌、锡等重金属的氯化物，通常会添加氯化铵或溴化铵以降低熔点并改善润湿性，加入氟化物作为去膜剂，还会添加少量钾、钠、锂的卤化物以提高钎剂活性。这其中，用氯化锡代替氯化锌可以明显降低钎剂活性温度，以氯化铵代替溴化铵也可以使钎剂活性温度降低。

铝用反应钎剂可以是粉末状混合物或溶于乙醇、甲醇等有机物使用。重金属氯化物极易吸潮形成无活性的氯氧化物，因此钎剂应密封保存以防受潮，更不可制成水溶剂后使用。重金属盐作为基质在钎剂中的含量很高，钎焊时它会与铝表面反应析出金属而增强活性，但反应副产物 AlF_3 会因与黏度较高的钎剂混合呈现泡沫状，弄脏接头周围区域，加之反应钎剂的残渣吸潮后对铝和铝合金有强烈的腐蚀作用，所以钎焊后必须彻底清洗钎剂残渣。典型的铝用反应软钎剂见表4-6。

表 4-6　典型的铝用反应软钎剂

成分(质量分数,%)	熔化温度/℃	特殊应用
$ZnCl_2$(55),$SnCl_2$(28),NH_4Br(15),NaF(2)	—	—
$SnCl_2$(88),NH_4Cl(10),NaF(2)	—	—

(续)

成分(质量分数,%)	熔化温度/℃	特殊应用
$ZnCl_2(88)$,$NH_4Cl(10)$,$NaF(2)$	—	—
$ZnBr_2(50\sim30)$,$KBr(50\sim70)$	215	钎铝无烟
$PbCl_2(95\sim97)$,$KCl(1.5\sim2.5)$,$CoCl(1.5\sim2.5)$	—	铝面涂 Pb
$KCl(35)$,$LiCl(30)$,$ZnF_2(10)$,$CdCl_2(15)$,$ZnCl_2(10)$	390	—
$ZnCl_2(48.6)$,$SnCl_2(32.4)$,$KCl(15)$,$NaF(2)$,$AgCl(2)$	—	配 Sn-Pb(85)钎料,高耐蚀

必须注意的是,所有铝用软钎剂钎焊时都产生大量白色有刺激性和腐蚀性的浓烟,因此,使用时应注意通风。

2. 铝用硬钎剂

铝用硬钎剂按其组成可分为氯化物基硬钎剂和氟化物基硬钎剂两类。

(1) 氯化物基硬钎剂　碱金属或碱土金属氯化物熔点和钎焊铝时温度相适应,它们与铝无明显作用,能很好地润湿铝和铝的氧化物,而且碱金属的氯化物还具有小的表面张力。因此,碱金属或碱土金属氯化物的二元或三元混合熔盐可用于铝用硬钎剂基体组分。这类钎剂中会加入氟化物作为去膜剂,加入易熔重金属的氯化物作为活性剂。

最常用的氯盐混合物以 LiCl 为主要成分,它们通常以 LiCl-KCl 二元系或 LiCl-KCl-NaCl 三元系为基体,具有活性强、黏度较低以及熔点较低的特点,因而得到广泛应用。此外,还有不含或含 LiCl 很少的氯化物钎剂,但此类钎剂流动性较差并且熔点较高,还存在容易变质和易产生沉渣的问题。尽管如此,鉴于 LiCl 价格昂贵,不含 LiCl 的钎剂仍然在一些工况下得到采用。

为了使钎剂具有去除氧化膜的能力,必须加入氟化物,常用的有氟化钠、氟化钾等。虽然 F^- 浓度愈高,其去膜效果愈佳,但氟化物含量过多会使钎剂熔点升高,表面张力增大,反而导致钎料铺展性变差。因此,钎剂中氟化物的添加量是有限的,这导致钎剂的去膜能力在一些情况下显得不足,所以需要再加入一些易熔重金属的氯化物来提高钎剂的活性。例如,氯化锌、氯化亚锡和氯化镉等。钎焊时,其中的 Zn^{2+}、Sn^{2+} 和 Cd^{2+} 被还原析出,沉积在母材表面,起到促进去膜和钎料铺展的作用。

需要注意的是,氯化锌的添加应适量,当氯化锌添加量超过一定值时,其促进钎料铺展的效果不会再继续增加,并且过量的氯化锌反而可能导致母材表面还原沉积出较多的液态锌,铝在液态锌中的高溶解度会造成母材溶蚀,锌进入钎缝中还降低接头的耐蚀性。与之相比,氯化亚锡和氯化镉作活性剂时,锡与铝只形成含铝量低的共晶,在固态时相互溶解度也很小,而镉不论在液态或固态都不与铝互溶,因此它们对母材的溶蚀不明显。由于镉对铝的润湿性不好,只加氯化镉的钎剂不能保证钎料良好铺展,因此多与氯化亚锡同时使用。常见铝用氯化物基硬钎剂见表 4-7。

表 4-7　常见铝用氯化物基硬钎剂

代号	成分(质量分数,%)	熔化温度/℃	特殊用途
YJ17	$LiCl(41)$,$KCl(51)$,$KF(3.7)$,$AlF_3(4.3)$	≈370	浸渍钎焊
—	$ZnCl_2(20\sim40)$,$CuCl_2(60\sim80)$	≈300	反应钎剂

(续)

代号	成分(质量分数,%)	熔化温度/℃	特殊用途
—	LiCl(30~40),NaCl(8~12),KF(4~6),AlF₃(4~6),SiO₂(0.5~5)	≈560	表面生成 Al-Si 层
171B	LiCl(24.2),NaCl(22.1),KCl(48.7),LiF(2.0),TlCl(3.0)	490	用于含 Mg 量最高的 2A12,5A02
1712B	LiCl(23.2),NaCl(21.3),KCl(46.9),LiF(2.8),TlCl(2.2),ZnCl₂(1.6),CdCl₂(2.0)	485	
5522M	CaCl₂(33.1),NaCl(16.0),KCl(39.4),LiF(4.4),ZnCl₂(3.0),CdCl₂(4.1)	≈570	少吸湿
1310P	LiCl(41.0),KCl(50.0),ZnCl₂(3.0),CdCl₂(1.5),LiF(1.4),NaF(0.4),KF(2.7)	350	中温铝钎剂
1320P	LiCl(50),KCl(40),LiF(4),SnCl₂(3),ZnCl₂(3)	360	适用 Zn-Al 钎料

（2）**氟化物基硬钎剂** 氯化物基硬钎剂具有易吸湿性和腐蚀性，生产过程中保管使用不便。此外，氯化物对母材有强腐蚀性，焊后清洗费事并且污染环境。一种发明于1963年的氟化物基铝用钎剂（又称 Nocolok™ 钎剂）很好地解决了上述问题。氟化物基硬钎剂中应用最早和最广的是钾盐系，这种钎剂由 KF 和 AlF₃ 两种氟化物组成，它的实际作用成分是 $KF-AlF_3$ 系中生成的 K_3AlF_6 和 $KAlF_4$ 这两个中间化合物的共晶成分熔盐。为得到共晶成分，钎剂中 AlF_3 和 KF 的质量分数分别为 53.7% 和 46.3%，钎剂熔化温度此时为 558℃（图 4-4）。钎剂的成分必须十分准确地控制才能获得 558℃ 这个最低点，实际配置的钎剂大多仅十分接近共晶成分，熔点为 562~575℃。铝用氟化物基硬钎料具有较强的去膜能力，能较好地保证钎料的铺展和填缝。

氟化物基铝用钎剂在水中溶解度很小，可制成水悬浮溶液喷洒在工件之上，在烘干后会在试件表面形成一层薄膜，以供钎焊使用。当然，这种钎剂也可以粉末状、块状、糊状或膏状形态按普通钎剂的使用方法来使

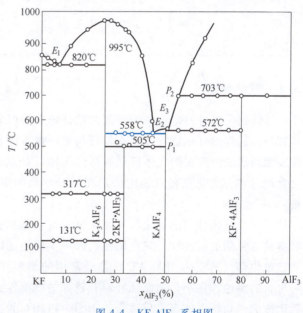

图 4-4 $KF-AlF_3$ 系相图

用。对于不易安装钎料的工件，可把钎料粉末与糊状钎剂调匀后涂在钎焊部位，经 150℃ 烘干后，一般不易碰掉，因此使用方便。由于 $KAlF_4$ 和 K_3AlF_3 都属于弱酸盐，容易被强酸破坏，强酸中以 HNO_3 对铝母材伤害最小，所以可以用稀硝酸浸泡清除钎焊后钎剂残渣。

硅是氟铝酸盐钎剂原料中本来就有的一种杂质，它却能显著提高钎剂的活性，通常会加入 K_2SiF_6 以进一步提高钎剂活性。除此之外，K_2GeF_6、ZnF_2、PbF_2 及 KBF_4 也可以起到增

加钎剂活性的作用,这是因为这些添加物的阳离子在钎焊时会被母材还原析出,并与母材合金化成为液态金属层,起到了传质作用。需要注意的是,KF-AlF$_3$ 系钎剂的热稳定性不佳,缓慢加热将导致失效,所以使用时应适当使用较快的加热速度。

KF-AlF$_3$ 系钎剂熔点较高,只能用于纯铝和3003等少数铝合金。因此,近年发展了熔化温度较低的铷盐系和铯盐系钎剂。铯盐系钎剂由 CsF-AlF$_3$ 二元系组成,这类钎剂熔化温度可低至440~480℃,也被称为中温氟铝酸盐钎剂,它们对铝合金钎焊具有较广的适用范围,并且对 Mg 含量高的铝合金有很高的活性,焊后的残渣也比较容易清洗,用冷水即可清洗干净。AlF$_3$-KF-CsF 三元系钎剂是另一种铯盐系钎剂,它可减少对价格昂贵的 CsF 的使用,并且具有更低的共晶熔化温度,几乎可适用于所有铝合金的焊接。昂贵的价格是含 CsF 的钎剂的不足,于是 RbF-AlF$_3$ 系钎剂被开发出来。由于 RbF 的相对分子质量比 CsF 的相对分子质量小很多,与 AlF$_3$ 配合组成钎剂时,RbF 换算成质量分数要比 CsF 用量少许多,而二者的价格不相上下,因此具有更高的经济性。RbF-AlF$_3$ 系钎剂中所使用的共晶成分熔点为486℃,可用于2A12硬铝及铝锂合金等铝合金的焊接。常见铝用氟化物基硬钎剂代号及成分见表4-8。

表4-8 常见铝用氟化物基硬钎剂代号及成分(质量分数,%)

代号	AlF$_3$	KF	KCl	KBr	CsF
QJ-1	41.7	37.1	21.2	—	—
QJ-2	44.0	36.0	—	20.0	—
FA3	28.6	—	—	—	71.4

4.3.4 气体钎剂

气体钎剂是一种特殊类型的钎剂,按钎焊方法可分为炉中钎焊用气体钎剂和火焰钎焊用气体钎剂。钎焊时钎剂以气体状态与钎料和待焊零件表面相互作用,钎焊后无钎剂残渣,钎焊接头无须清洗。常见的气体钎剂有活性气体(如氯化氢、氟化氢、三氟化硼)、低沸点液态化合物(如三氯化硼和三氯化磷)和低升华点的固态化合物(氟化铵、氟硼酸钾、氟硼酸铵)等。

作为活性气体钎剂的氯化氢和氟化氢具有很强的去氧化物能力,但是由于它们是强酸,对母材具有强烈的腐蚀性,只在惰性气体中少量添加以提高去膜能力,一般不单独使用。

三氟化硼(沸点为-100.4℃)是最常用的炉中钎焊用气体钎剂,特点是去膜能力强并且对母材的腐蚀作用小,能保证钎料有较好的润湿性,可用于钎焊不锈钢和耐热合金。但去膜后生成的产物熔点较高,只适合于1050~1150℃的高温钎焊。三氟化硼可以由放在钎焊容器中的氟硼酸钾在800~900℃完全分解产生,并添加在惰性气体中使用。

与前者相比,三氯化硼(沸点为12.5℃)和三氯化磷(沸点为76℃)气体钎剂对氧化物有更强的活性,且反应产物熔点较低或易挥发,可在包括高温和中温的较宽温度范围(300~1000℃)进行碳钢及不锈钢、铜及铜合金、铝及铝合金的钎焊。三氯化硼的局限性在于不能清除氧化铍、三氧化钼、氧化铌和氧化钨,还会和铝、镁、钛等金属发生置换反应,析出的烟尘状硼又会阻碍液态钎料与母材的接触。因此,凡涉及上述氧化物和母材的情况,应谨慎使用三氯化硼。由于反应产物氯化镁的熔点高于镁本身,三氯化磷和三氯化硼均不能用于钎焊镁。

三溴化硼（沸点为 96.6℃）能与除氧化铍外的几乎所有的氧化物反应，因而具有更大的使用范围，但不能用于铝、镁等母材的钎焊。

卤化物气体钎剂通常和还原性气体钎剂或惰性气体混合使用，其体积分数一般占混合气体的 0.1%～0.001%。

火焰钎焊使用挥发的硼有机化合物作为气体钎剂，此类钎剂中最常见的是硼酸三甲酯（沸点为 68℃），它在火焰中与氧的反应产物硼酐可与金属氧化物反应生成硼酸盐，从而发挥钎剂作用。硼酸三甲酯能用于高于 900℃ 的碳钢、铜及铜合金的钎焊。近期，它也开始用于硬质合金工具钎焊的辅助保护，以减轻后续处理工作。

使用气体钎剂必须采取相应的安全措施，因为钎剂本身及其反应产物大多有一定的毒性和腐蚀性。表 4-9 所示为常用气体钎剂的种类、组分、钎焊工艺及用途。

表 4-9　常用气体钎剂的种类、组分、钎焊工艺及用途

钎剂种类	组分	钎焊工艺	用途
单相气体	三氟化硼	炉中钎焊：1050～1150℃	不锈钢、耐热合金
单相气体	三氯化硼	炉中钎焊：300～1000℃	铜及铜合金、铝及铝合金、碳钢及不锈钢
单相气体	三氯化磷	炉中钎焊：300～1000℃	铜及铜合金、铝及铝合金、碳钢及不锈钢
单相气体	硼酸甲酯	火焰钎焊：>900℃	铜及铜合金、碳钢

4.4　化学反应去膜方法及原理

4.4.1　钎剂去膜

在钎焊过程中利用钎剂去膜是目前最为广泛使用的一种方法。金属表面氧化膜分布并不均匀，沿晶界处较厚，而晶粒中心较薄，但晶界处是膜与基体金属结合的薄弱环节，活性钎料或钎剂常由此处开始渗入与内部母材作用。在钎剂作用下，表面膜脱除的机制有溶解、剥落、松动或被流动的钎料推开等过程。对于不同母材，上述机制会有所侧重，有的是两种并重，有的甚至是四种作用兼而有之，使钎焊过程得以完成，本节将对不同种类钎剂的去膜机理进行介绍。

1. 软钎剂

无机软钎剂依靠无机酸或无机盐发挥去膜作用。盐酸、氢氟酸和磷酸等常用无机酸与氧化物的反应通式如下：

能通过下列反应去除母材表面的金属氧化物：

$$MeO + 2HCl \rightarrow MeCl_2 + H_2O$$

$$MeO + 2HF \rightarrow MeF_2 + H_2O$$

$$3MeO + 2H_3PO_4 \rightarrow Me_3(PO_4)_2 + 3H_2O$$

例如，稀释后盐酸用于硅青铜钎焊的钎剂时，就可通过下列反应去除材料表面的 CuO：

$$CuO + 2HCl \rightarrow CuCl_2 + H_2O$$

氯化锌作为无机盐类去膜剂，其作用在于形成络合酸，它能溶解金属氧化物。如氧化铁，去膜过程如下：

$$ZnCl_2+H_2O \rightarrow H[ZnCl_2OH]$$

$$FeO+2H[ZnCl_2OH] \rightarrow Fe[ZnCl_2OH]+H_2O$$

有机软钎剂包括弱腐蚀性和无腐蚀性两类。有机酸、有机卤化物、胺和酰胺是弱腐蚀性钎剂中的去膜物质。有机酸依靠的是其羧基以金属皂的形式除去母材和钎料的表面氧化膜，它们与金属氧化物的反应通式可表述为

$$2R \cdot COOH+MeO \rightarrow Me(R \cdot COO)_2+H_2O$$

一些有机软钎剂去除氧化膜的过程并不是一次完成，钎剂与氧化膜的反应生成物能与氧化膜继续反应，促进氧化膜的去除。例如，用锡铅钎料钎焊铜并且以硬脂酸作钎剂时，硬脂酸与氧化铜发生如下反应清除氧化膜；生成的硬脂酸铜熔点为 220℃，在钎焊温度下硬脂酸铜随后发生热分解，该过程中会从系统中获取氢，从而重新聚合成硬脂酸并析出活性铜，该过程如下：

$$2C_{17}H_{35}COOH+CuO \rightarrow Cu(C_{17}H_{35}COO)_2+H_2O \uparrow$$

$$Cu(C_{17}H_{35}COO)_2+2H^++Sn\text{-}Pb \rightarrow 2C_{17}H_{35}COOH+Cu\text{-}Sn\text{-}Pb$$

活性铜溶入钎料中能促进钎料的铺展，而新生成的硬脂酸可再次促成以上过程，发挥钎剂的去膜作用。这种过程实质上是发生在钎料、钎剂和母材界面的一种多相络合催化反应。

有机胺盐由呈碱性的胺、肼等与酸两部分生成，钎焊的加热过程使它们重新分解为碱性和酸性两部分，其中的酸性部分能与氧化膜作用而将其清除，反应通式为

$$2RNH_2 \cdot HX+MeO \rightarrow 2RNH_2+MeX_2+H_2O$$

例如，以盐酸苯胺为钎剂钎焊铜，盐酸苯胺先与氧化物发生反应将其去除。随后，生成的 $CuCl_2$ 能再与盐酸苯胺相互反应，生成四氯苯胺合铜，该过程如下：

$$CuO+2C_6H_5NH_2 \cdot HCl \rightarrow CuCl_2+2C_6H_5NH_2+H_2O \uparrow$$

$$CuCl_2+2C_6H_5NH_2 \cdot HCl \rightarrow Cu[C_6H_5NH_2]_2Cl_4+H_2$$

四氯苯胺合铜能起到促进锡铅钎料在铜板上铺展的活性剂作用。在焊后的冷却过程中，系统中剩余的酸又与其碱性的胺结合形成胺盐，从而减轻钎剂的腐蚀作用，这是有机胺盐作为钎剂的一个优势。

胺及酰胺类碱性或中性有机物作为钎剂时，能在钎焊过程中与 Cu^{2+} 离子形成胺铜配位化合物，实现氧化膜的去除。生成的胺铜配位化合物在加热中可能被分解并析出活性铜，活性铜能与钎料、母材相互作用，减小液固界面的张力，起到促进钎料铺展的作用。

松香是无腐蚀性软钎剂的主要成分，其质量分数的 80% 为松香酸 $C_{19}H_{29}COOH$，松香酸属于弱有机酸，去膜机理属有机酸一类。

2. 硬钎剂

硬钎剂主要是以硼砂、硼酸及其混合物为基体组分。

硼酸 H_3BO_3 加热时分解，形成熔点为 580℃ 的硼酐（B_2O_3），硼酐能与铜、锌、镍和铁的氧化物反应生成硼酸盐，达到去除氧化膜的目的。例如，钎焊碳钢时，氧化膜中的 FeO 通过以下反应去除：

$$2H_3BO_3 \rightarrow B_2O_3+3H_2O \uparrow$$

$$FeO+B_2O_3 \rightarrow FeO \cdot B_2O_3$$

生成的硼酸盐具有易熔性，会以渣的形式浮在钎缝表面上，对焊缝起到机械保护作用。

硼砂（$Na_2B_4O_7 \cdot 10H_2O$）的熔点为741℃，它在液态下分解成硼酐和偏硼酸钠，其去除氧化膜的机理仍是基于硼酐与金属氧化物形成易熔的硼酸盐。硼砂比硼酸具有更强的去氧化膜能力，因为分解形成的偏硼酸钠又能与硼酸盐生成熔点更低的复合化合物。例如，硼砂用于钎焊铜时表面CuO的去除，会发生如下反应过程：

$$Na_2B_4O_7 \rightarrow B_2O_3 + 2NaBO_2$$
$$CuO + 2NaBO_2 + B_2O_3 \rightarrow (NaBO_2)_2 \cdot Cu(BO_2)_2$$

生成的低熔点复合化合物（$NaBO_2)_2 \cdot Cu(BO_2)_2$容易浮到焊缝表面，能起到保护作用。

酸性的硼酐难以去除SiO_2等酸性氧化物。为此，可在钎剂中添加适量的钠盐，它与酸性氧化物生成易熔的盐能进入钎剂残渣中，实现去膜效果。例如，添加碳酸钠可发生如下反应：

$$SiO_2 + 2Na_2CO_3 \rightarrow (Na_2O)_2 \cdot SiO_2 + 2CO_2 \uparrow$$

硬钎剂中常用来降低钎剂活性温度的氟硼酸钾熔化后会发生分解，并析出三氟化硼，它比氟化钾具有更强的去氧化物能力。例如，以氟硼酸钾为钎剂钎焊不锈钢时，生成的氟化钾可有效去除氧化铬，该反应过程如下：

$$KBF_4 \rightarrow KF + BF_3$$
$$Cr_2O_3 + 2BF_3 \rightarrow 2CrF_3 + B_2O_3$$

反应中形成的硼酐将进一步与氧化物起作用，发挥去膜作用。

3. 铝用钎剂

（1）铝用软钎剂 对于铝用反应软钎剂，其含有的重金属氯盐渗过氧化铝膜的裂缝与内部铝反应，从而破坏膜与母材的结合。例如，钎剂中含有$ZnCl_2$或$SnCl_2$时，分别会发生如下反应：

$$2Al + 3ZnCl_2 \rightarrow 2AlCl_3 + 3Zn \downarrow$$
$$2Al + 3SnCl_2 \rightarrow 2AlCl_3 + 3Sn \downarrow$$

生成的$AlCl_3$在温度高于182℃时呈气态，气态$AlCl_3$从膜下外逸，破坏氧化膜完整性，从而对氧化膜的去除起到一定作用。钎剂只能在氧化膜局部的缺陷处与内部铝接触并发生以上反应，为提高去膜速度，铝用反应钎剂中会添加对铝氧化膜有一定溶解效果的氟化物，以增加氧化膜表面缺陷，为反应创造条件。

铝用有机软钎剂的去膜作用机理尚未全部清楚，可能是靠生成的三氟化硼-三乙醇胺等有机氟硼化物去除铝氧化膜。另外，铝用有机软钎剂中的重金属氟硼酸盐与母材发生以下反应：

$$3Cd(BF_4)_2 + 2Al \rightarrow 2Al(BF_4)_3 + 3Cd \downarrow$$

析出的活性金属层，沉积在母材表面，促进钎料的铺展。

（2）铝用硬钎剂 氯化物基铝用硬钎剂的去膜机理起初被认为依靠钎剂中的氟化物对氧化铝膜的化学溶解。但研究发现，氧化铝膜在钎剂中的溶解十分有限，被去除的氧化膜仍以固态碎片的形式存在于钎剂中。目前普遍认为，钎剂是通过松动、起皱、破裂和剥离作用使氧化膜从铝表面以碎片形式机械地脱落下来，实现氧化膜的去除。一种观点认为，这种去膜机理是依靠钎剂中的氟化物使氧化膜局部溶解，形成细小缺口，氯离子以缺口为通道，在膜-铝界面与膜下铝基体接触并反应形成气态的氯化铝,气体产生的压力最终使氧化膜脱离母材。另一种观点则认为,这种去膜机理和钎剂对铝的电化学腐蚀有关。这种观点认为氧化膜与基体的热膨胀不一致导致了氧化膜上裂纹的产生。钎剂中的 Cl^- 等阴离子通过裂纹抵达膜-铝界面,使处在熔化钎剂中的膜-铝界面形成微电池。在微电池中氧化膜为阴极,溶解在熔化钎剂中的氧从阴极上获取电子成为氧阴离子,电子由作为阳极的铝提供,失去电子后的铝成为铝阳离子而被腐蚀,膜与母材的结合遂被破坏。该过程包括以下反应:

$$4Al \rightarrow 4Al^{+3} + 12e$$
$$3O_2 + 12e \rightarrow 6O^{-2}$$

膜-铝结合受损后,氧化膜在 Al^{+3} 从膜下渗出时的力作用及熔化钎剂的表面张力作用下从母材上剥落,完成去膜。上述电化学反应去膜过程可用图解方式示于图 4-5 中。

电化学反应形成的 Al^{+3} 会优先与钎剂中的氟化物产生的 F^- 结合,生成稳定的 AlF_6^{-3} 络合离子,从而避免 Cl^- 与 Al^{+3} 生成 $AlCl_3$。$AlCl_3$ 的升华温度为 182℃,在钎焊温度下气态 $AlCl_3$ 从钎剂中逸出时会产生大量泡沫,不利于钎焊。此外,AlF_6^{-3} 络合离子能有效降低铝在熔化钎剂中的电极电位,加速铝的电化学腐蚀,增强去膜效果。

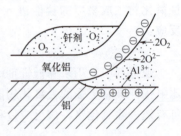

图 4-5 氯化物基铝用硬钎剂的电化学去膜过程示意图

如果钎剂中含有 Zn 等重金属氯化物,其中的重金属阳离子也会参与电化学反应过程,它们会在阴极获取铝释放的电子而被还原成纯金属,然后沉积在铝表面。这一过程有利于铝的电化学腐蚀和改善钎料在铝表面的铺展。

铝用氟化物基硬钎剂的去膜机理目前尚无统一的观点。研究发现[7],在此类钎剂作用过程中,没有观察到氧化膜被穿透、抬起和松动的现象,因此有种意见认为,其去除氧化膜是基于钎剂中含有的高浓度 F^- 对氧化铝的溶解作用。也有研究表明[8],除了高浓度的氟化物以外,主要是钎剂中的 SiF_6^{2-} 所引起的:

$$4Al + 3SiF_6^{2-} = 4Al^{3+} + 3Si\downarrow + 18F^-$$

SiF_6^{2-} 既抬高了氧化膜下基体铝的价态,同时还原出 Si 产生传质,在钎焊温度为 600℃ 时形成液态 Al-Si 共晶层,钎剂的活性进而得到提高。

4. 气体钎剂

为了增强去膜效果,在还原性气体或中性气体炉中钎焊时,会添加一些活性气体,即所谓气体钎剂。对于合金钢和不锈钢等金属的硬钎焊,可在钎焊炉内放入分解温度较高的氟化铵、氟硼酸铵和氟硼酸钾等固态化合物作为气体钎剂,它们发生的分解及对应的分解温度如下:

$$NH_4F \rightarrow NH_3 + HF \quad (600 \sim 800℃)$$
$$NH_4BF_4 \rightarrow NH_3 + HF + BF_3 \quad (850 \sim 950℃)$$
$$KBF_4 \rightarrow KF + BF_3 \quad (800 \sim 900℃)$$

其中生成的 NH_3 可继续发生如下分解:

$$NH_3 \rightarrow N_2 + H_2$$

以上过程分解生成的 HF、BF_3、KF 和 H_2 可起到去除氧化膜的作用。

三氯化硼、三氟化硼、三溴化硼等三卤化硼类活性气体钎剂在去除氧化膜时可与氧化物发生两种反应，反应产物取决于三卤化硼气体钎剂的含量。当三卤化硼充足时，反应产物是金属卤化物和三卤氧化硼：

$$\frac{3}{n}\text{Me}_m\text{O}_n + 3\text{BX}_3 \rightarrow \frac{3m}{n}\text{MeX}_{\frac{2n}{m}} + (\text{BOX})_3 \uparrow$$

而当三卤化硼量不足时则发生另一种生成金属卤化物和硼酐的反应：

$$\frac{3}{n}\text{Me}_m\text{O}_n + 2\text{BX}_3 \rightarrow \frac{3m}{n}\text{MeX}_{\frac{2n}{m}} + \text{B}_2\text{O}_3$$

式中，X 代表卤素 F、Cl、Br。

三氯化磷，它通过以下反应去除氧化膜：

$$\frac{3}{n}\text{Me}_m\text{O}_n + 2\text{PCl}_3 \rightarrow \frac{3m}{n}\text{MeCl}_{\frac{2n}{m}} + \text{P}_2\text{O}_3$$

形成沸点为 75.5℃ 的 P_2O_3 和金属氯化物，可以用于包括铝、钛在内的各种母材的钎焊。

4.4.2 气体介质去膜

1. 活性气体

氢气和 CO 是钎焊中使用最多的两种还原性气体，钎焊时它们不但可以通过与金属氧化物发生还原反应去除氧化膜，还能降低焊接区的氧分压，防止母材和钎料被氧化。氢气和 CO 清除氧化物时的反应为可逆反应，因而它们去除氧化物的进程受到反应产物气体浓度的影响。以氢气为例，它在去除氧化膜时发生的可逆反应为：

$$\text{Me}_m\text{O}_n + n\text{H}_2 \rightleftharpoons m\text{Me} + n\text{H}_2\text{O}$$

此可逆反应的平衡常数为：

$$K_p = \frac{p_{\text{H}_2}}{p_{\text{H}_2\text{O}}}$$

式中，p_{H_2} 和 $p_{\text{H}_2\text{O}}$ 分别为系统中氢和水蒸气的分压。因此，用氢气作还原性气体进行钎焊时，氧化膜的去除程度和氢气中水蒸气含量有关，氢气中水蒸气含量越少，还原反应进行得越彻底，去除氧化膜效果越好。气体中水蒸气能达到的最大含量和温度有关，露点表示气体中所含的水蒸气开始凝聚成水的温度，气体的露点随水蒸气含量的增大而升高，受气体露点的影响，金属氧化物与氢的还原反应的平衡只在一定氢气露点下才能达到。不同氧化物具有不同的稳定性，因而满足各自平衡条件的氢气露点温度也不同。此外，钎焊温度越高，允许使用的氢气露点也越高。可以归结为，金属氧化物稳定性越低，钎焊温度越高，钎焊过程对氢气纯度的要求就越低。例如，一般瓶装氢气的纯度即可满足钎焊低碳钢时去除氧化膜的需求，对于 SUS321 不锈钢以及 GH140 和 GH33 等铁基、镍基耐热合金等，其氧化膜中存在难以去除的 Cr_2O_3，即使在 1000℃ 钎焊温度下，也要使用露点低于 -40℃ 的极纯氢气才能钎焊。使用氢气去除含有大量 MgO、TiO_2、Al_2O_3 和 BeO 的氧化膜时，需要的氢气露点过低，以至于单纯依靠氢气去膜难以实现。

当氢气在空气中所占容积达到 4.1%～74% 时，混合气体遇火会发生爆炸，为降低使用风险和成本，提高还原气体的使用效率和安全性，氢气通常和氮气、氩气等惰性气体按照一定比例混合使用。实际当中常采用氨分解法产生的氢气来替代直接使用氢气，此反应过程为：

$$2NH_3 \rightarrow N_2 + 3H_2$$

该反应可在535℃左右的温度下受催化产生,反应生成的混合气体具有较低的氢气浓度,使用危险性降低。此外,与氢气相比,液态氨便于储存,并且占用储存空间小,因而氨分解法还具有更好的便捷性和经济性。

需要注意的是,氨分解法和直接使用氢气法,必须妥善处理炉出口处排出的气体,以避免未反应的氢气混入空气中引起爆炸,常用的处理方法是在出口处点燃排出气体。在使用氢气作还原性气体钎剂时,应考虑待焊试件的吸氢、氢脆和渗碳等不良影响。例如,在钎焊温度下,氢气可能会引起钢表层发生脱碳,与钛形成脆性的氢化钛,在含氧铜中引起"氢病"等问题。

CO可用于Cu、Ni、Sn、Mo、W及Fe的氧化物的去除,氢气与CO相比具有更强的还原性,除上述金属外,它还可以用于Zn、Mn、Cr等金属的氧化物的去除,因而氢气具有更广的使用范围。钎焊时可因地制宜地采用某些价廉易得的还原性混合气体。例如,碳氢化合物燃料与一定比例的空气混合燃烧所得到的产物,其主要成分为氢、一氧化碳和氮。钎焊中常用的还原性气体见表4-10。

表4-10 常用还原性气体的种类、组分、钎焊工艺及用途

钎剂种类	组分(质量分数,%)	钎焊工艺	用途
单相还原气体	氢气	由非活性钎料而定	铜及铜合金、碳钢、高温合金、硬质合金
多相还原气体	氢气15~16,氮气73~75,一氧化碳1~10		铜及铜合金、碳钢、高温合金
分解氨	氢气75,氮气25		铜及铜合金、碳钢、高温合金、硬质合金
单相保护气体	氮气		铜及铜合金
单相保护气体	氩气		铜及铜合金、碳钢、高温合金、钛及钛合金、硬质合金

2. 中性气体

钎焊中使用的中性气体主要是氮气和氩气。这两种气体虽然能保护金属不被氧化,但理论上没有直接去除氧化膜的能力。可事实上,在中性气体的保护下,一般金属的表面氧化膜却能在钎焊过程中被去除。这是因为在一定的氧分压条件下,氧化物被加热至一定温度后即可发生分解。因此,有观点认为中性气体的去膜机理是氧化膜在中性气氛钎焊过程提供的低氧分压和高温环境下发生分解的过程。

钎焊中使用的中性气体主要是氮气和氩气。氮气和氩气虽然能保护金属不被氧化,但是没有直接去除氧化膜的能力。可事实上,在中性气体的保护下,一般金属的表面氧化膜却能在钎焊过程中被去除。

一些金属氧化物在大气中完全分解的温度见表4-11。数据表明,大多数金属氧化物在空气中完全分解的温度高于其金属的熔点甚至沸点。钎焊时采用中性气体保护能大大降低钎焊区中的氧分压,从而使某些金属氧化物在钎焊温度下分解。例如,CuO在氮气中于750℃左右即可发生分解,因此可在氮气中对铜进行无钎剂钎焊。同样,也可以在1200℃的温度下用于氮气无钎剂钎焊钢。然而,对于大多数金属氧化物,降低后的氧分压仍不能达到其自行

分解所要求的最低氧分压条件,在钎焊条件下难以达到依靠氧化物分解达到去除氧化膜的目的。

表 4-11 金属氧化物在大气中完全分解的温度

氧化物	分解温度 t/℃	氧化物	分解温度 t/℃
Au_2O	250	PbO	2348
Ag_2O	300	NiO	2751
PtO_2	300	FeO	3000
CdO	900	MnO	3500
Cu_2O	1835	ZnO	3817

鉴于以上事实,新的观点认为中性气体的作用是为其他氧化膜去除过程的展开奠定了有利基础。氧化膜在中性气体营造的低氧分压和钎焊的高温环境下,处于不稳定状态,甚至发生不完全分解。该状态下的氧化膜受到液态钎料的吸附作用,加之氧化膜与母材间热膨胀系数的差距会引起膜-金属界面上产生较大热应力,氧化膜因而破碎开裂,液态钎料渗入裂纹与母材接触,母材及其组元随之向液态钎料中溶解,氧化膜逐渐从母材表面脱落并最终被去除。

需要注意,氮气虽不能与金属氧化物发生作用,但能与某些金属相互作用,对焊件表面力学性能造成影响,因此其使用范围受到一定限制。例如,钎焊钢时会在钢表面生成高脆性的氮化物层,因而不适用于钢。但钎焊铝合金时大都使用氮气,钎焊铜时也有使用氮气的情况。中性气体对含有与氧亲和力大的元素的合金的去膜效果有限,所以只在少数情况下单独使用。使用中性气体时可适时采用自钎剂钎料、施用少量活性气体(气体钎剂)、配合使用钎剂等方法,以强化去氧化膜能力。

4.4.3 真空

所谓真空,并不是完全没有空气的环境,而是指压力低于正常大气压力的气体空间。按气压的高低真空可划分为粗真空、低真空、高真空及超高真空四个等级。钎焊时使用的真空环境属于气压在 $133 \sim 133 \times 10^{-5}$ mPa 范围内的高真空范畴。

对于真空条件下氧化膜的去除机理,已提出了多种观点。早期的观点认为是真空降低了钎焊区的氧分压导致了氧化物的分解。例如,在真空状态下 Al_2O_3 会因发生分解反应 $2Al_2O_3 \rightarrow 4Al+3O_2$ 而被部分去除,但这种反应的去膜效果十分有限,单纯依靠其分解无法实现钎焊过程。此外,如表 4-12 所示,按理论计算,一些常见金属氧化物分解所需的真空度是极高的,远远超出钎焊时所能达到的真空度,因此难以实现氧化物的自行分解。

表 4-12 氧化物分解需要的真空条件

| 氧化物 | 温度 t/℃ | 真空度 p/133Pa | | 氧化物 | 温度 t/℃ | 真空度 p/133Pa | |
		计算值	实际采用值			计算值	实际采用值
FeO	1150	10^{-10}	$10^{-2} \sim 10^{-8}$	SiO_2	1150	10^{-19}	—
Cr_2O_3	1150	10^{-16}	10^{-4}(Fe-Ni-Cr 合金)	TiO_2	1150	10^{-21}	10^{-4}
MnO	1150	10^{-18}	—	Al_2O_3	1150	10^{-27}	—

目前，比较一致的观点是，真空钎焊中存在多个去膜机制，不同母材具有不同的去膜机制，同一母材在不同温度下的去膜机制也不尽相同。表 4-13 列出了几种氧化物在 1.33mPa 真空度下的挥发温度，从表中可以看出真空环境使一些氧化物的挥发温度降低到母材钎焊温度范围，因此在真空中采用适当的温度进行钎焊时，一些氧化物可自行挥发去除。而表 4-14 显示在 1.33Pa 真空度时许多元素显著挥发的温度已低于其在大气下的熔点。可以预料，在真空钎焊中，一些母材或其组元会发生不同程度的挥发，母材表面的氧化膜会因此被一定程度地破除。此外，真空钎焊过程中氧化膜还可能被母材溶解或被母材中合金元素还原去除。例如，在真空条件下钛的氧化膜在温度高于700℃时强烈地溶入钛中，从而实现氧化膜去除。在真空环境下，液态钎料的吸附作用也会使氧化膜强度下降，继而破碎、弥散并溶入钎料中。综合来看，真空钎焊不存在一个统一的去膜机制，而是多个去膜机制相互补充，协同实现氧化膜的去除。

表 4-13　1.33mPa 真空度下氧化物的挥发温度[2,9]

氧化物	MoO_3	WO_2	NiO	V_2O_5	MoO_2	Cr_2O_3	Fe_3O_4
挥发温度/℃	600	800	1070	1000~1200	1000~1200	>1000	>1000

表 4-14　元素在真空中发生显著挥发的温度

元素	t_m/℃	显著挥发的温度 t/℃		元素	t_m/℃	显著挥发的温度 t/℃	
		13.3Pa	1.33Pa			13.3Pa	1.33Pa
Ag	961	848	767	Mo	2622	2090	1923
Al	660	808	724	Ni	1453	1257	1157
B	2000	1140	1052	Pb	328	548	483
Cd	321	180	148	Pd	1555	1271	1156
Cr	1900	992	907	Pt	1774	1744	1606
Cu	1083	1035	946	Si	1410	1116	1024
Fe	1535	1195	1094	Sn	232	922	823
Mg	651	831	287	Ti	1965	1249	1134
Mn	1244	793	717	Zn	419	248	211

在真空炉内放置活性元素作为还原剂可更有效地去除氧化膜。例如，在真空炉中放置镁或铋元素，真空钎焊环境下挥发的镁和铋元素与铝合金表面氧化膜发生如 $Al_2O_3+Mg\rightarrow Al+MgO$ 的还原反应，去除掉一部分氧化膜。此外，活性元素可优先与真空炉中残留的氧气、水蒸气等发生反应，进一步降低炉中的氧分压和水蒸气的含量，提高有效的真空度。最后，活性元素会沿氧化膜表面热裂纹渗入膜下金属表面与基体金属反应，使氧化膜与基体剥离。例如，铝合金真空钎焊过程中，渗入膜下的镁蒸气会和铝合金基体生成低熔点的 Al-Si-Mg 共晶，使基体表面 Al_2O_3 氧化膜浮起并脱落。

由于真空能促成上述一些中性气体中所没有的去膜过程的进行，所以去膜效果较中性气体更佳。除较好的去膜效果外，真空还有其他优点。首先，高真空环境能大大降低工件被二次氧化的危害。其次，真空不但能避免钎剂带来的夹渣、焊后清洗残渣或产品腐蚀等问题，而且能消除其他气体介质钎焊时钎缝中形成气孔的可能性。因此，相较于其他钎焊方法，真空钎焊往往能获得更好的接头质量。目前，真空钎焊已广泛应用于钎焊那些氧化膜难以用钎剂或其他气体介质去除的金属和合金，如不锈钢、高温合金、钛、锆、铌等，并且所获钎焊接头具有光洁的外表和优异的致密性。

4.5 物理去膜方法及原理

4.5.1 机械去膜

机械去膜是一种简单有效的去膜方法，它借助机械刮擦作用来破除母材表面的氧化膜，使用这类去膜方法的钎焊过程被称为刮擦钎焊。根据刮擦工具的不同，刮擦方式可分为两种：一种是刮擦钎焊过程中使用棒状钎料以一定压力沿加热到钎焊温度的母材表面来回拖动，钎料棒端部在破除氧化膜的同时达到熔点并熔覆在母材表面，如图 4-6a 所示；另一种是在母材上涂覆液态钎料后，借助锉刀、钢刷、烙铁等坚硬金属，刮擦液态钎料层下的母材，去除表面氧化膜，如图 4-6b 所示。

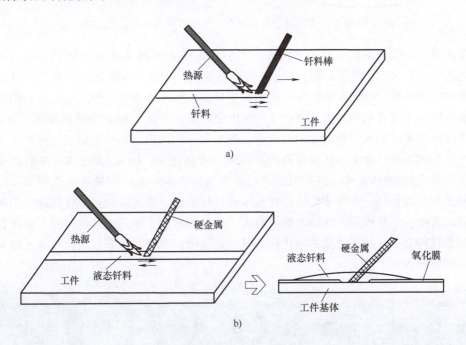

图 4-6 刮擦钎焊去膜方法
a）钎料棒刮擦 b）硬金属刮擦

机械去膜的去膜效果难以很好地保证，因为机械去膜过程中刮擦工具未接触的地方的氧化膜依旧存在，即使刮擦过的区域，也不能保证氧化膜的完全破除。另外，机械去膜不适用于液态钎料的毛细填缝。因此，机械去膜常用于不要求填缝的角接接头的直接钎焊，或者作为涂覆钎料过程中的辅助去膜手段。这种去膜方法虽然粗糙，但对于低温钎焊铝及其合金等缺少可用钎剂和气体介质的金属，不失为一种简单有效的去膜方法。

4.5.2 超声波去膜

超声波一般可认为是频率高于 20kHz 的纵波，它是一种由正压周期和负压周期组成的周期性声波。在超声波的作用下，液体内部会承受交替的压力和张力作用，从而相应地发生收缩和膨胀。当液体受到足够大的张力作用时，液体分子会被"拉断"，从而形成一定的空隙，这些空隙一般称作"空化泡"。一般来说，空化泡会在随后到来的正压周期内发生收缩，负压周期到来时膨胀，并最终失稳发生崩溃，这就是声空化作用。图 4-7 为镓铟合金内部的空化泡在 1 个超声周期内的变化过程。从图中可以看出，空化泡的尺寸较小，且大多数空化泡会在一个周期内形核并溃灭。

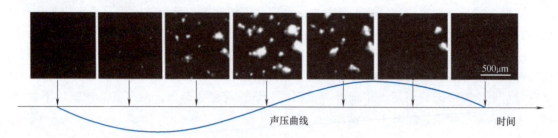

图 4-7 镓铟合金内部的空化泡在 1 个超声周期内的变化过程

一般来说，空化泡的溃灭方式有两种。当空化泡中心距刚性固体壁面较远时（大于 3 倍的空化泡半径），空化泡的溃灭方式一般为球形溃灭。如图 4-8 所示，球形溃灭时空化泡壁会迅速向中心收缩，收缩至最小体积时会发生反弹，形成冲击波。当空化泡中心距刚性固体壁面较近时（小于 2 倍的空化泡半径），空化泡的溃灭方式一般为非球形溃灭。如图 4-9 所示，非球形溃灭时距离壁面较远的泡壁会迅速向另一侧凹陷，形成微射流。两种溃灭方式都会产生一系列特殊的现象，比如极高的局部压力（高达 10^{10}Pa）、上千摄氏度的高温，以及高达上百米/秒的液体流速，这些现象会对固体表面产生强大的机械冲击作用，可以直接打碎母材表面的氧化膜。事实上，因空化泡距离母材更近，在实际的超声钎焊过程中微射流对氧化膜的去除占主导作用。液体的黏度越大，这种机械冲击作用也就越强烈。超声钎焊过程中，液态钎料会存在数量极多的空化泡，且空化泡随机形核和分布，因此母材上的氧化膜会在极短的时间内被去除。

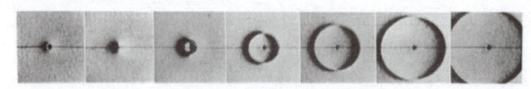

图 4-8 空化泡球形溃灭产生的冲击波[10]

钎料与母材的相互作用情况通常也会影响超声波去除氧化膜的难易程度。当钎料与母材相互作用较强，如 Zn 基钎料焊接铝合金、铝基复合材料以及镁合金时，钎料熔化后在某种扰动作用下，极易通过母材表面氧化膜裂缝潜到氧化膜底下，并沿着氧化膜-母材界面流动铺展，从而把氧化膜从母材表面剥离，使之浮在钎料表面或悬浮在钎料中，形成部分文献中提到的潜流现象，如图 4-10 所示[12]。在这种情况，漂浮的氧化膜很容易被声空化作用去除。当钎料与母材相互作用较弱，如 Sn 基钎料焊接铝合金、Al-Si 钎料焊接钛合金时，液态钎料与母材之间不发生潜流现象，母材表面的氧化膜保持与母材紧贴。在这种情况下，声空化作用应首先将氧化膜破坏出较大的裂缝，使钎料连通母材，钎料中持续的声空化作用使母材产生空蚀，形成空蚀坑，如图 4-11 所示[13]。此时，氧化膜亦浮在空蚀坑中的钎料表面，随后在声空化作用下去除。由此可见，钎料与母材不发生潜流情况下，母材表面需要形成连成一片的空蚀坑之后所有的氧化膜才能被去除，与发生潜流的情况相比，氧化膜的去除难度更大，需要的时间也更长。

图 4-9 空化泡非球形溃灭产生的微射流[11]

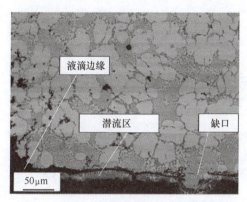

图 4-10 Zn-Al 钎料焊接 Al$_2$O$_3$ 颗粒增强 6061 铝基复合材料时的潜流现象[12]

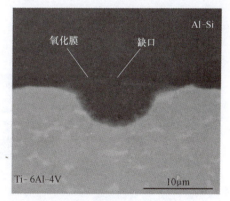

图 4-11 Al-Si 钎料在钛合金表面形成的空蚀坑[13]

在超声辅助钎焊工艺中，主要有以下三种超声去膜方式：

1）超声波电烙铁[14]。如图 4-12a 所示，电烙铁端部在超声换能器的驱动下产生径向的振动，在电烙铁热作用下固体表面熔化一层钎料，并通过超声空化作用去除表面氧化膜，实现液态钎料对母材的润湿。加热与超声波振动的结合使这种操作方式更灵活。

2）超声波盐浴钎焊[15]。如图 4-12b，超声波盐浴钎焊工艺是将零件完全或将待焊部位浸入到钎料槽内，使钎料提前到达需要钎焊的部位（此时钎料-母材界面氧化膜没有破除），再从钎料槽的底部将超声波传入到整个钎料池中，实现钎焊部位的破膜、润湿、结合。超声波盐浴钎焊需要一个大体积钎料池，钎料使用量较多；超声施加在钎料池底部，声波需经过一定的距离才可传播至待焊区域，声能利用率低；试件必需浸入钎料液面以下一定深度才能完成焊接，原因是只有在液面以下 38~50mm 才能够产生足够强的声空化作用；此外，使用该方法焊接时液态钎料中的声空化作用可在非待焊区域形成空蚀，破坏试件。

3）母材激励的超声钎焊方法[16]。如图 4-12c 所示，焊接过程中将超声振动直接加载到待焊母材上，在母材间隙的一端放置钎料，超声开启后熔化的钎料会以极快的速度填入到母材的缝隙中。此时母材之间的薄层钎料内声能密度高，空化强度高，因此可极大提高去膜速度，进而提高焊接效率。

对于硅、玻璃和陶瓷等难润湿材料，以及钎剂去膜效果不佳的铝合金、镁合金、钛合金等材料，超声波去膜有着重要应用。使用超声波去膜时，还需注意强烈的振动和空化泡产生的空蚀作用可能会对材料本身产生不利影响。

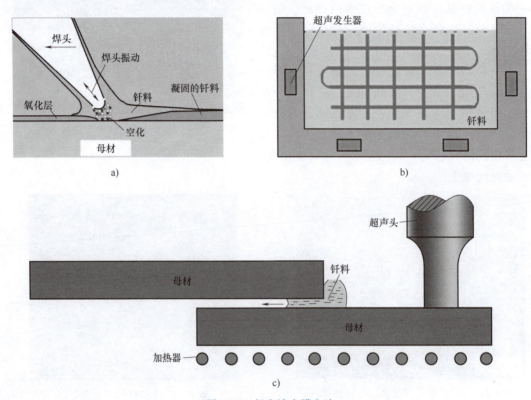

图 4-12　超声波去膜方法

a) 超声波电烙铁　b) 超声波盐浴钎焊　c) 母材激励的超声钎焊方法

4.6　本章小结

1) 金属表面氧化膜。金属表面存在一层成分多元、组织复杂的氧化膜，一些结构致密的氧化膜能对内部金属起到保护作用，防止内部金属的进一步氧化，金属与氧之间的亲和力决定了氧化膜的性能，氧化膜的物理化学特性又影响着金属钎焊性的好坏。无论是固体金属还是液态钎料，其表面氧化膜的表面张力远低于金属本身，影响着钎料润湿铺展。

2) 钎剂的设计及选用。母材表面氧化膜妨碍了钎料润湿，液态钎料表面氧化膜则使钎料难以铺展。钎焊过程中必须将氧化膜去除。钎剂在钎焊中发挥重要作用，它不仅是去除氧化膜的主要方式，还具有活化界面、隔绝空气和防止氧化等功能。

3) 钎剂的种类及应用特点。根据使用温度和所焊母材的不同，钎剂大体可分为软钎剂、硬钎剂和铝用钎剂三大类，此外还有一类特殊的气态钎剂。去除母材表面氧化膜的方式有化学反应和物理破碎两种。钎剂中所含的去膜剂以化学反应的方式去除氧化膜，在 H_2 和

CO 等气体介质中进行钎焊时也会发生化学反应实现去氧化膜过程。

4) 化学反应去膜原理。通过钎剂与金属表面氧化膜发生化学反应以去除其表面氧化膜是最为普遍的化学反应去膜方法。软钎剂、硬钎剂、气体钎剂等可通过还原反应、复分解反应以及通过多相络合催化反应、胺铜配位化合物等生成的酸性化合物与氧化膜反应,从而去除表面氧化膜;铝用钎剂则沿薄弱的晶界渗入母材内部,通过溶解、剥落、松动或被流动的钎料推开等机制的多重作用去除氧化膜。

5) 物理去膜方法及原理。机械刮擦是一种简单有效的物理破碎去膜方法,但去膜质量难以保证。利用超声波的空化作用实现物理破碎去膜,具有快速有效的特点,具有很大应用潜力。

思 考 题

1. 钎焊时去除氧化膜的必要性和常用去膜方法是什么?
2. 钎剂的一般组分和作用是什么?
3. 氯化锌作为钎剂成分在钎焊钢和钎焊铝合金时起到的作用有何不同?
4. 硼酸和硼砂作为硬钎剂去膜机理有何异同?
5. 钎焊时钎剂和钎料的匹配应注意什么?
6. 活性气体和气体钎剂在钎焊过程中所起到的作用有何不同?
7. 超声波去除氧化膜的机理是什么?

趣味故事或创新故事

Nocolok 钎剂的发明

铝合金开始列入工业生产,进入人们的生活虽然仅有 100 多年的历史,但优良的力学性能及丰富的自然储量已使其成为继钢铁之后人类使用量第二的金属。然而,与其他常见金属材料相比,铝及其合金的钎焊性比较差。首要原因在于铝表面生成一层致密且化学稳定性高的氧化膜,难以去除。长期以来,钎焊过程中铝及其合金表面的氧化膜主要依靠氯盐钎剂去除进行钎焊。但此类钎剂不易保存,吸湿性强,对母材有强烈的腐蚀,焊后需对焊接部位进行彻底清洗。20 世纪 70 年代兴起的真空铝钎焊即是为了消除腐蚀而发展的一种方法。但是存在设备复杂昂贵和操作不易,不适于多种牌号铝合金的钎焊等缺点,难以大规模使用。彼时,铝合金钎焊领域亟须一种新的钎剂以克服传统铝用钎剂的缺点。值此,一种由 AlF_3-KF 的共晶化合物为基础的氟化物基铝用钎剂应运而生。

这种钎剂由瑞士的一家叫 Societe Des Souderes Castolin 的公司发明,并于 1963 年最先公开于荷兰的专利。起初,这种钎剂并未得到重视,直到加拿大铝业集团(AlCan)的研究人员于 20 世纪 70 年代应用此专利对传统钎剂钎焊方法加以改进,它才付诸实际生产应用。同时,为突出钎剂的特点,便于商业推广,该公司将这种氟化物基铝用钎剂取名为现在广为人知的 Nocolok(Non-corrosive-look)钎剂,表示无腐蚀之意,使用 Nocolok 钎剂进行焊接的工艺又被称为 Nocolok 方法。此方法于 1978 年在 SAE(Automotive Engineering Society)上发布以来,北美、欧洲及日本的数十家公司很快引入了该技术,运用于汽车热交换器的生产,尤以日本的发展更为迅猛。

虽然 Nocolok 方法是 Alcan 公司发展起来的,并由此付诸实用,但真正形成有效的工作规模生产还得归功于1980年日本关东冶金株式会MCB型钎焊炉的问世。这个钎焊炉其实是一条全长超过50m的连续生产线,集喷涂钎剂混浊液、烘干、预热、控制气氛、钎焊、冷却为一线,传送链上装配好的工件连续输入,具有很高生产率。1983年日本成功地将这种钎焊技术应用于热交换器的工业化生产,并向全世界推广。现如今,几乎全部铝质热交换系统的钎焊部件都是由Nocolok方法焊接。1989年4月,Alcan公司在上海加拿大总领事馆介绍了"用一种非腐蚀性溶剂钎焊铝汽车热交换器构件"的新技术,Nocolok方法由此开始在国内大范围推广应用。经过多年的发展,Nocolok方法也成为铝合金钎焊领域不可或缺的手段。可以说,Nocolok钎剂在铝钎焊工业上引起了一场革命,它极大程度上促进了汽车工业、航天工业和军事工业的发展。随着Nocolok钎剂的不断改进以及相关钎焊工艺的不断创新,Nocolok钎剂将会做出新的更大贡献。

参 考 文 献

[1] 田中和吉. 电子产品焊接技术[M]. 孟令国,黄琴香,译. 北京:电子工业出版社,1984.

[2] 张启运,庄鸿寿. 钎焊手册[M]. 3版. 北京:机械工业出版社,2017.

[3] SCULLY J C. The fundamentals of corrosion[M]. 2 nd ed. Oxford:Pergamon Press,1975.

[4] 史建卫,等. 氮气保护无铅波峰焊焊接质量分析[J]. 电子工艺技术,2011,32(3):185-187.

[5] 邓志容. 微量磷对无铅波峰焊钎料抗氧化性影响的研究[D]. 哈尔滨:哈尔滨工业大学,2006.

[6] 邹僖. 钎焊[M]. 修订本. 北京:机械工业出版社,1989.

[7] FIELD D J,STEWARD N I. Mechanistic aspects of the Nocolok flux brazing process[M]. SAE Technical Paper 870186,1987.

[8] 张启运,等. 氟铝酸钾高温铝钎剂的湿法合成及其在钎焊时的作用机理[J]. 焊接学报,1982,3(4):153.

[9] 庄鸿寿,等. 不锈钢高温真空钎焊的去膜与润湿机理[J]. 焊接学报,1982,(4):4-17,54-55.

[10] WIJNGAARDEN L. Mechanics of collapsing cavitation bubbles[J]. Ultrasonics Sonochemistry,2016,29:524-527.

[11] SUSLICK K S. The chemical effects of ultrasound[J]. Scientific American,1989,260(2):80-87.

[12] XU Z,YAN J,ZHANG B,et al. Behaviors of oxide film at the ultrasonic aided interaction interface of Zn-Al alloy and $Al_2O_3p/6061Al$ composites in air[J]. Materials Science and Engineering A,2006,415:80-86.

[13] CHEN X,YAN J,GAO F,et al. Interaction behaviors at the interface between liquid Al-Si and solid Ti-6Al-4V in ultrasonic-assisted brazing in air[J]. Ultrasonics Sonochemistry,2013,20:144-154.

[14] GRAFF K. Ultrasonic soldering and brazing[R]. EWI Insights,Columbus,2007.

[15] GUNKEL R W. Solder aluminum joints ultrasonically[J]. Welding Design & Fabrication,1979,58(9):90-92.

[16] YAN J C,ZHAO W W,XU H B,et al. Ultrasonic brazing of aluminum alloy and aluminum matrix composite[P]. US 7,624,906 B2. 2009.

第5章

钎焊方法及设备

钎焊方法是指钎焊时加热待焊工件的手段或方式,其作用是为钎焊物理化学过程提供必要的热力学和物理环境条件[1]。热力学条件主要是指加热温度,保证钎料、钎剂与母材之间的物理润湿、化学反应、液固界面相互作用;物理环境条件主要是指真空或介质隔离等环境,避免钎料、母材的二次氧化,保证钎焊物理化学过程的顺利进行。因此,钎焊方法是钎焊工艺设计的主要内容之一,也是获得优质钎焊接头的重要保证。

由于钎焊技术的特殊性,需要开发相应的加热方法及设备,以满足焊件结构、焊接成本和效率的需求。钎焊方法种类很多,如烙铁钎焊、火焰钎焊、真空钎焊等,已广泛应用于航空航天、汽车、家用电器等领域。随着钎焊技术应用范围的不断扩大,特别是新热源的发现和使用,又陆续出现了一些新的钎焊方法,如电弧钎焊、激光钎焊和电子束钎焊等。为了满足未来产品低成本、高质量、高可靠的需求,钎焊加热模式将不断地改进与提升,新型钎焊方法仍将不断地创新发展。

本章从钎焊工艺过程出发,介绍典型钎焊方法的原理、特点及适用范围。

5.1 钎焊方法分类

钎焊方法可以按照热源(低能量密度和高能量密度)、加热方式(内热式和外热式)、热传导方式(接触式和非接触式)、钎焊环境(气氛和真空)等方式进行分类。为方便选用,按照热源加热的方式可将钎焊方法划分为:局部加热式钎焊和整体加热式钎焊,其中局部加热式钎焊又分低能热源和高能热源加热式钎焊。表 5-1 列出了按加热方式分类的常用钎焊方法。

表 5-1 按加热方式分类的常用钎焊方法

加热方式		钎焊方法
局部加热式	低能热源	烙铁钎焊
		火焰钎焊
		电阻钎焊
		感应钎焊
	高能热源	电弧钎焊
		激光钎焊
		电子束钎焊

(续)

加热方式	钎焊方法	
整体加热式	液体介质钎焊	盐浴钎焊
		液体钎料浸渍钎焊
	炉中钎焊	空气炉中钎焊
		保护气氛炉中钎焊
		真空炉中钎焊

除传统钎焊方法以外，近些年为了适应不同的焊件构型和焊接条件开发了许多新型钎焊方法，例如刮擦钎焊、超声波钎焊、搅拌摩擦钎焊、红外钎焊等[2-6]。

刮擦钎焊是采用火焰加热待焊部位，随后钎料棒在火焰上加热 1~2s，蘸取钎剂在钎缝部位反复刮擦以使钎料熔化并流入钎缝间隙。该法的优点是钎料流动性好，可以在大气环境下施焊，常用于镁合金、铝合金等易氧化材料的连接。

超声波钎焊是将超声波作用于液态钎料中，利用其空化效应去除母材表面的氧化膜，使液态钎料流入钎缝间隙润湿母材。该法的优点是可以在大气环境下实现工件的低温无钎剂连接，常应用于铝合金的软钎焊。

搅拌摩擦钎焊采用无搅拌针工具摩擦母材表面产生热源，并辅之能与母材发生共晶反应的钎料，通过挤出共晶液相带出氧化膜，以此代替塑性流动实现去膜并拓宽焊幅。相比传统的炉中钎焊，搅拌摩擦钎焊具有强机械去膜能力、能在大气环境下施焊等优点，可在大气下进行 Al/Al、Al 与其他高强或活性基板的钎焊，以及复合板与复合管制造等。

红外钎焊是利用石英管中的钨丝加热产生的红外能量作为热源，红外线可以穿透石英管并聚焦在试样上进行局部加热。该钎焊方法具有热循环迅速、重复性高、易实现自动化等优点，已成功应用于 TiAl、NiAl 和 Ni_3Al 等金属间化合物的钎焊。

5.2 局部加热式钎焊

钎焊过程中仅母材待连接部位受热，其他区域不加热或少加热，这种钎焊方式称为局部加热式钎焊[7]。本节只介绍低能热源局部加热式钎焊，包括烙铁钎焊、火焰钎焊、电阻钎焊和感应钎焊等。

5.2.1 烙铁钎焊

1. 工艺原理

烙铁钎焊是利用被加热的烙铁工作部（又称烙铁头）的热量，通过接触传热使钎剂和钎料熔化，熔化钎料传热至待焊处的母材使其达到钎焊温度，液态钎料瞬间填满缝隙完成钎焊过程，烙铁钎焊设备及工艺过程如图 5-1 所示。

烙铁头可选用金属杆或金属块，与手柄连接成烙铁。现在的烙铁头大多采用纯铜制作，表面均匀镀有 0.2~0.6mm 厚的铁，其端头呈楔状，方便钎焊时送进钎料及加热母材。烙铁加热方式一般有两种：外热源加热和随焊热源加热。外热源加热发明较早，是烙铁钎焊的原

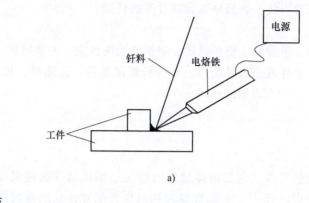

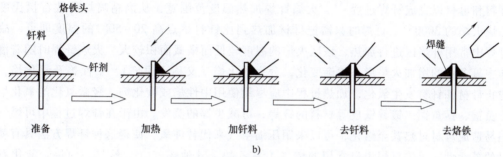

图 5-1 烙铁钎焊设备及工艺过程
a) 设备　b) 工艺过程

型,这种烙铁由一个作为工作部位的金属块通过金属杆与手柄连接而成,工作过程中需要靠外部热源对金属块进行加热,如气体火焰、加热炉或感应加热等,钎焊过程中当金属块降温后需重复加热至钎焊温度,故只能断续地工作。随焊热源加热时,只有极少数特大型烙铁采用气体火焰加热,大多数烙铁采用电阻加热方式,烙铁头的温度保持在一定范围内,可连续工作。

按照加热元器件的不同,随焊热源加热电烙铁可分为内热式和外热式。内热式电烙铁加热元器件为绕在云母或其他绝缘材料上的镍铬丝,加热元件置于烙铁头内部,加热时热量从内部传递至烙铁头。外热式加热元器件为陶瓷加热器,是将特殊金属化合物在耐热陶瓷上烧制而成,置于烙铁头外部的加热元件钎焊时直接对烙铁头进行加热。相对外热式电烙铁,内热式电烙铁寿命长、热效率高、静电容量小,适合电子元器件的钎焊。

烙铁钎焊时主要包括六个步骤:除锈、预热、涂钎剂、蘸焊锡、焊接及冷却。钎剂通过降低母材和熔化钎料之间的表面张力促进钎料在母材表面的润湿。当钎料熔化后,钎剂被逐渐推开,实现钎料在待焊母材表面的铺展及填缝,最后经冷凝形成钎缝。目前广泛使用的调温烙铁,利用加热芯上并行的热电偶传感器来测试烙铁温度,根据传感器测出的数据与设定温度之差来判定是否加热,实现自动控制烙铁温度。合格的烙铁钎焊接头要求焊点外观光亮、圆润、饱满、无毛刺、无明显熔合分界。注意到烙铁钎焊受操作人员影响较大,所获得接头质量相比其他钎焊方法稳定性较差。

2. 适用范围

烙铁头的加热温度一般不超过 350℃,因此烙铁钎焊属于软钎焊范畴,多采用锡基钎料进行钎焊。烙铁头的热容量有限,可焊的接头以小尺寸、薄壁件为主。烙铁钎焊可以满足电子元器件对窄间隙钎焊的要求,非常适用于无线电、仪表和电器的生产及维修,如导线接头、印制电路板上元器件引线、表面贴装元器件等的钎焊。

3. 工艺特点

烙铁钎焊设备简单、重量轻、操作灵活,烙铁头温度稳定、不会过热,但是,烙铁钎焊生产率较低,只能用于单件或小批量生产。烙铁钎焊温度低、传热慢,只能钎焊微细零件,特别不适合于大尺寸构件上大面积的钎焊。

5.2.2 火焰钎焊

1. 工艺原理

火焰钎焊是利用可燃气体(包括液体燃料的蒸气)辅以空气或纯氧点燃后的火焰来加热钎料和母材以完成钎焊过程[8]。火焰钎焊加热温度范围宽,从酒精喷灯的数百摄氏度到氧乙炔火焰的 3000℃。钎焊时只需把母材加热到比钎料熔点高 20~50℃ 的温度即可,故火焰钎焊中常用外焰区进行加热,该区火焰的温度较低而横截面积较大。火焰钎焊时随着混合气体中氧含量的增加火焰形态逐渐变化,分为碳化焰(又称还原焰)、中性焰及氧化焰,为了防止母材和钎料发生氧化,加热过程中应尽量使用中性焰或碳化焰,轻微氧化的氧化焰适用于黄铜、锰黄铜、镀锌铁皮等材料的钎焊,可减少锌的蒸发。由于在钎焊过程中可燃气体火焰易造成母材过热甚至熔化,可以采用压缩空气来代替纯氧,使得这种钎焊方法具有就地取材的灵活性。火焰钎焊中最常用的燃气为氧乙炔,其他燃气(天然气、丙烷、液化石油气、丙烯、乙炔气等)也可用于火焰钎焊,表 5-2 列举了火焰钎焊中常用燃气的基本特性。火焰钎焊按所用钎料的熔点可划分为火焰软钎焊和火焰硬钎焊;按钎焊方式可分为手工火焰钎焊、半自动火焰钎焊和全自动火焰钎焊。

表 5-2 火焰钎焊中常用燃气的基本特性

燃气	密度 ρ/(kg·m^{-3}) [蒸气 ρ/(kg·L^{-1})]	最低发热值 Q/(J·m^{-3})[蒸气 Q/(J·kg^{-1})]	火焰温度 t/℃	1m^3 燃气耗氧量 V/m^3	爆炸性混合气体中燃气体积分数(%)	
					与空气	与氧气
乙炔	1.18	47916	3150	2.5	2.2~81.0	2.8~93.0
甲烷	0.72	35542	2000	2.0	4.8~16.7	5.4~59.3
丙烷	2.0	85875	2050	5.0	2.2~9.5	—
丁烷	2.7	112500	2050	6.5	1.5~8.4	—
氢	0.09	10708	2100	0.5	3.3~81.5	2.6~93.9
天然气	0.7	—	2100	2.0	3.8~24.8	10.0~73.0
石油气	0.77~1.36	43750~45833	2400	3.5	—	—
汽油蒸气	0.69~0.76	44300	2550	2.6	2.6~6.7	—
煤油蒸气	0.80~0.84	42700	2400	2.6	1.4~5.5	—

火焰钎焊设备的主要组成包括:气源、阀门、传输气体的软管或管路系统、钎炬、安全装置及其他辅助装置(图 5-2a)。其中钎炬是关键部件,一般由枪体、混合室和喷嘴组成,它的作用是将可燃气体与氧或空气按适当的比例混合,然后由喷嘴喷出,燃烧形成火焰。枪体上安装有阀门以控制氧气和燃气从其中流出,混合室提供燃气和氧气的混合,一般有射吸式和等压式两种,其中以射吸式居多,喷嘴提供所期望的火焰轮廓和尺寸,它能保证操作者

有效地把火焰引向焊件。当采用氧乙炔时，多孔喷嘴钎炬得到的火焰柔和、截面大、温度适当，有利于均匀加热。为了满足规模化生产的需要，火焰钎焊装置可以设计成工件运动或钎炬运动以实现自动化操作。自动化火焰钎焊设备必须考虑以下因素：工件的组装和加载、预置钎料和钎剂、加热方式及钎焊件的冷却等，自动化火焰钎焊设备通常设计多工位钎炬以提高加热速度和生产率。

2. 适用范围

目前火焰钎焊已广泛应用于空调器、制冷设备和加热器管路系统的连接，碳钢、低合金钢、不锈钢、硬质合金、铜及铜合金、铝及铝合金等薄壁或小型工件均适于火焰钎焊。手工火焰钎焊在小批量生产以及多位置钎焊产品上具有独特优势，在安装和维修场合也常见手工火焰钎焊的应用。火焰钎焊时常用钎料包括银铜锌、铜锌和铜磷钎料等，其中银铜锌钎料的熔点一般为593～815℃；铜锌钎料的熔点为815～982℃；铜磷钎料的熔点为704～926℃（常用于铜和铜合金的钎焊）。

3. 工艺特点

火焰钎焊在空气中完成，采用钎剂保护钎缝区域，无须保护气体（图5-2b）；资金投入少，设备轻便，便于现场安装使用；燃气种类多，来源方便，可根据成本、可获得性和加热要求来选择；钎料的来源和使用形式广泛，从低温的银基钎料到高温的镍和铜基钎料，都可以使用，丝、片、预成形或膏状形式的钎料均可用于火焰钎焊；加工接头形式广泛，小批量采用手工火焰钎焊，大批量采用自动钎焊。然而手工火焰钎焊劳动强度大，加热温度难掌握，要求操作者有较高的技术，接头质量容易受操作者影响。火焰钎焊是一个局部加热过程，钎焊过程中容易在接头内引起焊接应力或变形。火焰钎焊一般需搭配钎剂以去除母材表面的氧化膜，增强钎料对母材的润湿能力，这种去膜方式焊后容易导致工件上钎剂残留，引起潜在的腐蚀危险。当采用含镉钎料火焰钎焊时，如果钎焊温度超过镉的蒸发温度，将危害操作者健康。

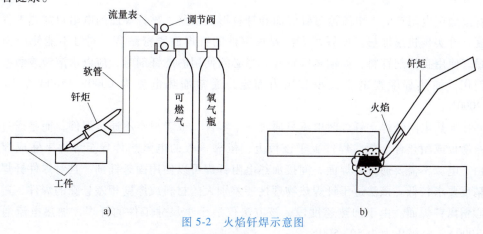

图 5-2 火焰钎焊示意图
a) 工艺过程及设备构成 b) 工艺原理

5.2.3 电阻钎焊

1. 工艺原理

电阻钎焊是利用电流通过工件或与工件接触的加热块所产生的电阻热加热工件和熔化钎

料的钎焊方法[9]。电阻钎焊方法与电阻焊相似,采用电极压紧两个零件钎焊面,使电流流经钎焊面形成回路,依靠钎焊面及毗连的部分母材中产生的电阻热来加热工件,其特点是被加热处只在零件的钎焊面位置,因此加热速度很快。这种钎焊方法要求钎焊面保持紧密贴合,否则容易出现因接触不良造成母材局部过热或未钎透等缺陷。电阻钎焊通常采用交流电,也可以使用直流电,钎焊过程中一般采用低电压、大电流模式,可在普通的电阻焊机上进行,也可使用专门的电阻钎焊设备。根据所要求的电导率,电阻钎焊电极可选用石墨、铜、铬铜、钼、钨和铜钨烧结合金,一般情况下电极应有较高的电导率;相反,用作加热块的电极则需采用高电阻材料。电阻钎焊的工艺参数包括钎焊温度、加热时间、焊接压力及升/降温速度,选择工艺时应综合考虑被焊母材的特性及钎料与母材之间的相互作用。电阻钎焊分直接加热和间接加热两种,原理如图5-3所示。

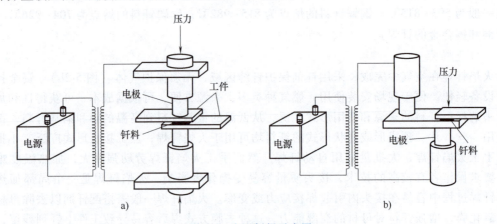

图5-3 电阻钎焊示意图
a)直接加热工艺过程及设备构成 b)间接加热工艺过程及设备构成

直接加热电阻钎焊:电流流过钎焊面和钎料形成回路,靠钎焊面的电阻热加热工件至钎焊温度,可实现快速加热。该钎焊方法要求零件的钎焊面紧密贴合,同时不能使用固态钎剂,最好使用自钎剂钎料,如铜磷钎料等。当必须使用固态钎剂时,应以水溶液或酒精溶液形式使用。加热程度视电流大小和压力而定,通常加热电流为6000~15000A,压力为100~2000N。

间接加热电阻钎焊:钎焊时电流只通过一个零件,或者根本不通过焊件,而是通过另外一块石墨板或耐热合金板,焊件置于该板上,依靠该板的电阻热传导至焊件来完成焊接过程。由于电流不需要通过钎焊面,间接加热电阻钎焊可以使用固态钎剂,且对焊件钎焊面的装配精度要求较低。该法适于钎焊热物理性能差别大的材料或厚度相差悬殊的焊件,避免加热中心偏离钎焊面。由于加热速度慢,该方法仅适于小尺寸工件的钎焊,加热电流通常为100~3000A,电极压力为50~500N。

2. 适用范围

电阻钎焊主要适用于石油钻头(YG8硬质合金与42CrMo钢)、高速列车中铝铜接头、刀具、带锯、电机定子线圈、导线端头、低压电器中电触点(AgCdO合金和H62黄铜)及电路板上集成电路块和晶体管等的钎焊。主要采用的钎料有铜基、银基和镍基等,一般采用箔状钎料,若用丝状钎料须等钎焊面加热到钎焊温度后再把钎料丝末端送至钎缝处。另外,在某些情况下工件表面可电镀或包覆一层金属作为钎料。

3. 工艺特点

电阻钎焊加热迅速，热量集中，热影响区域小，工艺简单，生产率高，过程易实现自动化。其缺点是接头尺寸不能太大，形状也不能过于复杂。

5.2.4 感应钎焊

1. 工艺及设备

感应钎焊时，置于交变电磁场中的焊件感应磁场变化而在其内部产生涡流（感应电流），继而产生电阻热将钎料熔化完成填缝过程[10]。感应电流流过工件时的电阻热是感应钎焊的主要热源，有时称作 I^2R 损耗。当高速变化的交流电通过线圈时，线圈内会产生高速变化的交变磁场，当置于磁场中的铁磁导体不动而磁场随时间变化时，铁磁导体中的载流子将在涡旋电场作用下运动形成电流，这种电流呈涡旋状，称为涡电流。由于铁磁导体的电阻很小，涡电流产生大量的焦耳热使得铁磁导体迅速升温，最终达到加热工件的目的。如果焊件是一个电导体，被放置于快速变化的交变电磁场中时，电阻热将发生在焊件的各个部件，原理如图 5-4 所示。

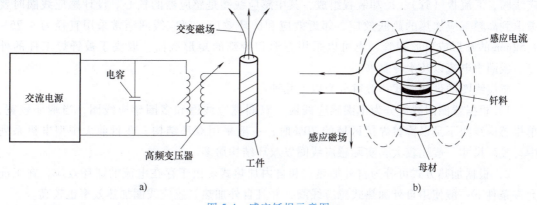

图 5-4 感应钎焊示意图
a) 工艺过程及设备构成 b) 工艺原理

感应电流在工件表面最大，向内部逐步减小。因此，在高频情况下工件表面具有最高的功率密度，实际加热深度取决于频率和所感应表面发热后的传热速度，感应钎焊时通常采用相对低的功率密度（0.08~0.24kW/cm²），以防产生过多的表面焦耳热。

焊件表面电流渗透深度与被焊母材的电阻率和磁导率有关，表 5-3 列举了不同材料电流渗透深度与电流频率的关系。通常电阻率越大，电流渗透深度越深，表面效应越小；磁导率越小，电流渗透深度越深。因此，加热高电阻率金属比低电阻率金属快，加热磁性金属比非磁性金属快。钢钎焊时因其电阻率较大，表面效应较小，适宜采用较高的交流频率；钎焊铜和铝时，磁导率虽小，但电阻率也比钢要小得多，宜采用较低的频率和较大的电源功率。

感应钎焊设备主要包括交流电源装置、感应器及定位夹具等。交流电源装置一般由电源、整流器、逆变器、变压器、电容器组、控制系统、保护装置和冷却系统等组成。选择交流电源的主要依据为钎焊时所要求的电流频率和功率，同时也必须兼顾焊件的材质及尺寸。

表 5-3 不同材料电流渗透深度与电流频率的关系

电流频率 f/Hz	电流渗透深度 δ/mm			
	钢(<768℃)	钢(>768℃)	铜	铝
50	2.4	92	9.5	11
2000	0.5	14	1.5	1.8
10^4	0.2	6	0.67	0.8
10^5	0.07	2	0.21	0.25
10^6	0.02	0.6	0.07	0.08
10^8	0.002	0.06	0.007	0.008

目前感应钎焊全固态晶体管式交流电源正逐步替代电子管式交流电源,国内已有数十个专业厂家生产 IGBT、SIT、MOSFET 等全固态晶体管式钎焊加热设备,品种、规格及技术已较为成熟,其工作频率和加热功率范围已能覆盖整个感应加热领域,并已实现系列化和小型化。感应器是感应钎焊设备的重要器件,交流电源的能量通过该部件传递给焊件,一般由感应线圈、汇流板(管)、冷却装置组成,其中感应线圈是感应器的核心。设计感应线圈时要考虑到高频感应加热的趋肤效应、邻近效应和圆环效应。感应线圈通常采用直径为 4.75~9.52mm 的圆形或扁形铜管,也可以采用方形和特殊的矩形截面,取决于被钎焊工件的外形、线圈中电流以及水冷要求。

感应线圈的设计形式一般可分为以下几种:

1) 根据线圈圈数可分为单圈感应线圈、双圈感应线圈和多圈感应线圈,当端环较宽,单排感应线圈不足以覆盖焊接区域的 70% 时,一般采用双环结构。在目前大中型电机系列中,端环尺寸一般比较大,实际感应线圈以双环结构居多。

2) 根据加热方式可分为自外加热式和自内加热式。由于存在电流的圆环效应,在工况允许条件下一般使用自外加热式感应线圈,并且自外加热式感应线圈加热效率也较高。

3) 根据线圈形状可分为圆环形、矩形和异形等,线圈圈形受焊件形状、加热频率和电流热效率等因素影响,实际使用中以圆环形和矩形线圈最多。

此外,还有扁平式感应线圈、缝状感应线圈、可拆卸式感应线圈、带有导磁体感应线圈以及横向磁通感应线圈(加热板材)等。感应线圈应采用绝缘材料包缠,裸露的线圈非常危险,对大多数感应钎焊,需要用夹具将待连接部件固定在合适位置上,并且允许被焊部件进出感应线圈。

定位夹具包括锁紧固定和定位销,对所有靠近感应线圈的夹具和输送设备的材料还有一些特殊要求,例如当定位夹具使用金属材料时应该使用非磁性材料。

2. 适用范围

感应钎焊方法广泛应用于碳钢、低合金钢、不锈钢、铸铁、耐热合金、铜及铜合金、钛合金、锆合金、钼合金等具有对称形状焊件的连接。异种金属连接时也可以采用感应钎焊,但在磁性金属与非磁性金属钎焊时,必须采用特殊的技术以弥补它们在加热速度及热膨胀系数上的差异。铝、镁及其合金硬钎焊时,由于温度不易控制,很少采用感应钎焊。感应钎焊时使用的钎料包括铜基钎料(铜磷银系、铜锰镍系)、银基钎料(银铜锌系)、镍基钎料

（镍铬硅硼系）、锌基钎料（锌铝系）等。

3. 工艺特点

与其他钎焊方式相比，感应钎焊时加热温度高、升降温速度快、加热效率高。一般煤气炉加热效率低于40%，电阻炉加热效率低于53%，而感应钎焊加热效率一般在80%以上。不同于其他加热装置，感应加热是利用工件表面感生涡流产生的热量来加热工件，属于非接触式加热，这种加热方式不易在焊件中掺入杂质，也可避免热辐射和热传导对焊件的损伤。由于感应加热具有趋肤效应，故可以通过调整感应电流频率实现对加热深度较为准确的控制，主要控制加热功率或电流，可以方便地转变成电信号，易于实现自动化。然而感应钎焊也存在着配套系统复杂，对复杂钎焊组件加热难度大，部件装配难度高，不能精确控温等缺点。

5.3 整体加热式钎焊

钎焊过程中不仅加热待连接部位，母材其他区域也均匀受热，这种钎焊方式称为整体加热式钎焊，包括液体介质钎焊和炉中钎焊。

5.3.1 液体介质钎焊

液体介质钎焊也称作浸渍钎焊，是把焊件局部或整体地浸入熔化的混合盐或钎料中，利用液体介质的热量完成钎焊过程。按液体介质的不同，该钎焊方式可分为盐浴钎焊和金属浴浸渍钎焊。

1. 盐浴钎焊

盐浴钎焊是将装配工件整体浸入熔盐槽中，通过熔盐对工件以及钎料进行加热，待钎料熔化后完成钎焊过程[11]。盐浴钎焊主要设备为盐浴槽，按加热方式可分为内热式和外热式两种，如图5-5所示。内热式靠电流通过盐液产生的电阻热进行自身加热，应用广泛；外热式指在盐浴槽外部采用电阻丝加热，此种加热方式必须采用导热良好且耐熔盐腐蚀的盐浴槽，加热速度慢，应用不广泛。为了安全起见，加热过程中一般采用低电压、高电流工艺，当电流通过盐液时由于电磁场的搅拌作用，整个盐液的温度均匀，操作时一切接触盐浴的工件和器具均须预热、除水，以免接触盐浴时引起盐液喷溅。对焊件预热既可减小浸入时盐浴温度的下降，又可缩短钎焊时间，长钎缝焊件不要水平地同时浸入盐浴，而应以一倾角浸入与取出，这样可保证盐液均匀地浸入和流出。

盐浴钎焊对于焊件的加热和保护都靠熔盐来实现，因此对熔盐的物理化学性质要求严格，为了确保在钎焊温度下熔盐具有良好的流动性，盐混合物的熔点必须低于钎焊温度。熔盐作为钎剂，需要对焊件及钎料具有良好的润湿性，熔盐物质不可与焊件发生反应，以免造成溶蚀。钎焊过程中熔盐物不可避免地挥发或分解，要求在钎焊温度下熔盐挥发或分解量尽可能少，成分及性质能够长期稳定。表5-4列出了盐浴钎焊时常用的熔盐组成与熔点，一般为氯盐的混合物。为了保证钎焊质量，必须定期检查熔盐的组成及杂质含量并随时加以调整。

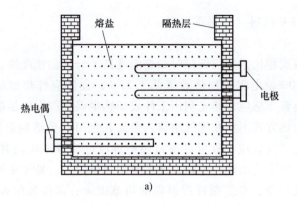

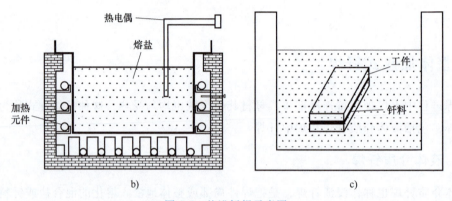

图 5-5 盐浴钎焊示意图

a) 内热式盐浴设备构成 b) 外热式盐浴设备构成 c) 工艺原理

表 5-4 盐浴钎焊时常用的熔盐组成与熔点

组成(质量分数,%)				盐混合物熔化温度 t_m/℃	钎焊温度 t_B/℃
NaCl	$CaCl_2$	$BaCl_2$	KCl		
30	—	65	5	510	570~900
22	48	30	—	435	485~900
22	—	48	30	550	605~900
-	50	50		595	655~900
22	78	—		635	665~1300
-		100		962	1000~1300

盐浴钎焊常被应用于批量生产,采用铜基和银基钎料钎焊碳钢、合金钢、铜及铜合金和高温合金时均适于采用盐浴钎焊。该钎焊方式也大量用于纯铝、铝锰合金及锻造铝合金的连接,采用的钎料是在铝硅共晶基础上添加微量元素以及变质剂,达到细化钎料晶粒、提高接头强度的作用。然而当焊件上存在深孔、盲孔而导致盐液不易进入和排出时,不适于采用盐浴钎焊。

由于盐浴槽的热容量大,这种钎焊方式加热迅速,一般加热过程不超过 2min。盐浴钎焊时可精确控制钎焊温度,有时甚至可在母材固相线温度以下 2~3℃ 施焊,液态介质保护焊件不被氧化,无特殊情况无须添加钎剂,生产率高,适合批量生产。然而盐浴钎焊耗电量大，焊后工件清洗困难，盐浴蒸气和废水易引起环境污染。

2. 金属浴钎焊

金属浴钎焊又称为钎料浸渍钎焊，将经过表面清理并装配好的工件进行钎剂处理，然后浸入熔化的钎料。如图5-6所示，熔化的钎料把焊件钎缝处加热至钎焊温度，同时在毛细作用下渗入钎缝间隙，当焊件被提起时保留在间隙内的钎料发生凝固形成接头。金属浴钎焊实际是通过熔化的钎料作为加热介质来恒温控制焊接过程的。

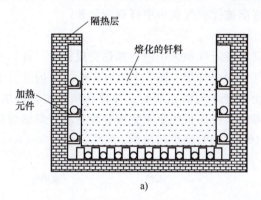
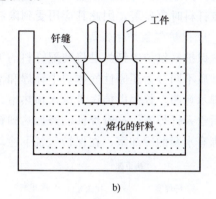

图5-6 金属浴钎焊示意图
a）工艺过程及设备构成 b）工艺原理

金属浴钎焊时工件处理方式有两种：一种是将工件先浸入熔化的钎剂除去表面氧化膜，然后再将工件浸入熔化的钎料；另一种方式是在熔化的钎料表面覆盖一层钎剂，工件浸入时先接触钎剂再接触钎料。前一种方式适用于在熔化状态下氧化不显著的钎料，如果钎料在熔化状态下氧化严重，则必须采用后一种方式。此外，后一种方式装配容易（不必安放钎料）。

金属浴钎焊主要应用于软钎料钎焊钢、铜合金和镁合金等产品，特别适于密集钎缝的焊件，如蜂窝式换热器、电机电枢、汽车水箱、微波天线、飞机导线等。

金属浴钎焊能够完成复杂钎缝的钎焊，生产率高。其缺点是焊接时焊件表面需要做阻焊处理，否则工件表面将粘结钎料，增加钎料消耗以及焊后处理难度。由于钎料表面氧化和焊件的溶解，熔态钎料成分易发生变化，需要不断地检测、及时补充和调整金属浴池内的钎料组成。

5.3.2 炉中钎焊

炉中钎焊是将装配钎料的焊件置于加热炉中，通过电阻丝或其他加热元件对炉体进行加热，使在炉中焊件得以受热的钎焊方法[12]。按焊接过程中钎焊区的气氛组成，炉中钎焊分为空气炉中钎焊、保护气氛炉中钎焊和真空钎焊。

1. 空气炉中钎焊

空气炉中钎焊是把装配钎料和钎剂的工件放入普通的工业电炉中加热至钎焊温度，依靠钎剂除去待焊部位氧化膜，钎料熔化后流入钎缝间隙，冷凝后形成接头。

目前空气炉中钎焊较多地用于铝叶轮、散热器、铝和不锈钢导管等的钎焊，钎料可为丝、箔、带、粉末、膏等。

空气炉中钎焊加热均匀，焊件变形小，需用的设备简单，成本较低。虽然加热速度较慢，但因一炉可同时钎焊多件，生产率仍很高。空气炉中钎焊时为了使工件受热均匀，必须严格控制加热过程，对于结构复杂或者体积较大的工件，需要在钎焊温度下保温一段时间，以使整个焊件温度分布均匀。钎剂以水溶液或膏状形式使用最方便，一般在工件放入炉中之前将钎剂涂抹在待焊处，对强腐蚀性钎剂，应待工件加热到接近钎焊温度后再将其涂抹至待焊处。由于该钎焊方法在空气中对整个工件加热，所以很容易造成工件氧化，尤其是采用高熔点钎料时更显著，因此其应用受到限制，逐渐被保护气氛炉中钎焊所代替。

2. 保护气氛炉中钎焊

保护气氛炉中钎焊是将装配钎料的工件置于特定气氛炉中进行加热完成钎焊过程，按气氛性质不同分为还原性气体炉中钎焊和惰性气体炉中钎焊，图 5-7 示为典型的保护气氛炉中钎焊示意图。焊件由传送带送入预热室，为使温度均匀防止变形，焊件在预热室缓慢加热，随后送入钎焊室，这时焊件已经加热到钎焊温度，在保护气氛下完成钎焊过程，焊后焊件进入围有水套的冷却室，在保护气氛下冷却至 100~150℃ 经炉门出炉。

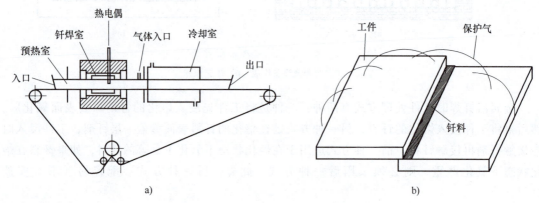

图 5-7　典型的保护气氛炉中钎焊示意图

a）工艺过程及设备构成　b）工艺原理

还原性气体以氢气或一氧化碳为主要成分，钎焊过程中该类气体不仅能防止空气侵入，还能有效还原工件表面氧化物，有助于钎料润湿母材并在其上形成有效铺展。活性气体质量不仅与氢气及一氧化碳的含量有关，还取决于气体内水及二氧化碳含量，气体中的含水量一般以露点来表示，含水量越少，露点越低。常见的还原性气体分为放热基气氛和吸热基气氛。放热基气氛露点较高且能有效控制碳势，成本低廉，适于钢和铜的连接；吸热基气氛露点较低，通过控制露点可将气氛碳势精确控制在 0.2%~1.3%，从而可以满足不同碳含量钢材在钎焊条件下的平衡条件。当钎焊钢和铜等金属时，由于这些金属的氧化膜容易被还原，允许气氛中二氧化碳含量和露点高些；当钎焊铬、锰含量高的合金时（如不锈钢等），由于这些合金的氧化物膜难以还原，应选用二氧化碳含量少和露点低的气体。在高温下对许多金属氧化物而言，氢气是一种最好的还原剂，广泛应用于电真空器件的钎焊以及陶瓷与金属的封接，氢气钎焊炉有立式和卧式两种。立式钎焊炉温度范围大，升温速度缓慢，热冲击小，适合钎焊大尺寸焊件，不足之处是生产周期长，不能连续生产；卧式钎焊炉结构简单，生产周期短，使用方便。使用氢气钎焊炉时不能发生泄漏，当空气中混入 4.1%~74% 的氢气时，遇火即发生爆炸，操作时应特别小心。由于氢气会使铜、钛、锆、铌等金属脆化，因此采用氢气作为保护气氛钎焊此类材料时应特别慎重。

惰性气氛炉中钎焊时一般使用纯度高于99.99%的氮气气氛,工业氮气纯度高、价格便宜,但高温下会与某些材料发生反应。若采用氩气作为保护气体,安全可靠,但成本较高。惰性气氛炉通常由一个电阻加热炉和一个可通入一定压力惰性气体的容器组成。钎焊前,一般先将容器抽真空再通入惰性气体,经抽真空—充气多次反复,使其内氧化性气氛含量降至最低,然后送入电阻加热炉内升温钎焊。为了避免工件钎焊变色和脱碳,以及防止污染物以不正确方向穿过加热室和冷却室,宜在出入炉门处排气。惰性气氛炉有间歇式和连续式两种结构。间歇式钎焊炉适于钎焊大尺寸部件,如汽车中冷器和大型散热器等;连续式钎焊炉通常用于空调蒸发器和冷凝器等部件的钎焊。

与其他钎焊方法相比,保护气氛炉中钎焊的主要优点是保护气氛来源便宜,工厂能大量生产,工业氮基气氛可以以液态形式储存于厂房。这些气氛具有极强的抗氧化能力,可以根据需要调制成具有约0.2%~1.0%以上范围任何碳势的气氛,这个碳势范围足以适应所有碳钢和低合金钢的钎焊,当所用气氛的碳势与工件内碳含量相匹配时,钎焊时工件不易出现渗碳和脱碳现象。保护气氛炉中钎焊的另一个主要优点是能以较低的单件成本生产大批量焊件,经济性佳,对偶尔的低装炉量和小量生产也有很好的适应性。

3. 真空钎焊

真空钎焊是将装配钎料的焊件置于真空炉中加热并完成钎焊的过程[13],真空炉分热壁真空炉和冷壁真空炉两类。热壁真空炉实际上是一个真空容器,如图5-8a所示。室温下先将容器内空气抽走,随后将真空容器整体置入炉膛内加热(可采用普通的工业电炉)至钎焊温度,保温一定时间后取出容器在空气中完成冷却。这种钎焊炉最高钎焊温度可达1150℃,但大多数仅限于870℃或更低。真空容器内部没有加热元件和隔热材料,结构简单,容易操作,而且加热过程中释放的气体少,有利于保持容器内的真空度。为了提高生产率,应同时准备几个真空容器,交替进入、退出炉膛进行钎焊。热壁真空钎焊设备投资少,生产率高,周期短,可防止母材晶粒长大,但容器在高温、高真空条件下受到外界大气压作用易变形,适于单件小批量生产。图5-8b所示为冷壁真空炉的结构示意图,真空室建立在加热室内,即加热炉与真空室为一体,炉壁为双层结构的水冷套,内置热反射屏,既保护炉壳,又可提高加热效率,反射屏内侧均匀分布着加热元件,由多层钼、钨、钽、石墨或其他

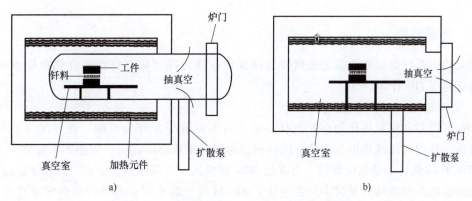

图 5-8 真空钎焊示意图

a)热壁真空炉设备构成 b)冷壁真空炉设备构成

高温材料制成,这种真空炉使用方便,加热效率高,温度可高达2200℃,压力可低于1.35×10^{-4}Pa。然而冷壁真空炉结构复杂,制造费用高,焊后工件只能随炉冷却,生产率低。为了提高冷却速度,可以在冷却过程中通入惰性气体强制冷却。

钎焊炉真空系统包括机械泵、油扩散泵、真空管道和阀门等,当要求0.1Pa以下的真空度时,用机械泵即可;要求更高真空度时需同时使用油扩散泵。目前我国能批量制造各种型号和规格的真空钎焊设备。

真空钎焊特别适用于航空航天领域精密电子元器件的连接,也适用于陶瓷-陶瓷或陶瓷与金属之间的连接。然而该法不适于使用含锌、镉、锂、锰、镁和磷等挥发性元素较多的钎料,含这些元素的母材也不适于采用真空钎焊来连接。真空钎焊的主要优点是接头质量高,特别适于在钎焊温度下对空气敏感材料的连接,比如钛、锆、钼、钽等。这类材料在钎焊温度下即使有很少量的空气也会引起脆化,需要严格控制连接时的真空度。真空钎焊时工件完全处于真空状态,可防止氧、氢、氮等与母材发生作用。真空条件下加热时钢中的碳对氧化物具有还原作用,这就保证了在真空条件下钎焊含铬、钛、铝等元素的合金钢、高温合金、钛合金、铝合金及难熔金属时无须使用钎剂。事实上,真空条件下材料表面的氧化膜会自动破裂,熔化的钎料会与纯净母材直接接触,通过元素扩散或化学反应实现两者之间的高质量连接。

总地来说,真空钎焊的优点在于工件整体加热,温度均匀,升温速度可控,同一工艺下的接头可以在一道工序内完成钎焊过程,适合批量生产。然而在缓慢加热及降温过程中不可避免地对工件进行热处理,可能会导致工件内晶粒异常粗大,降低接头的力学性能。另外,真空钎焊对加热设备要求较高,初次设备投入较大。

5.4 高能量热源钎焊

高能量热源钎焊技术以高能量束流为热源与工件作用,从而实现对工件的钎焊连接。高能量束流可由单一的电子、光子和离子组成或两种以上的粒子混合而成,高能量热源钎焊具有加热快、精度高的特点,按照热源种类一般可以分为电弧钎焊、激光钎焊和电子束钎焊[14]。

5.4.1 电弧钎焊

常见的电弧钎焊可分为熔化极惰性气体保护电弧钎焊(MIG钎焊)和钨极惰性气体保护电弧钎焊(TIG钎焊)[15]。

1. MIG钎焊

MIG钎焊时利用氩气作为保护气体,通过特制的钎焊丝作为电极,在焊丝与工件之间形成电弧,钎焊丝连续送进并熔化,同时润湿母材并形成钎焊接头,如图5-9所示。一定程度上MIG钎焊也属于熔化极焊接,与普通MIG焊相比,主要区别在于采用的焊丝熔点较低,焊接时仅出现焊丝熔化而母材不发生熔化。MIG钎焊一般采用具有平特性的常规直流电源,优先使用脉冲电弧和短弧操作。采用该方法钎焊时一般通过送丝装置(推丝或推拉丝)将焊丝引导至焊炬,由于钎料丝相对于普通焊丝更软,送丝轮的压力和送丝长度都不宜过大,最好采用四轮驱动送丝机构，一般采用摩擦系数小的塑料导管和水冷焊枪以降低送丝阻力。采用 MIG 钎焊镀锌铜板时，焊炬略后倾（倾角 10°~20°），这样可以减少镀锌层产生过多蒸气以及避免蒸气进入电弧区，保证电弧温度和焊嘴的清洁度。

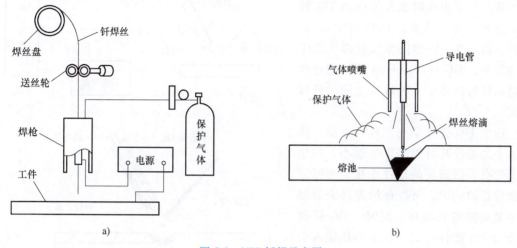

图 5-9　MIG 钎焊示意图
a）工艺过程及设备构成　b）工艺原理

MIG 钎焊特别适于异种金属之间的焊接，如铜与不锈钢、普通钢与特种钢等，可配合机器人实现自动操作，钎焊时采用保护气体代替易受污染的钎剂能够最大程度减少氢进入焊接区域的可能性。然而 MIG 钎焊对气流和风速特别敏感，它们会将保护气体吹开，暴露出待保护金属，基于此该钎焊方式不适于工地现场施焊。

与普通 MIG 焊相比，MIG 钎焊具有如下显著特点：填充的钎焊丝一般熔点较低，降低了焊接时的热输入量，小电流条件下母材基本不发生熔化。熔化的钎焊丝流动性良好，可自动填充钎缝间隙。由于焊接热输入量小，工件内热影响区面积小，同时母材背面很少产生熔穿等焊接缺陷，容易实现单面焊双面成形。当采用 MIG 钎焊镀层钢板时，由于带电粒子的冲击活化作用可有效去除母材表面的氧化膜，克服钎剂对母材的腐蚀作用，焊后无须处理。

2. TIG 钎焊

TIG 钎焊通过电极与母材之间形成的高温电弧将送进的钎焊丝熔化，通过熔融钎料与母材之间的交互作用实现母材之间的连接，焊接过程中母材基本不发生熔化，设备及原理如图 5-10 所示。与 MIG 钎焊相比，TIG 钎焊采用非熔化的钨作为电极，钎料丝通过手工或自动送丝机送进；一般采用具有下降特性的直流电源，并且要精确调节其参数；与 MIG 钎焊不同，TIG 钎焊时焊炬应适当后倾，让电弧更多地直接作用于钎料熔池；TIG 钎焊要求热输入功率不能过小，否则将造成钎焊丝熔化不完全而不能形成完整的接头，因此在进行电弧钎焊时需严格控制焊接工艺规范。

TIG 钎焊在工业中应用广泛，德国、美国、英国、日本、瑞士、荷兰、意大利等国汽车工业的部件制造及电器制造中均已大量采用 TIG 钎焊。国内第一汽车集团于 20 世纪 90 年代初即开展了电弧钎焊方面的研究，并很快将其应用于轻型车油漆线，奥迪 A6、上海别克已使用 TIG 钎焊方法焊接镀锌钢板，上海大众帕萨特于 2000 年也大量采用该工艺；航空航天工业是 TIG 钎焊的另一个重要应用领域，包括壳体、箱体、容器以及火箭发动机管脚等的焊接；在加工/电力行业中对管道焊接质量要求高时也大量用到 TIG 钎焊；这种钎焊方式也广泛应用于工具、模具、铝部件、镁部件等关键部件的维修和防护；TIG 钎焊亦可通过填充特殊的低温钎料以适于异种材料之间的钎焊连接。

由于 TIG 钎焊采用焊丝熔点低、热输入小，使得其对焊件影响很小，特别适于带有表面镀层的焊件连接，在保证焊接质量的同时，可以保护焊件表面镀层不被高温电弧破坏。同时，TIG 钎焊十分适合薄壁件焊接，较小的热输入引起的焊件变形很小。

5.4.2 激光钎焊

1. 工艺原理

激光钎焊是利用激光束所产生的能量对零件进行局部加热从而实现对材料

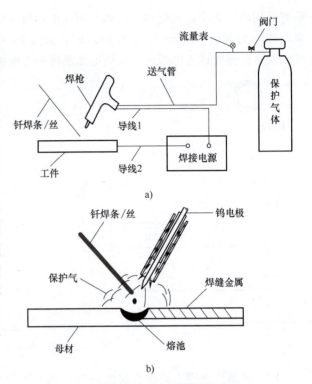

图 5-10 TIG 钎焊示意图
a) 工艺过程及设备构成　b) 工艺原理

连接的一种焊接方式，焊接过程中钎焊丝通过送丝机构送至钎焊区，如图 5-11 所示。激光钎焊前也可以预先将粉状或片状钎料置于接头待连接处，工件将位于固定的激光束之下，将工件定位于激光束焦点上方以求得光束能量密度与光束宽度之间的平衡[16]，钎焊过程中激光束直接指向接头上的预置钎料，从而完成一条焊缝的成形。当采用钎剂时，可用水或酒精使其与粉状钎料混合调制成膏状涂覆于接头待连接部位，注意焊前必须将膏状钎剂彻底干燥，激光钎焊过程中需采用适当的保护气氛以避免熔池部位氧化。激光钎焊设备主要包括激光器、钎焊头、送丝机构、移动机构和装夹机构等，比较完善的厂家还配有焊缝跟踪系统和焊后检测系统。激光钎焊时关键工艺参数包括激光功率、光斑直径、钎焊速度、送丝速度等。

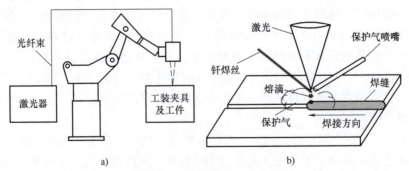

图 5-11 激光钎焊示意图
a) 工艺过程及设备构成　b) 工艺原理

2. 适用范围

根据加热温度的不同，激光钎焊可分为软钎焊和硬钎焊。激光软钎焊指钎焊时采用的钎料液相线温度低于450℃，主要应用于印制电路板中电子元器件的连接；激光硬钎焊指钎焊时采用的钎料液相线温度高于450℃，主要用于结构钢和镀锌钢板的连接。目前激光钎焊主要应用于汽车顶板以及车厢盖板镀锌钢板的焊接。通过控制激光输入功率，采用激光钎焊技术可以实现镀锌钢板的优质焊接，且不影响镀锌层质量。该钎焊方式在提高车身焊接质量、生产率以及自动化生产方面发挥着重要作用，获得了越来越多汽车生产企业的青睐。此外，激光钎焊在焊接有色金属时也有明显的优势，考虑到大多数有色金属对激光的反射率及金属材料的热导率，激光硬钎焊功率高，可满足有色金属的焊接要求。采用激光硬钎焊方式焊接银、铜、镍、金、铝等有色金属时均取得了良好的效果，钎缝组织细小且接头性能优良。近期，激光钎焊技术成功应用于航空传感元件的引脚与导线的精密焊接，利用振镜激光钎焊技术实现铂电阻器引线银丝与多股铜线的连接[17]，国外学者利用微纳尺度激光软钎焊技术实现了 $600\mu m$ 间距微小型纳米元器件的可靠连接，但在连接 $300\mu m$ 以下的元器件时效果一般，还需要进一步探索[18]。除了金属间的连接外，激光钎焊还适于金属与非金属之间的连接，如通过控制激光功率与扫描速度，可实现多层金刚石磨粒在镍铬合金中的激光逐层钎焊成形[19]。

3. 工艺特点

激光钎焊时可通过控制光束强度、束斑尺寸、加热持续时间，精确地实现局部加热或限位加热，焊件热损伤小，焊接时熔化钎料一般无飞溅，热输入可控、可调，易实现自动化。激光束易于通过固体传输，因而可在真空或充有高压气体的封装物内进行激光钎焊，然而激光钎焊对焊件装配精度和表面质量要求较高，且要求光束在工件上不能偏移，否则容易引起焊接缺陷。

5.4.3 电子束钎焊

1. 工艺原理

利用加速和聚焦的电子轰击钎料周围，电子束的动能转化为热能，从而使钎料熔化进而完成钎焊过程。电子的产生、加速和汇聚由电子枪完成（图 5-12），在阴极灯丝被加热后，产生热发射和场致发射逸出电子，在电场作用下电子沿着电场强度的反方向运动，电子离开阴极后，在加速电压（几十到几百千伏）作用下加速飞向阳极，并在惯性作用下继续飞向工件表面，为了使电子束在空间中重新汇聚，将通过电磁透镜（或磁聚焦线圈）进行聚焦，电子撞击钎料表面后，动能迅速转化为热能，使钎料迅速熔化并深熔出小孔，随着电子束的移动，熔化钎料相继凝固形成焊缝[20]。电子束钎焊工艺包括加速电压、聚焦电流、加热时间以及电子束扫描轨迹等。电子束钎焊分为高真空电子束钎焊和低真空电子束钎焊。高真空电子束钎焊通常在 $10^{-4} \sim 10^{-1} Pa$ 下进行，其良好的真空条件可实现对熔池的洁净"保护"，防止金属元素的氧化烧损，适于活性金属、难熔金属等的高质量焊接；低真空电子束钎焊一般在 $10^{-1} \sim 10 Pa$ 下进行，由于焊接时只需抽到低真空，大大缩短了抽真空时间，提高了生产率，适于零件的批量焊接，如变速器组合齿轮。

2. 适用范围

电子束钎焊广泛应用于同种及异种材料之间的连接，国内外采用该钎焊方法已实现了金

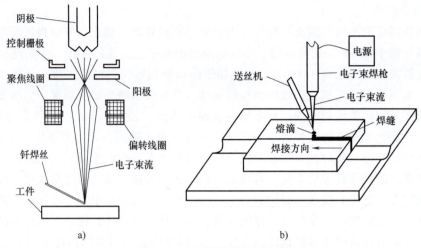

图 5-12 电子束钎焊示意图
a) 工艺过程及设备构成　b) 工艺原理

属与金属、陶瓷与陶瓷或陶瓷与金属之间的钎焊连接,如钛合金对焊、镍基高温合金对焊、碳碳复合材料对焊、钢与钛合金、氮化硼与碳化钨等的连接,除此之外,电子束钎焊也应用到金属玻璃与晶态合金的连接、空间桁架结构件(纯钛)的快速装配、受损零件的快速修复以及核工业中纯铌超导谐振腔的制造等[21-23]。利用电子束钎焊技术进行航空发动机中镍基高温合金叶片的修复,提高了叶片的修复质量和修复效率,也节省了能源消耗[24];在纳米电子学、纳米光学、纳米医学等领域中,纳米线的连接成为未来纳米器械小型化的关键;为了获得具有良好连接质量的纳米线,有关学者利用扫描电镜聚焦电子束实现了纳米线的高质量钎焊互连[25]。

3. 工艺特点

由于电子束加热方法具有高功率密度的特点,使得该钎焊方法具有加热速度快、热输入小、高温停留时间短及对母材轻溶蚀等优点;另外,通过对输入能量以及路径的精确控制,可实现复杂焊缝的精密焊接。一般来说电子束很难熔透大厚度金属,但在焊接过程中部分金属液体会受热挥发,强大的电子气流可排开熔化金属,进而实现对更深部位金属的加热,最终获得高深宽比。由于电子束设备昂贵,制约了其在工业中的大规模应用。与激光钎焊类似,电子束钎焊也属于高能束焊接,操作时电子束与工件中钎料的对中十分重要,否则将会焊偏,造成母材的溶蚀,因此,该方法对焊件的加工及装夹精度要求较高。为了提高电子束的利用率,电子束钎焊一般在真空环境下进行,工件尺寸受到真空仓大小的限制。非真空电子束钎焊由于没有真空环境的保护,电子束不能被传送到远处,故电子枪下端至焊件之间的有效工作距离受限,熔深有限。

5.5 本章小结

本章从阐明钎焊工艺过程原理出发,介绍各种钎焊方法的原理、特点、设备及应用。按热源加热方式,钎焊工艺可分为局部加热式钎焊和整体加热式钎焊,见表 5-5。

表 5-5 常见钎焊工艺方法对照表

分类	名称	钎焊原理	热源温度/℃	适用材料	工艺特点
局部加热式钎焊	烙铁钎焊	利用烙铁头的热量加热熔化钎料进行钎焊	300~500	金属材料	适用于简单或薄壁零件的软钎焊
	火焰钎焊	利用可燃气体与氧气混合燃烧的火焰加热焊件,熔化钎料与钎剂,实现钎焊	>2000	金属材料	加热速度较快;可实现自动化钎焊;可多火焰同时加热。适用于管件、管板件、小尺寸零件的钎焊
	电阻钎焊	利用电流流过被焊工件时,在钎料与母材界面因接触电阻产生热量熔化钎料,实现钎焊	—	导电性良好的金属	(1) 加热快,适用于物理性能和厚度差异大的焊件 (2) 焊件尺寸不能太大,形状不能过于复杂
	感应钎焊	焊件的待焊部位置于交变磁场中,利用高频、中频或工频感应电流的电阻热进行加热,实现钎焊	—	钢、铜、高温合金等	(1) 升温速度快、可控性能好、加热效率高 (2) 适用于管件套及管与法兰、轴套焊件,特别适用于大型构件管道接头的焊接 (3) 控温困难,工件形状受限
	电弧钎焊	利用电弧热加热母材,熔化钎料与钎剂,实现钎焊	>5000	金属材料	(1) 局部加热升温较快,温度高 (2) 适用于大尺寸、长焊缝
	激光钎焊	利用激光加热母材,熔化钎料与钎剂,实现钎焊	>5000	金属材料	(1) 局部加热升温较快,温度高 (2) 适用于大尺寸、长焊缝 (3) 设备一次性投入高
	电子束钎焊	利用电子束加热母材,熔化钎料与钎剂,实现钎焊	>5000	金属材料、非金属材料	(1) 局部加热升温较快,温度高 (2) 设备一次性投入大
整体加热式钎焊	浸渍钎焊（液态介质钎焊）	焊件部分或整体浸入有钎剂的盐混合物熔体或钎料熔体中,依靠液态介质的热量加热焊件,实现钎焊	≤600	金属材料	(1) 加热均匀、迅速,温度控制较为准确 (2) 适用于大批量生产和大型构件的焊接 (3) 焊后需要清洗工件上的残存钎剂
	保护气氛炉中钎焊	将装配钎料（钎剂）的工件置于充有气氛的加热炉中进行加热钎焊	<2000	金属材料	(1) 加热均匀,适合于复杂构件钎焊 (2) 适用于大批量钎焊生产 (3) 加热缓慢,热循环时间长
	真空钎焊	待焊部位预制钎料(不需要钎剂),工件在真空(10^{-3}Pa)中进行加热,实现钎焊	<2000	金属材料、陶瓷材料等	(1) 适用于高精密产品和易氧化材料的焊接 (2) 加热缓慢,热循环时间长

钎焊

  局部加热式钎焊指钎焊过程中仅母材待焊部位受热，其他区域不加热，包括烙铁钎焊、火焰钎焊、电阻钎焊、感应钎焊和高能量热源钎焊。烙铁钎焊操作简单方便，成本低廉，广泛应用于无线电、仪表和电器修理等，但焊件尺寸一般较小；火焰钎焊操作简单，燃气多样化，可实现各位置灵活焊接，但手工操作时加热温度难掌握；电阻钎焊生产率高，易实现自动化，但接头尺寸不能太大，形状也不能过于复杂；感应钎焊升温速度快，可控性能好，加热效率高，但工件形状、尺寸受限，且难以精确控温。高能量热源钎焊以高能量密度束流为热源与材料作用，从而实现对材料的钎焊连接，具有功率高、加热快、精度高等优点，按热源种类可分为电弧钎焊、激光钎焊和电子束钎焊。其中 MIG 钎焊和 TIG 钎焊操作灵活方便、工艺简单、成本低，广泛应用于异种金属之间的连接（如铜与不锈钢、普通钢与特种钢等）；激光钎焊和电子束钎焊特点在于焊接速度快、接头质量高且美观，但设备一次性投入大。

  整体加热式钎焊指钎焊过程中不仅加热待连接部位，母材其他区域也均匀受热，其特点在于整体加热，接头内应力和变形可控，可以批量生产，包括液体介质钎焊和炉中钎焊。液体介质钎焊把焊件局部或整体地浸入混合盐熔体或钎料熔体中，利用液体介质的热量完成钎焊过程。该钎焊方法加热速度快，控温精度高，生产率高，适合批量生产；缺点是焊后清洗较困难，盐浴蒸气和废水易引起环境污染。炉中钎焊是将装配钎料的焊件置于加热炉中，通过电阻丝或其他加热元件对炉体进行加热，使在炉中工件得以受热的钎焊方法。空气炉中钎焊易导致工件氧化，保护气氛炉中钎焊和真空钎焊可以防止高温下空气对工件的影响，提高焊件质量，但成本相对较高，普遍存在加热缓慢、热循环时间长的特点。

思 考 题

1. 简述局部加热式钎焊及分类，并分别简述各种方法的特点。
2. 火焰钎焊时如何精确控制焊缝区域温度？
3. 分析直接加热和间接加热电阻钎焊优缺点及各自适用场合。
4. 以 2~3 种材料为例，分别设计其感应钎焊工艺，包括交流电频率、电压及功率等，并简述设计依据。
5. 论述局部加热式钎焊和整体加热式钎焊的接头内应力的调控机制。
6. 简述真空钎焊条件下母材表面氧化膜的去膜机理。
7. 简述 MIG 钎焊和 TIG 钎焊的原理及特点，并分析其与传统熔化焊的区别。
8. 激光和电子束钎焊时热源作用部位及对接头焊接质量有哪些影响？

钎焊热源的发展趣事

  经过有关历史记载与文物证明，钎焊是除了机械连接方法外人类发明的最古老的金属连接方法。从近现代来看，钎焊的发展主要由焊接热源推动。1890 年，美国人 C. L. Coffin 提出了在氧化介质中进行焊接的概念，起初同行各业都未进行尝试。有趣的是同年英国人 Brown 由此受到启发，利用燃气切割来抢劫银行，这是第一次使用燃气加氧气来切割金属。之后各企业纷纷开始了该方向的研究，由此推动了火焰钎焊的发展。随着时代的不断发展，钎焊的热源也不断进行新的尝试，早期用于熔化焊的激光、电子束等都用来作为钎焊的热源。

参 考 文 献

[1] American Welding Society. Welding Handbook Volume 10TH 2-Part 1：Welding Process [M]. Miami：American Welding Society, 2019.
[2] 杨拓宇, 等. 镁合金刮擦钎焊的界面行为研究 [J]. 热加工工艺, 2014, 43 (21)：167-170.
[3] 王星星, 等. 异种材料超声波钎焊连接的研究现状 [J]. 焊接技术, 2013, 42 (6)：1-6.
[4] ABBASI M, BAGHERI B, SHARIFI F, et al. Friction stir vibration brazing (FSVB)：An improved version of friction stir brazing [J]. Welding in the World, 2021, 65 (11)：2207-2220.
[5] 李雪飞, 等. 锆铜与镍基高温合金扩散钎焊界面微观组织及性能研究 [J]. 焊接, 2015 (3)：27-30.
[6] LI Y, SHIUE R K, WU S K, et al. Infrared brazing Fe_3Al intermetallics using the Cu filler metal [J]. Intermetallics, 2010, 18 (4)：422-428.
[7] 李亚江. 焊接冶金学 [M]. 北京：机械工业出版社, 2016.
[8] 中国机械工程学会. 焊接手册：第1卷 焊接方法及设备 [M]. 3版. 北京：机械工业出版社, 2008.
[9] 方洪渊, 冯吉才. 材料连接过程中的界面行为 [M]. 哈尔滨：哈尔滨工业大学出版社, 2005.
[10] 王娟, 李亚江. 钎焊与扩散焊 [M]. 北京：化学工业出版社, 2016.
[11] 张启运, 庄鸿寿. 钎焊手册 [M]. 3版. 北京：机械工业出版社, 2017.
[12] 方洪渊. 简明钎焊工手册 [M]. 北京：机械工业出版社, 1998.
[13] 韩国明. 现代高效焊接技术 [M]. 北京：机械工业出版社, 2018.
[14] 赵兴科. 现代焊接与连接技术 [M]. 北京：冶金工业出版社, 2016.
[15] 赵越. 钎焊技术及应用 [M]. 北京：化学工业出版社, 2021.
[16] 陈裕川, 等. 现代高效焊接方法及其应用 [M]. 北京：机械工业出版社, 2015.
[17] 李昊岳, 等. 航空传感元件振镜激光钎焊界面组织及连接机理 [J]. 航空学报, 2022, 43 (2)：69-79, 457.
[18] 张丽丽, 等. 激光微纳连接技术研究进展 [J]. 激光与光电子学进展, 2021, 59 (3)：30-47.
[19] 李时春, 等. 激光钎焊多层金刚石磨粒与镍铬合金的微观结合形态 [J]. 材料热处理学报, 2021, 42 (7)：166-178.
[20] 王洪光. 实用焊接工艺手册 [M]. 2版. 北京：化学工业出版社, 2014.
[21] TARIQ, N H, SHAKIL M, HASAN B A, et al. Electron beam brazing of Zr62Al13Ni7Cu18 bulk metallic glass with Ti metal [J]. Vacuum, 2014, 101：98-101.
[22] WANG T, WANG Y, GAO C, et al. Feasibility study on feeding wire electron beam brazing of pure titanium using an electron gun for space welding [J]. Vacuum, 2020, 180 (6)：109575.
[23] KALYAN D, GHOSH A, BHATTACHARYA A, et al. Effect of beam current on the microstructure, crystallographic texture and mechanical properties of electron beam welded high purity niobium [J]. Materials Characterization, 2021, 179 (2)：111318.
[24] 李思思, 等. K465镍基铸造高温合金钎焊及其在修复中的应用 [J]. 电焊机, 2020, 50 (11)：143-144.
[25] 管延超, 等. 基于纳米操作的纳米线钎焊结构组装及互连 [J]. 中国激光, 2021, 48 (8)：287-295.

第6章

钎焊性及可靠性

钎焊过程中,钎料和母材被加热到钎焊温度,液态钎料填充焊缝缝隙并与母材发生相互作用形成冶金连接。钎料将经历扩散与溶解、熔化、冷却结晶、固态相变等过程,母材也承受同样的热循环过程。由于钎料与母材材料物性差异将导致接头冶金和性能的不均匀性,同时还伴随一定的几何不连续性及界面残余应力[1]。钎焊接头的几何不连续性包括钎缝区域产生各类缺陷,如气孔、夹渣、溶蚀、微裂纹等;物理化学性能不均匀性体现在力学、导电、导热及耐蚀等方面的不匹配性。这些最终都会影响钎焊件的使用性能,涉及钎焊性问题。

钎焊接头在服役过程中存在性能下降或劣化等问题,焊件使用一定时间后性能逐渐下降导致无法满足使用要求,即在规定的时间和环境条件下无法达到要求的功能。对于钎焊结构而言,母材和钎料本身的基本性能尚不能直接表明其在钎焊连接时是否出现问题及钎焊后接头性能是否满足要求,接头在使用过程中能否在规定时间内满足要求关系到可靠性及使用寿命。

目前,关于材料钎焊性及钎焊接头可靠性已获得了一系列成果并建立了相关的标准体系[2]。重要工程与制造领域对于高性能构件的需求直接推动了钎焊技术的进步。通过优化钎料和钎剂体系,辅以恰当的钎焊工艺,已经实现了复杂结构的可靠连接与组装。分子动力学预测、大数据挖掘与人工智能等方法的应用和推广,进一步推动了材料钎焊性的进步与发展;同样,加速试验的物理机制、界面断裂力学及概率断裂力学等方面的研究,也推动了钎焊接头可靠性技术的发展。

本章将介绍材料钎焊性及钎焊接头可靠性,重点介绍钎焊性及其试验方法、接头性能试验方法、钎焊接头可靠性等内容。

6.1 钎焊性分析

6.1.1 概念

钎焊性是指材料对钎焊加工的适应性,即材料在一定的钎焊条件下,获得优质接头的难易程度,它既涉及母材、钎料、钎剂等材料的适应性问题,也涉及钎焊的具体工艺,钎焊接头的性能,以及钎焊接头性能与服役要求的一致性等问题。总之,材料的钎焊性不但取决于材料本身,也与钎料、钎剂、钎焊方法,以及接头性能和服役要求等密切相关。

依照钎焊性的定义,对某种材料而言,如果采用简单的钎焊方法、宽泛的工艺能获得性能优良的钎焊接头,则这种材料的钎焊性好;反之,如果某种材料采用复杂的钎焊方法和狭窄的工艺仍无法获得优质接头,则认为这种材料的钎焊性差。

6.1.2 影响因素

钎焊性的影响因素主要包括钎焊所用材料、工艺和接头的服役性能。

1. 材料因素

钎焊过程所用的主要材料有母材、钎料、钎剂,是影响钎焊性的重要因素。

材料的钎焊性是由其本身的特性决定的,为了保证钎焊过程顺利进行,所用的液态钎料必须具有对固相母材的润湿与铺展能力,并形成冶金结合[3]。因此,能否选择或设计合适的钎料并实现对母材的润湿,这决定了该母材材料是否具有可钎焊性。也就是说,所选钎料与母材之间如果能够发生扩散、溶解或化学反应等相互作用,能够很好地润湿母材,则该材料的钎焊性较好;相反,如果不能或很难选择或设计出能够润湿该母材的钎料,则该材料的钎焊性就较差。例如陶瓷材料,由于其键合特性与金属完全不同,很难与金属发生相互作用,导致其钎焊性较差。高活性材料也可能会降低钎焊性,如钛合金比较活泼,一般需要在真空条件下进行连接,对于工艺的要求比较高;钛与大多数钎料作用后会在界面形成脆性化合物层,降低接头的韧性及导电性,所以钛及其合金的钎焊性较差。

材料表面状态也会影响其钎焊性,大部分钎焊过程需要通过钎剂去除母材表面的氧化膜,从而实现钎料对母材的润湿与铺展。例如,铜合金和钢铁材料的表面氧化物稳定性低,且易于采用钎剂去除,使得这两类材料的钎焊性较好;而铝合金表面氧化物非常致密稳定且难以去除,钎焊性较差。钎剂的选配,既需要考虑钎剂自身的活性及热稳定性,也要照顾到钎料与钎剂熔点之间的匹配。

异种材料连接的钎焊性问题更加复杂。例如陶瓷与金属的钎焊,由于金属与陶瓷之间的熔点、热膨胀系数差异比较大,使得接头性能较差。采用 AgCuTi 活性钎料真空钎焊连接 Si_4N_3 陶瓷与不锈钢,由于二者热膨胀系数差异较大(相差 $16.7×10^{-6}/℃$),在 1052℃ 焊接温度下,接头中由于热膨胀系数错配产生的应变高达 $16.7×10^{-3}$,残余应力高达 5.078GPa,远高于陶瓷母材的强度,导致焊后在陶瓷侧裂纹萌生并产生开裂[4]。

2. 工艺因素

钎焊工艺是决定是否可钎焊的关键因素,具有更直接的工程意义。钎焊选择不当或工艺不合理都将导致材料无法实现连接或者连接接头无法满足实际需求。影响钎焊性的工艺因素主要有热源类型、钎焊温度、保温时间等。

钎焊加热热源决定了钎焊过程的热循环特征。图 6-1 为不同热源作用下热循环特征及接头内的温度分布。从图中可以看出,电阻或者感应钎焊热循环具有快速升温及冷却的特点,接头中达到钎焊温度的区域主要集中于钎缝。快速热循环可避免接头界面形成较厚的金属间化合物层,减少母材的热影响区域大小;然而过快的热循环,也会导致接头内高的残余应力,从而影响其承载能力。火焰钎焊热循环,与前两种方法相比,升温及降温过程都有所缓和,达到钎焊温度的区域范围已扩展至母材;炉中钎焊是典型的整体加热方式,母材与钎缝加热温度比较均匀,整体均可达到钎焊温度,而且加热冷却速率较低,还可以保证在较长时间内钎焊温度保持一致。

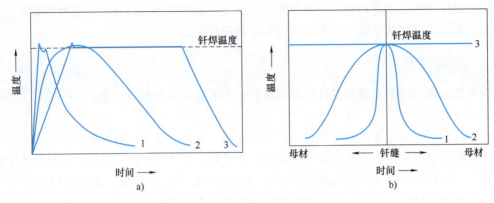

图 6-1 不同热源作用下的热循环特征及接头内的温度分布
a）热循环曲线 b）接头内温度分布
1—电阻或感应钎焊 2—火焰钎焊 3—炉中钎焊

3. 服役因素

钎焊接头的服役要求也是分析影响钎焊性必须考虑的关键因素。接头服役要求主要包括在一定服役环境下接头的力学性能、物理性能、耐蚀性能和抗疲劳性能等。例如，航空发动机热端部件的钎焊，其结构要求具有耐高温、热稳定等力学性能，这就要求钎焊接头中应尽量降低界面金属间化合物厚度，同时钎料不应出现循环硬化或软化现象。汽车空调换热器的钎焊，产品应具备良好的耐蚀性，不但需要钎料具有较好的耐蚀能力，同时所使用的钎剂也要求具备较好的清洗性，防止残留钎剂对接头的腐蚀。电子元器件的钎焊，要求钎焊接头具备良好的导电能力，同时还应具备抗疲劳及蠕变失效能力，能够承受服役过程中的热机械载荷。

综上所述，分析钎焊性除了需要考虑接头的力学及物理化学性能以外，还应考虑在使用过程中可能存在的问题，从而综合分析并制定合理的钎焊工艺规范。

6.2 钎料性能试验方法

钎焊性试验主要考察钎料的润湿及铺展行为、接头的物理化学性能、力学行为及与结构相关的钎焊试验等。

按照具体试验分析方法划分，可分为模拟类方法、实焊类方法以及理论计算方法，选择这些方法时应综合考虑针对性、可靠性及经济性。其中针对性主要指试验条件应尽可能接近实际钎焊条件；可靠性指尽量避免人为因素的影响，试验结果及数据具有可重复性；经济性主要指在可靠的前提下，应尽量减少材料、工时及相关试验费用。

6.2.1 化学成分测试

化学成分是决定材料性能和质量的主要因素，必须保证相关材料的化学成分，有的甚至作为主要的质量、品种指标。化学成分可以通过化学的、物理的多种方法来分析鉴定，目前应用最广的是化学分析法和光谱分析法。

1. 化学分析法

根据化学反应来确定材料的组成成分,这种方法统称为化学分析法。化学分析法分为定性分析和定量分析两种。通过定性分析,可以鉴定出材料含有哪些元素,但不能确定它们的含量;定量分析,是用来准确测定各种元素的含量。实际生产与研究中主要采用定量分析。定量分析法分为重量分析法和容量分析法。

重量分析法:采用适当的分离手段,使金属中被测定元素与其他成分分离,然后用称重法来测元素含量。容量分析法:用标准溶液(已知浓度的溶液)与金属中被测元素完全反应,然后根据所消耗标准溶液的体积计算出被测定元素的含量。

由于不同类型钎料化学成分测试方法差异比较大,即使是对某种确定钎料中的不同成分也可能需要采用不用的方法来测定,而相同的元素成分可以采用不同的方法来测定。例如,国家标准 GB/T 10046—2018《银钎料》中银含量测定可分别采用氯化银重量法及硫氰酸铵滴定法[5]。其中氯化银重量法适用于银质量百分比在 25.0% ~ 99.95%的银钎料,将 1g 待测钎料采用硝酸分解,如有沉淀,过滤后加入盐酸生成氯化银沉淀,用玻璃坩埚分离,干燥后称质量,从而确定银的质量,并与初始钎料质量进行对比,获得银的含量;硫氰酸铵滴定法适用于银质量百分比在 4.0% ~ 50.0%的银钎料,将 0.5g 的待测钎料采用硝酸分解,除去氮氧化物,以硫酸铁铵为指示剂,用硫氰酸铵标准滴定液进行滴定,溶液呈现红褐色时即为终点,通过滴定液用量反推银含量。

2. 光谱分析法

化学分析法针对每种元素分别检测,操作繁琐、周期长。

根据物理原理,各种元素在高温、高能量的激发下都能产生自己特有的光谱。根据元素被激发后所产生的特征光谱来确定金属的化学成分及大致含量的方法,称光谱分析法。通常借助于电弧、电火花、激光等外界能源激发试样,使被测元素发出特征光谱。经分光后与化学元素光谱表对照,做出分析。例如,国家标准 GB/T 10046—2018《银钎料》中针对钎料中银、铜、锌、镉、锡、镍、锰、钯、锂、硅、铅、铝、铋、磷等元素同时测定,也可以实现某种单一元素的测定。大致步骤如下:待测物质在激发光源中蒸发、解离、电离并被激发,产生光辐射;复合光通过分光色散成光谱;检测光谱线的波长和强度进行分析。

3. 能谱分析法

电子能谱分析法是指采用单色光源(如 X 射线、紫外光)或电子束去照射样品,使样品中电子受到激发而发射出来,然后测量这些电子的强度对其能量的分布,从而实现样品表面浅层组成元素的精确分析。该方法具备定量分析元素浓度的能力,但分析时应注意以下两方面问题:虽然该方法可以分析除氢和氦元素之外所有其他元素,能直接测定来自样品的单个能级发射的光电子能量分布,直接得到电子能级结构的信息,但该方法对于原子序数小于 12 的元素分析不够准确;另外,分析时获得的数据是电子束斑范围内数据的平均值,从而数据可能受到微观偏析等因素的影响。

6.2.2 熔化特性分析

钎料的熔化特性基本参数主要包括固相线温度(开始熔化温度)、液相线温度(终了熔化温度)及固相线和液相线温度之间的间隔(熔化温度范围)。在钎料凝固及熔化过程中,一般均伴随着吸热或放热行为,而此时钎料的质量一般不变化,从而产生温度效应。差热分析法（DTA）就是在钎料的这个性质上建立起来的一种分析熔化特性的技术。该方法是在程序控制温度下测定钎料与参比物之间的温度差和温度关系的一种技术。

由于 DTA 技术主要以温度为参考量，在试验测试过程中不可避免地发生由于与环境热传递所引发的热效应测量的精确度及灵敏度下降问题，因此 DTA 技术只能进行定性及半定量分析，难以获得变化过程中的试件温度和反应动力学数据。为此提出了评定钎料熔化特性的另一种方法——差示扫描量热法（DSC）。其以焓为主要参考量，通过对试样因发生热效应而产生的能量变化进行及时应有的补偿，保持试样和参比物之间的温度始终保持相同，无温差、无热传递，使热损失小，检测信号大。DSC 提高了灵敏度及精确度，可以进行热量的定量分析。钎料的固相线温度由熔化过程中第一个峰（以"一致性熔化过程"为其特征）的外推始点温度 T_e 给出；液相线温度由熔化过程中最后一个峰值（若为单峰，则此峰既为第一个峰，也是最后一个峰）的峰温 T_p 给出；固、液相线温度之间的间隔即为熔化温度范围，如图 6-2 所示。

6.2.3 润湿性试验

钎料的铺展润湿性能、填缝流动性能等可依据国家标准 GB/T 11364—2008《钎料润湿性试验方法》进行测定，该标准仅适用于硬钎料润湿性能的评定；软钎料的润湿性评定可参考国家标准 GB/T 28770—2012《软钎料试验方法》，该方法适用于无铅钎料及锡铅钎料，其他软钎料也可参照使用[6]。

对硬钎料而言，GB/T 11364—2008《钎料润湿性试验方法》中规定了测定其润湿性能的铺展试验方法及填缝试验方法，试件的待试验表面应进行适当的处理，保证光洁、无飞边、毛刺及无油污及氧化物杂质。在对比试验情况下钎料形状、钎料用量保持一致。钎料铺展试验用试件的形状及尺寸如图 6-3 所示。试验结束后以铺展面积或者铺展系数来表达润湿性，其中铺展面积推荐使用求积仪，且以 cm² 为单位；铺展系数则先通过仪器测定钎料铺展后的高度，依据以下公式计算：

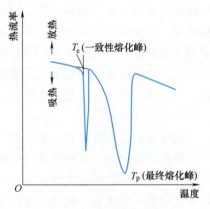

图 6-2 金属材料熔化过程中典型的热分析示意图

$$K = \frac{D-H}{D} \times 100\% \tag{6-1}$$

式中，K 为铺展系数；H 为钎料与母材铺展后的高度（mm）；D 为与钎料体积相等的球体直径（mm）。

由于润湿为一个动态过程，在该过程中，液-气相表面张力与固-气相表面张力之间的角度存在动态变化，从而改变试件的受力。基于此原理，在 GB/T 28770—2012《软钎料试验方法》中提出了测定软钎料润湿性试验方法。采用规定的试件及标准钎剂，使得试件（片状或丝状）与熔融钎料表面接触，采用片状试件时，以 4mm/s 的速度浸入钎料；而采用丝状试件时，以 2mm/s 的速度浸入钎料。浸入规定的深度（一般为 2mm），保持 10s 后使试件与熔融钎料脱离。利用润湿平衡法来测定试件与熔融钎料间的作用力，从而测定软钎料的润湿性能[7]。具体的测试装置示意图如图 6-4 所示。

第6章 钎焊性及可靠性

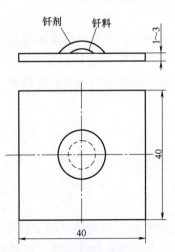

图 6-3 钎料铺展试验用试件的形状及尺寸示意图

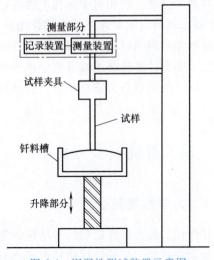

图 6-4 润湿性测试装置示意图

图 6-5 为不考虑浮力的钎料润湿过程记录曲线。在试件插入液相钎料的过程中，由于试件的插入速度大于液态钎料在固相试件上的润湿铺展速度，随着试件的插入，液-气界面与固-气界面间的角度由 90°逐渐变小，此时液-气界面张力的垂直分量向上，作用在试件上的作用力向上，当试件插入到最深时，这种向上的作用力最大，即为图中的最小润湿力；此后，试件不再插入，而液相开始在固相上润湿铺展，液-气界面与固-气界面间的角度由锐角变为直角（t_0 时刻），进而变为钝角，此时液-气界面张力的垂直分量向下，表现为拉力，且随着时间进行，这种力越来越大，直至润湿过程达到平衡，此时获得最大润湿力 F_{max}。润湿平衡后，将试件提离液态钎料过程中，液-气界面与固-气界面间的钝角进一步增大，直至

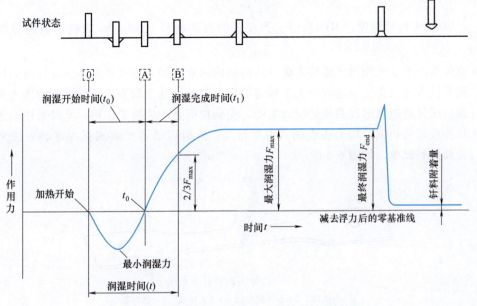

图 6-5 钎料润湿过程记录曲线（不考虑浮力的情况）

液相与固相分离,液相对于固相不再存在力的作用,所测试的作用力直接下降到一个特定值(由于液态钎料附着而存在的力的作用)。

接触角是判断钎料与母材间润湿性的一个比较直观的方法,座滴法是检测接触角最常见的方法。随着计算机技术以及数字图像处理技术的进步,可采用高速摄影技术对不同温度、不同时间下的接触行为进行拍摄,并通过图像处理软件获得润湿角的实时观察数据。

6.3 接头性能试验方法

6.3.1 力学性能测试

钎焊接头的力学性能是钎焊结构的重要指标,目前主要的力学性能试验方法包括拉伸、剪切及剥离试验,部分钎焊结构也要求对接头进行硬度、热膨胀系数及弹性模量等力学性能的评定。

钎焊接头的拉伸与剪切试验可参照 GB/T 11363—2008《钎焊接头强度试验方法》,该标准既适用于金属材料钎焊接头强度测定,也可作为陶瓷、复合材料等钎焊接头强度试验的参考[8]。其试验主要包含三大类:拉伸试验(板材对接试样、棒材对接试样)、剪切试验(板材搭接试样、棒材套接试样)、拉伸剪切试验(板材斜对接试样)。

钎焊接头的抗拉强度由下式求出:

$$R_m = F_m / S_0 \tag{6-2}$$

式中,R_m 为接头抗拉强度(MPa);F_m 为接头的破坏载荷(N);S_0 为试样的钎焊面积(mm^2)。

接头的抗剪强度由下式求出:

$$\tau_m = F_m / S_0 \tag{6-3}$$

式中,τ_m 为接头抗剪强度(MPa);F_m 为接头的破坏载荷(N);S_0 为破坏前的钎焊面积(mm^2)。

钎焊接头的力学性能测试还应考虑具体的结构因素,如板壳式换热器的翅片与隔板钎焊结构。此类钎焊接头在使用过程中上下槽道的压力差使焊缝受到垂直于钎焊面的压力差,几何不连续造成钎缝边缘出现明显的应力集中,受到拉应力产生撕裂作用。此时采用前述的钎焊接头拉伸或者剪切试验均无法表征其力学行为。此时可借鉴 T 剥离强度试验方法来对接头进行拉伸撕裂试验,如图 6-6 所示。

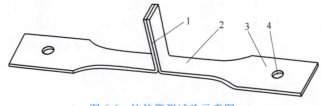

图 6-6 拉伸撕裂试验示意图
1—连接段 2—有效拉伸段 3—夹持端 4—销钉孔

6.3.2 物理性能测试

除力学性能要求外,钎焊接头还可能要求导电、导热等其他性能。钎焊接头电阻率过高会影响导电行为,且因电阻热过大导致局部升温,可能引发系统的失效。影响钎焊接头导电性的因素包含材料及工艺因素等,可通过测试接头电阻来对接头进行导电性分析。比如采用Sn-Cu 钎料钎焊铜和钢时,由于工艺参数对于界面金属间化合物数量、钎缝缺陷等的影响,进而对于电导率产生相应的影响[9]。

对一些钎焊结构来说导热性属于比较关键的指标,目前对于钎焊接头导热性可采用流量法来进行测试,其基本原理为傅里叶热传导理论。测试两平行等温界面中厚度均匀试样的理想热传导(稳态热导仪测试原理示意图见图 6-7),试样两接触界面间施加不同温度,使得试样上下两面形成温度梯度,促使热流量全部垂直穿过试样测试表面而没有侧面的热扩散,通过热电偶计算出试件温度梯度及测量块温度梯度,基于试件及测量块的热流相等,计算出试件的热导率,具体公式如下:

$$\lambda = \frac{0.239IU\delta_1\delta_2}{A(\Delta T_1\delta_2 + \Delta T_2\delta_1)} \tag{6-4}$$

式中,λ 为热导率[W/(m·K)];A 为试样测试区面积(m^2);I 为仪器热极电流(A);U 为仪器热极电压(V);δ_1、δ_2 为试件厚度(m);ΔT_1、ΔT_2 为试样冷热面温差(K)。

对于非稳态传热可采用激光热导仪测定。

由于钎焊接头的组织不均匀性,当接头在潮湿的环境下工作时,由于钎剂残渣水解等因素的存在,就会在钎缝处形成原电池,造成电化学腐蚀[10]。在此过程中,电极电位较低的阳极将受到损失。为此,经常需要对钎焊接头进行盐雾试验。盐雾试验是一种主要利用盐雾试验设备所创造的人工模拟盐雾环境条件来考核产品或金属材料耐蚀性的环境试验。盐雾试验标准是对盐雾试验条件,如温度、湿度、氯化钠溶液浓度和 pH 值等做的明确具体规定,另外还对盐雾试验箱性能提出技术要求。盐雾试验结果的判定方法有:评级判定法、称重判定法、腐蚀物出现判定法、腐蚀数据统计分析法。需要进行盐雾试验的产品主要是一些金属产品,通过检测来考察产品的耐蚀性。

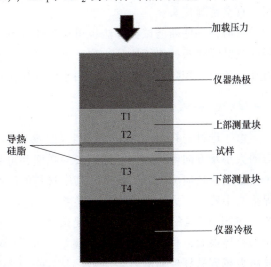

图 6-7 稳态热导仪测试原理示意图

6.4 接头可靠性分析

钎焊接头的可靠性分析包括钎缝缺陷、接头残余应力分析与测试及可靠性评估方法。

6.4.1 钎缝缺陷分析

钎缝缺陷有气孔、夹渣、未钎透及缩松等。检验方法可分为无损检测和破坏性检测，破坏性检测一般适用于重要结构钎焊接头的抽样检验。根据不同情况所采用的无损检测方法也存在差异。

(1) 外观检查　采用肉眼或低倍放大镜检查接头的表面质量，如钎料是否填满间隙，钎缝外露的一端是否形成圆角，钎角是否均匀，表面是否光滑，是否存在裂纹、气孔及其他外部缺陷。外观检查是一种初步的检查，根据技术条件规定再进行其他的无损检测。

(2) 表面缺陷检验　包括荧光检验、着色检验和磁粉检验。荧光检验一般适用于小型工件，大型工件则用着色探伤法。表面缺陷检验法检查不了钎缝表面缺陷，如裂纹、气孔等。

(3) 内部缺陷检验　采用 X 射线和 γ 射线检验重要工件的内部缺陷时，采用此法可以显示钎缝中的气孔、夹渣、未钎透以及裂纹等缺陷。但由于钎缝通常较薄，在工件较厚的情况下常因设备灵敏度不够而不能发现缺陷，导致此法在工程上应用受到限制。超声波检测所能发现的缺陷范围与射线检验相当。

钎焊结构的致密性常用检验方法有水压试验、气密试验、气体渗透试验、煤油渗透试验和质谱试验等方法。其中水压试验用于高压容器；煤油渗透试验用于不受压容器；质谱试验用于真空密封接头。

目前，一些新的试验方法也可用于研究钎焊接头的质量，如可采用电位法，以电阻为信号反映钎焊接头的连接质量，这种方法已用于航空发动机压气机整流叶片钎焊质量的分析；另外，超声相控阵等技术也已经用于钎焊接头内部缺陷的定量测量。

6.4.2 接头残余应力测试

由于母材与钎料的热物理性能（热膨胀系数等）差异导致焊后接头出现残余应力，应力的大小及方向等将影响钎焊接头的强度和可靠性。

影响残余应力的原因很多，其中材料的匹配是关键因素，图 6-8 为 Si_3N_4 与不同金属钎焊接头中残余应力与界面尺寸的关系图。与 Si_3N_4 匹配的材料不同，残余应力差异很大，材料间热膨胀系数差异越大越容易导致高的残余应力；材料的尺寸越大，热膨胀系数差异所导致的应变越大，从而导致残余应力比较大。另外，等面积四方体接头的残余应力明显大于圆柱体，说明界面形状也对残余应力有明显的影响。

残余应力的测试可采用试验方法和数值模拟方法来进行。现有残余应力测试方法及手段在测试接头表面残余应力方面比较成熟，接头内部残余

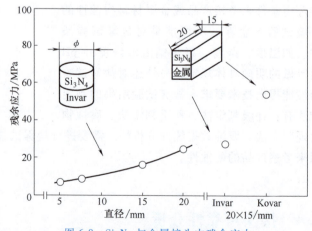

图 6-8　Si_3N_4 与金属接头中残余应力与界面尺寸及材料之间的关系

应力的测量需要借助中子衍射法及表面截面法等。目前已有的残余应力测试方法包括：X 射线衍射法、中子衍射法、X 射线能量扩散衍射法、超声波法、激光法、应变片法、压痕法等。

X 射线衍射法又称为 $\sin 2\theta$ 法，该方法是测量残余应力最常用的方法。利用阴极 X 射线为入射束，以晶面间距作为残余应力的度量。基本原理为：当材料中存在残余应力时，晶面间距将发生变化，在发生布拉格衍射时，衍射峰也随之发生移动，移动的距离与应力大小相关。根据衍射峰位置 2θ 的变化，可以求出残余应力值。该方法原理简单，射线来源方便经济，但由于射线能量低，穿透能力有限，该方法一般只适用于测量接头表面的平均残余应力，对于接头内部的残余应力状态，该方法无法予以表征。

中子衍射法以中子流作为入射束，该方法测定残余应力的原理与普通 X 射线衍射方法相同。由于中子不带电，因此不与原子核周围的电子发生相互作用，可以穿透试样较深的距离。然而中子源的获取比较困难，一般需要原子核反应堆及其相关的保护、测量设备；中子衍射区域较大，会产生很大的误差；中子衍射法只能测量接头内部的平均残余应力，对残余应力的分布状态、梯度无法予以确切的表征。

X 射线能量扩散衍射法是利用同步回旋加速器发出的高能白光 X 射线为入射束，通过一个固体探测器测量衍射束的能量来测定材料内部的残余应变，从而计算出残余应力。当某一晶面产生衍射时，衍射峰能量符合布拉格定律：

$$E_{hkl} = \frac{6.22}{d_{hkl} \times \sin\theta} \tag{6-5}$$

式中，E_{hkl} 为晶面 $\{hkl\}$ 的衍射峰能量；d_{hkl} 为 $\{hkl\}$ 的晶面间距。对于每一个衍射角 2θ，产生衍射的 d_{hkl} 与相应的 E_{hkl} 一一对应，因此通过测量衍射峰能量可确定晶面间距。通过测量衍射峰的能量变化，接头内部的残余应变为：

$$\varepsilon = -\left(\frac{\Delta d}{d}\right)_{hkl} = \left(\frac{\Delta E}{E}\right)_{hkl} \tag{6-6}$$

式中，Δd 为晶面间距的变化量；ΔE 为衍射峰的能量变化量。该方法对设备要求十分苛刻，使得它在实际中的应用受到限制。

应变片法是一种测量接头内应变的常用破坏性试验方法，具有简单、可靠性高等优点。由于钎焊接头内应力分布区域小、梯度大，该方法的分辨能力还达不到要求；且该方法操作复杂，对试验人员的经验和熟练程度要求较高。

除上述方法外，还有其他一些方法，如超声波法、激光法、压痕法等可测试接头内残余应力。其中超声波法是利用表面弹性波的变化来确定残余应力，具有较高的精度，但该方法具有不确定性，难以分辨压应力和拉应力[11]。激光法也有很高的测量精度，但是该方法仅可测量弹性变形范围内的残余应力。

数值模拟技术主要采用弹塑性有限元等手段，研究降温过程中接头内残余应力情况，可以比较全面地掌握残余应力场的分布。数值模拟分析时需要设定一定的假设条件，如仅从降温阶段开始考虑、一般不考虑界面反应产物及其物性、不考虑钎缝内的不均匀性、不考虑高温蠕变行为、简化表面散热系数等。这些简化将会对计算带来一定的误差。近年来，将有限元与慢走丝切割后表面形貌变化拟合技术相结合的表面形貌法，可以实现接头内部残余应力的反演及测定[12]。

6.4.3 接头可靠性试验

可靠性是指产品在规定条件和规定时间内完成规定功能的能力。为了提高和保障产品的可靠性，评价和验证产品的可靠性所进行的各种试验统称为可靠性试验。

电子封装领域对钎焊结构的可靠性尤为关注，对于电子元器件的封装可靠性等提出了诸多的研究内容，如电子元器件在服役条件下电路的周期性通断和环境温度的变化使得焊点经受温度循环作用，从而产生热机械疲劳问题，图6-9为冷热循环试验过程中器件的变形。在封装体中不同材料的热膨胀系数（CTE）不匹配，如芯片材料Si的CTE为$2.8×10^{-6}/℃$，锡基钎料的CTE为$(16~22)×10^{-6}/℃$，基板中聚合物材料和基板的CTE分别为$(217~240)×10^{-6}/℃$。当器件经历温度周期性变化时，会在焊点中产生周期性的应力应变，导致焊点中裂纹萌生和扩展，最终致使焊点失效。

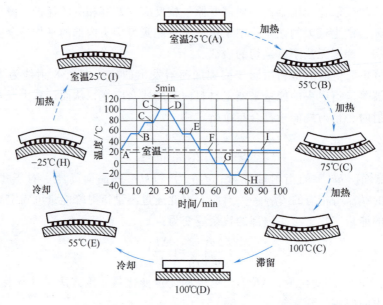

图6-9 冷热循环试验过程中器件变形示意图

为模拟真实的使用环境，常采用冷热循环试验对焊点进行可靠性考核。通常采用加速试验方法来进行。目前，各国都有相应的加速寿命试验标准。测试时均将试样放入高低温循环箱中，箱内的温度可以根据图6-10周期性变化，其中最低温度、最高温度及循环周期可依据标准确定[13]。

钎焊接头的可靠性还包括接头跌落响应测试、随机振动测试、蠕变失效等。跌落试验的主要目的是测试钎焊结构对制造和使用过程中出现撞击的抵抗能力，保证产品结构和功能的完整性。跌落冲击试验分为板级跌落和产品级跌落，其中板级跌落更具可操作性。一般来说，产品的失效往往

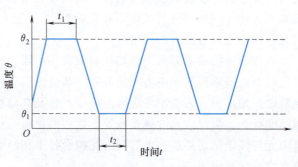

图6-10 冷热循环试验可靠性测试温度曲线

表现为焊点的失效。在进行系统级封装产品跌落试验时,首先将产品固定在载物台上,在一定的高度释放产品,使之自由跌落撞击到规定的位置。跌落撞击参数一般包含跌落高度、跌落次数、撞击平面、样品开始跌落时的位置和状态以及测试要求等。

随机振动测试相对来说要求更加专业,需要首先得到接头在单轴条件下寿命的威布尔分布模型,结合 Basquin 方程等建立将最大拉应力与接头失效寿命联系起来的随机振动损伤模型,定量地评估钎焊接头的寿命。

在高温气冷堆及新一代航空发动机的高效紧凑回热系统中,常采用钎焊技术制备回热器,由于在高温高压下工作,钎焊接头的蠕变及蠕变损伤所导致的裂纹扩展成为结构的主要失效模式之一[14]。材料的单轴蠕变试验通常按照国家标准 GB/T 2039—2012《金属材料 单轴拉伸蠕变试验方法》进行[15]。其基本原理是将试件加热到规定温度,沿试样轴线方向恒定拉伸力或者拉伸应力并保持一定时间,从而获得蠕变长度、蠕变断裂时间等信息。单轴蠕变试验数据不仅可用于结构的寿命预测,同时可为构建材料的蠕变-损伤本构模型提供数据。对于钎焊接头,受结构特殊性及材料尺寸限制,板状蠕变试样应用较为广泛,其几何尺寸如图 6-11 所示。由于钎焊接头的强度一般低于母材,所以其蠕变断裂通常发生在钎缝上。

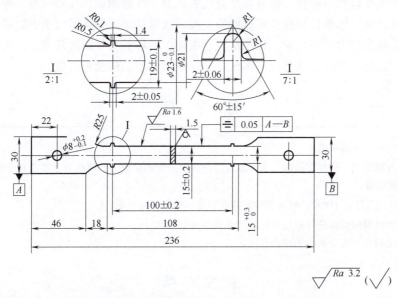

图 6-11 钎焊接头单轴蠕变试样几何尺寸示意图

6.5 本章小结

1. 材料钎焊性分析

钎焊性是指材料钎焊成形的适应性,即材料在一定的钎焊条件下,获得优质接头的难易程度。它既涉及母材、钎料、钎剂等材料的适应性问题,也涉及钎焊的具体工艺,钎焊接头的性能,以及钎焊接头性能与服役要求的一致性等问题,其中材料性质及相关匹配是影响本征钎焊性的重要因素,工艺方法及过程是影响钎焊性的关键技术及工程化因素,而服役性能是钎焊性的最终评价指标。材料因素方面除考虑润湿铺展特性外，还应考虑钎焊接头冶金连接过程中的界面行为及其对接头物理化学性能的影响，尤其需要关注异种材料钎焊连接中的钎焊性问题；工艺因素方面应兼顾技术上的先进性与经济上的合理性，尤其需关注工艺窗口的大小；服役因素除应考虑外界的环境因素之外，还应关注钎焊接头自身组织及界面行为随时间的变化规律，避免接头老化等问题。

2. 钎料的物化分析及润湿性分析

化学成分测试方法主要包括化学分析法和光谱分析法。定量的化学分析法包括容积分析法和重量分析法，为了克服化学分析法操作繁琐、周期长的缺点，可采用光谱分析方法进行钎料的成分分析，也可采用电子能谱分析进行相关的分析，但能谱分析中应注意小原子序数的元素及微观偏析等问题。钎料的液相线温度及固相线温度对于钎焊参数的确定尤为重要，可分别采用基于温度效应的差热分析法及基于焓特征的差热扫描量热法进行分析。钎料的润湿性试验可采用座滴法、铺展系数法等方法进行分析，也可以采用基于液态钎料与母材间的动态润湿行为的润湿平衡法进行分析。

3. 钎焊接头的性能测试及可靠性分析

性能测试主要包括以抗拉、抗剪强度为代表的力学性能测试，以及导电、导热能力为代表的功能特性测试。影响钎焊接头可靠性的主要因素包括缺陷种类及大小、缺陷的检测能力及水平、接头残余应力分布特征，以及高温、振动、循环载荷等服役环境。接头可靠性的检测方法包括冷热循环试验、跌落响应测试、随机振动测试、蠕变失效等。

思 考 题

1. 论述钎焊性的影响因素。
2. 残余应力测试中，哪些方法适合于测试钎缝及其附近的残余应力？哪些方法不适用于测定钎缝残余应力？分别说明原因。
3. 图 6-9 中，器件在 100℃长时间滞留时其变形变小的原因是什么？
4. 采用复合钎料实现陶瓷钎焊连接的理论基础及进展如何？
5. 试举例说明钎焊性分析中的经济性问题。

参 考 文 献

[1] 中国机械工程学会焊接学会. 焊接手册：第 1 卷 焊接方法及设备 [M]. 3 版. 北京：机械工业出版社，2008.
[2] ASM International. ASM Handbook：Welding Brazing and Soldering [M]. Ohio：ASM International，1993.
[3] 方洪渊，冯吉才. 材料连接过程中的界面行为 [M]. 哈尔滨：哈尔滨工业大学出版社，2005.
[4] 杨建国. 复合钎料钎焊 Al_2O_3 陶瓷微观组织及残余应力研究 [D]. 哈尔滨：哈尔滨工业大学，2003.
[5] 全国焊接标准化技术委员会. 银钎料：GB/T 10046—2018 [S]. 北京：中国标准出版社，2018.
[6] 全国焊接标准化技术委员会. 钎料润湿性试验方法：GB/T 11364—2008 [S]. 北京：中国标准出版社，2008.
[7] 全国焊接标准化技术委员会. 软钎料试验方法：GB/T 28770—2012 [S]. 北京：中国标准出版社，2012.

[8] 全国焊接标准化技术委员会. 钎焊接头强度试验方法:GB/T 11363—2008 [S]. 北京:中国标准出版社,2008.
[9] 石玙,等. 铜-钢高频感应钎焊工艺及其对接头组织和导电性的影响 [J]. 材料导报,2018,32(6):909-914.
[10] 闫川阳,等. BNi71CrSi 钎料钎焊 Hastelloy N 合金的接头组织和性能 [J]. 航空学报,2022,43(2):90-101.
[11] 马志鹏,等. 超声作用下 SiC 陶瓷表面振动强度分布模拟 [J]. 材料导报,2020,34(20):20015-20021.
[12] 李红,等. 钎焊过程数值模拟研究进展 [J]. 北京工业大学学报,2017,43(6):956-963.
[13] 李聪,等. 微连接焊点热循环可靠性的研究进展 [J]. 电子工艺技术,2011,32(6):316-320,329.
[14] 张玉财,等. 钎焊接头的蠕变损伤与寿命预测 [J]. 机械工程学报,2021,57(16):218-234,247.
[15] 全国钢标准化技术委员会. 金属材料单轴拉伸蠕变试验方法:GB/T 2039—2012 [S]. 北京:中国标准出版社,2012.

第7章

铝及其合金的钎焊

铝及其合金具有密度小、比强度高、耐腐蚀以及导电和散热性能好等优点，已广泛应用于航空航天、交通、电力电子等领域。对于铝及铝合金的结构件和功能器件的制造来说，由于钎焊技术具有适应复杂结构、低成本、高效率等特点，已经成为该类产品的重要加工成形技术之一。

相比较于其他合金，铝及铝合金的钎焊性较差，钎焊比较困难。铝对氧的亲和力极大，在空气中会迅速生成一层致密稳定的氧化铝膜，阻碍钎料对母材的润湿和母材的结合；采用硬钎焊方法钎焊时，钎料的熔点过高，会导致铝合金母材发生过烧现象从而软化，甚至造成铝合金的损伤；采用软钎焊方法钎焊时，低温钎料与铝的结合较弱，而且由于钎料和母材的腐蚀电位相差很大，接头的耐蚀性很差。

根据去除铝表面氧化膜的原理来分，主要的钎焊方法有真空钎焊、钎剂钎焊、刮擦钎焊和超声辅助钎焊，相应的钎焊材料也得到了发展。钎焊加热过程中对材料和器件的损伤一直是该领域普遍关心的问题，因此低温钎焊技术越来越受到关注[1]。

本章主要介绍铝及其合金的钎焊性分析、铝合金钎焊工艺特点及典型钎焊工艺。

7.1 铝及铝合金的种类及性能

纯铝的塑性优良，加工性能好，但是强度很低，需要通过在 Al 中添加合金元素并进行热处理和压力加工来提高合金的力学性能。

根据是否经历过变形加工，铝合金可以分为变形铝合金和铸造铝合金。变形铝合金可以分为热处理不可强化铝合金和热处理强化铝合金。表 7-1 为典型铝合金的化学成分[2]。其中，热处理不可强化铝合金包括 1 系纯 Al、3 系 Al-Mn 合金、4 系 Al-Si 合金和 5 系 Al-Mg 合金，热处理强化铝合金包括 2 系 Al-Cu-Mg 合金、6 系 Al-Mg-Si 合金和 7 系 Al-Zn-Mg-Cu 合金。

表 7-1 典型铝合金化学成分（质量分数,%）

铝合金	Si	Fe	Cu	Mn	Mg	Cr	Zn	Ti	Zr	其他
1060	0.25	0.35	0.05	0.03	0.03	—	0.05	0.03	—	V:0.05
1100	Fe+Si:0.95		0.05~0.20	0.05	—	—	0.10		—	Be:0.0003
2014	0.05~1.2	0.7	3.9~5.0	0.40~1.2	0.20~0.8	0.10	0.30	0.15	—	—
2A12	0.50	0.50	3.8~4.9	0.30~0.9	1.2~1.8	0.10	0.25	0.15	—	—
3A21	0.6	0.7	0.2	1.0~1.6	0.05	—	0.10		—	—

(续)

铝合金	Si	Fe	Cu	Mn	Mg	Cr	Zn	Ti	Zr	其他
4043	4.5~6.0	0.8	0.30	0.05	0.05	—	0.10	0.20	—	Be:0.0003
4047	11.0~13.0	0.8	0.30	0.15	0.10	—	0.20	—	—	Be:0.0003
5052	0.25	0.40	0.10	0.10	2.2~2.8	0.15~0.35	0.10	—	—	—
5056	0.30	0.40	0.10	0.05~0.20	4.5~5.6	0.05~0.20	0.10	—	—	—
6A02	0.50~1.2	0.5	0.20~0.6	0.15~0.35	0.45~0.9	—	0.20	0.15	—	—
6063	0.20~0.6	0.35	0.10	0.10	0.45~0.9	0.10	0.10	0.10	—	—
7050	0.12	0.15	2.0~2.6	0.10	1.9~2.6	0.04	5.7~6.7	0.06	0.08~0.15	—
7A04	0.50	0.50	1.4~2.0	0.20~0.6	1.2~2.8	0.10~0.25	5.0~7.0	0.10	—	—

(1) 1系铝合金 纯Al，主要杂质为Fe、Si，该系铝合金的强度不高，不适合作为结构材料使用，典型牌号如1060铝合金，Al的质量分数为99.6%，退火状态下合金抗拉强度为70MPa。

(2) 2系铝合金 Al-Cu-Mg系合金，是一种可热处理强化的变形铝合金，强化相主要是Al_2Cu相。典型牌号如2024铝合金，含有w_{Cu}3.8%~4.9%和w_{Mg}1.2%~1.8%，Mg元素能够提高合金时效后的力学性能。热处理方法主要是固溶加时效，热处理状态为T6时，2024铝合金抗拉强度可达到495MPa。

(3) 3系铝合金 Al-Mn合金，是热处理不可强化的铝合金，主要合金元素为Mn，Mn可以提高合金的强度，且不会降低合金的耐蚀性，典型牌号为3003铝合金，含有w_{Mn}1.0%~1.5%，退火状态下合金的抗拉强度为110MPa。

(4) 4系铝合金 Al-Si合金，典型牌号为4047合金，含有w_{Si}11.0%~13.0%，可用来制作焊接材料。

(5) 5系铝合金 Al-Mg合金，是热处理不可强化铝合金，Mg在Al中的最大固溶度为17.4%。但合金中Mg的质量分数一般不超过5.5%，Mg的加入能够显著提高合金的强度，但又不会使合金的塑性和耐蚀性显著降低。其中5052铝合金中Mg的质量分数为2.2%~2.8%，退火状态下合金的抗拉强度为195MPa，具有良好的加工性、耐蚀性、焊接性和疲劳强度。

(6) 6系铝合金 Al-Mg-Si合金，是热处理强化铝合金，合金中的强化相主要是Mg_2Si相，热处理方式主要为固溶加时效。6系铝合金强度高，耐蚀性好，主要用作结构材料。如6061铝合金，含有w_{Mg}0.8%~1.2%、w_{Si}0.4%~0.8%，6061-T6铝合金的抗拉强度为 245MPa。

(7) **7 系铝合金** Al-Zn-Mg-Cu 合金，是热处理强化铝合金，主要强化相为 $MgZn_2$ 和 $Al_2Mg_3Zn_3$。其代表性合金为 7075 合金，含有 $w_{Zn}5.1\%\sim6.1\%$、$w_{Mg}2.1\%\sim2.9\%$、$w_{Cu}1.2\%\sim2.0\%$，合金的抗拉强度可以达到 572MPa，且有较好的耐蚀性。

7.2 钎焊性分析

影响铝及其合金钎焊工艺性的主要因素包括材料表面氧化膜的特性、材料对钎焊加热的敏感性以及母材与所用钎料、钎剂的相互作用特性等。就上述因素进行考察，与其他金属相比，铝及其合金钎焊比较困难，钎焊性较差。主要原因是铝及其合金在钎焊时将面临几个问题：①表面氧化膜去除难；②母材软化严重；③接头耐蚀性差[3]。

表 7-2 是常用铝及其合金的钎焊性。铝及铝合金的钎焊性与合金成分、熔化温度及热处理状态都有密切的关系。例如，纯 Al 和 Al-Mn 合金的硬钎焊性优良，容易进行钎焊。其表面的氧化膜可以用钎剂去除，同时，它们属于非热处理型铝合金，且熔点较高，可以使用 Al-Si 钎料，采用钎剂钎焊或真空钎焊都能取得较好的焊接质量。对于合金元素含量增多且经热处理强化的铝合金，焊后母材软化严重，钎焊性变差。当铝合金中 $w_{Mg}>1.5\%$ 后，表面氧化膜的成分和结构发生改变，已有钎剂均无法很好地去除表面氧化膜，钎焊性很差。

表 7-2 常用铝及其合金的钎焊性

牌号	$T_m/℃$	软钎焊性	硬钎焊性
1060	≈660	优良	优良
2A12	505~638	很差	很差
3A21	643~654	优良	优良
6A02	593~651	良好	良好
7A04	477~638	很差	很差

7.2.1 表面氧化膜的去除

铝合金暴露在有氧的环境中时，表面会迅速生成一层致密稳定的氧化膜，其内层结构主要是非晶 Al_2O_3，外层结构主要是 $\gamma\text{-}Al_2O_3$。室温下氧化铝膜的厚度仅有几纳米，但是，随着加热温度的提高，氧化膜的厚度会急剧增加。图 7-1 是纯铝在 1.33×10^{-4}Pa 氧分压环境中加热后表面氧化膜形貌，在加热到 300℃ 纯铝表面生成的是非晶氧化膜，厚度较小且比较均匀（图 7-1a）；加热到 500℃ 时，转变为 $\gamma\text{-}Al_2O_3$ 晶体，厚度也随之增加（图 7-1b）。氧化膜属于陶瓷材料，与铝合金的物性截然不同，是钎料对铝合金润湿与结合的障碍。一般地，只在钎焊前去除铝合金表面氧化膜是不够的，必须选用合适的钎剂在钎焊过程中去除，保证钎料对铝合金基体实现良好的润湿与结合。

氧化膜的成分和结构还与母材的成分有关，如含 Mg 或 Si 量较高的铝合金，其表面氧化膜构成不是单一的 Al_2O_3，是复合氧化物膜，采用钎剂去膜难度大甚至根本无法实现。例如，Mg 质量分数高于 1.5% 的铝合金，供货态氧化膜是纯 Al_2O_3，经历钎焊加热后，Mg 元

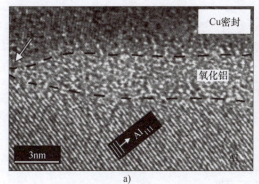 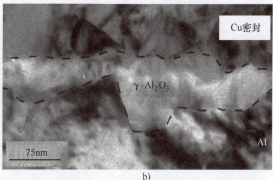

图 7-1 纯铝在 $1.33×10^{-4}$ Pa 氧分压环境中加热后表面氧化膜形貌[4]

a) 300℃ b) 500℃

素向表面氧化膜中发生显著偏聚,使原来的氧化膜转变为主要由连续的 MgO 和 $MgAl_2O_4$ 颗粒构成,厚度也会明显增加[5]。对于 Mg 质量分数低于 1.5% 的铝合金,不管是供货态还是钎焊状态,氧化膜中都没有发生 Mg 偏聚,氧化膜组成和结构也不会发生改变,可以采用钎剂去膜方式进行钎焊。铝合金的含 Si 量对其钎焊性影响很大,不论是使用低温软钎料和有机软钎剂,还是使用高温软钎料和反应钎剂,随着铝合金中 Si 含量的提高,钎料的铺展性能均下降。这主要是因为铝硅合金表面的氧化硅在钎剂中的溶解量很小,因此,Si 质量分数高于 5% 的铝合金一般只宜采用超声波或者机械刮擦的方法进行去膜。

由于铝合金表面氧化膜的物理和化学特性稳定,钎剂去膜存在一定的困难。对于 1 系和 3 系铝合金,可以使用氟化物、氯化物等钎剂去膜,也可以使用真空和气氛等方式去膜。但是,对于 5 系等含 Mg 量高的铝合金,使用钎剂去膜比较困难,建议采用刮擦或超声波等物理方式去除表面的氧化膜。

7.2.2 母材的软化

经变形强化、热处理强化或细晶强化的铝合金,在经历钎焊热循环后,母材失去强化效果而发生强度下降,这一现象称为母材的软化。对于变形强化或细晶强化的铝合金,在经历钎焊热循环后,母材会发生由于回复和再结晶现象导致的软化;对于热处理强化的铝合金,在钎焊加热过程后母材会发生过时效和退火等现象。例如 2A12 铝合金,在 250~540℃ 温度范围加热,保温 5min、10min 和 20min,再经过一段时间的时效,其强度和塑性会发生不同程度的下降,如图 7-2 所示。

铝及铝合金钎焊常用钎料主要是 Al-Si 合金。Al-Si 共晶钎料的熔点为 577℃,大部分铝合金的固相线低于 577℃,钎焊时母材过烧,强度和塑性均发生显著下降。例如 6A02 合金,其钎焊性较好,其固相线温度为 593℃,若钎焊温度超过 593℃,母材会出现不连续的过烧组织,若钎焊温度超过 600℃,则母材会出现明显的过烧组织,使其性能急剧下降。钎焊温度和保温时间是铝合金钎焊的两个关键参数,应该严格控制钎焊温度不超过其固相线温度,钎焊保温时间也要求越短越好。对于固相线温度较低的铝合金,如 2024 铝合金,其固相线仅为 502℃,7075 铝合金的固相线仅为 477℃,硬钎焊时很容易发生过烧。为避免母材发生过烧而软化,只能采用低熔点钎料进行软钎焊。

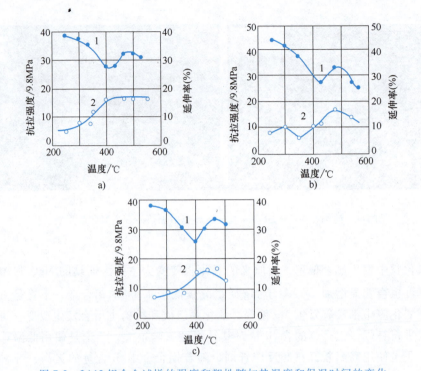

图 7-2　2A12 铝合金试样的强度和塑性随加热温度和保温时间的变化

a) $t_h = 5\text{min}$　b) $t_h = 10\text{min}$　c) $t_h = 20\text{min}$

1—抗拉强度　2—延伸率

7.2.3　接头的腐蚀

　　铝及铝合金软钎焊面临的一个重要问题是接头的耐蚀性比较差，而采用 Sn 基钎料钎焊铝及铝合金时，接头的耐蚀性问题尤为突出。

　　母材与钎料的成分不同导致其电极电位也有差异，当接头暴露在腐蚀环境中时，由于有电解质的存在，在其钎焊界面处将会形成微电池，使接头发生电化学腐蚀，电极电位较低的金属将作为阳极被腐蚀。从表 7-3 可以看出，Sn 和 Pb 的电极电位都比 Al 高，在采用 Sn-Pb 钎料钎焊铝合金的接头中，铝合金母材作为微电池的阳极，将被腐蚀。但是，实际上被腐蚀掉的是钎焊界面的金属，其原因是钎焊界面金属微观组织结构具有一定的特殊性，使其具有比铝合金母材更低的电极电位（图 7-3），导致界面处产生强烈腐蚀。如采用纯 Sn 钎料钎焊纯 Al 的接头，在 3.5%NaCl 溶液中浸泡 1 天，接头就会完全从钎缝处剥离。

表 7-3　一些金属的电极电位

金属	电极电位/V	金属	电极电位/V
Zn	-1.10	Sn	-0.49
Al	-0.83	Cu	-0.20
Cd	-0.83	Bi	-0.18
Fe	-0.63	Ag	-0.08
Pb	-0.55	Ni	-0.07

Zn 的电极电位比 Al 略低，采用 Zn 基钎料钎焊铝时，钎料将会作为微电池的阳极而被腐蚀。图 7-4a 是接头的电极电位分布图，从图中可以看出，由于钎焊界面处钎料与铝的作用比较充分，形成一个较宽且致密的中间过渡层，因此，从铝到钎料电极电位的过渡比较平缓。在这种情况下，钎料虽然发生腐蚀，但由于钎缝有一定的宽度，且与铝的电极电位差小，腐蚀程度轻。Zn 基钎料钎焊铝接头的耐蚀能力比 Sn 基钎料强。

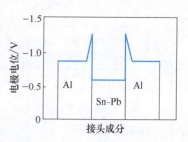

图 7-3 Sn-Pb 钎料钎焊铝时接头的电极电位分布图

在 Sn 基钎料中添加 Zn 可以提高其钎焊铝接头的抗电化学腐蚀性能。这主要是因为在 Sn 基钎料中添加 Zn，使钎料与母材之间的结合强度增加，界面处的电极电位分布得到提高，进而接头的耐蚀性得到改善。

焊前先在铝表面镀 Ni 或者 Cu，再采用 Sn 基钎料钎焊铝时，不仅钎焊工艺简单，而且接头的电极电位分布也发生了变化，如图 7-4b 所示，此时腐蚀不会发生在钎焊界面或钎缝中，腐蚀程度轻微，接头的耐蚀性显著提高。

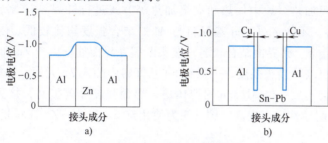

图 7-4 接头的电极电位分布图

a) Zn 基钎料钎焊铝 b) Sn-Pb 钎料钎焊表面镀 Cu 的铝

7.3 钎焊工艺特点

7.3.1 软钎焊

铝及铝合金软钎焊使用的钎料主要是锡基和锌基钎料，根据钎焊温度，可以分为低温、中温或者高温铝用软钎料。低温软钎料主要是 Sn 基钎料，由于钎焊温度低，焊接热循环对母材几乎没有影响。比较而言，锌基软钎料熔点较高，钎焊热处理强化的铝合金母材会发生软化，但接头具有更好的力学和耐蚀性能。铝用软钎料的钎焊特点见表 7-4。

表 7-4 铝用软钎料的钎焊特点

钎料	熔化温度范围/℃	钎料成分	操作	润湿性	强度	耐蚀性	对母材的影响
低温软钎料	150~260	Sn-Zn Sn-Ag-Cu Sn-Ag	容易	较差	低	差	无影响

(续)

钎料	熔化温度范围/℃	钎料成分	操作	润湿性	强度	耐蚀性	对母材的影响
中温软钎料	260~370	Zn-Sn	中等	优秀	中	中	热处理合金有软化现象
高温软钎料	370~430	Zn-Al Zn-Al-Cu	较难	良好	高	好	热处理合金有软化现象

在铝合金软钎焊工艺中,可以使用各种加热方法,但相比于钎焊其他金属时更应注意控制钎焊温度。火焰钎焊和烙铁钎焊时热源应该避开接头,以防止钎剂过热。接头一旦形成应该立即终止加热,以免发生溶蚀。

1. Sn 基钎料钎焊

Sn 基钎料熔点低,钎焊过程对铝合金母材的影响小,钎焊后母材的强度损失很小,但是,同时也面临钎剂去膜能力差、结合强度和耐蚀性能低等问题。一般不需要真空或者保护气氛,可以采用电阻加热、炉中加热和火焰加热等方式进行钎焊。Sn 基钎料主要有纯 Sn、Sn-Zn、Sn-Ag-Cu 等,不含 Zn 的 Sn 基钎料与 Al 的结合强度均比较低。使用纯 Sn 或者 Sn-Ag-Cu 钎料钎焊铝合金,其界面结合较弱,接头断裂在界面处。由于 Zn 和 Al 有较大的互溶度,因此为了获得更高的接头强度,一般在 Sn 基钎料中加入 Zn 元素。如使用 Sn-Zn 钎料钎焊铝合金时,界面会形成一层 AlZnSn 固溶体层,界面强度显著提高,接头断裂发生在钎缝中[1],同时接头的耐蚀性也有提高。图 7-5 为使用纯 Sn 和 Sn-9Zn 钎料超声钎焊 1060Al 接头组织形貌。

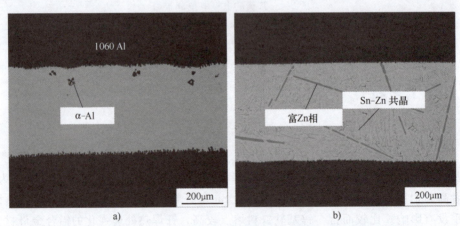

图 7-5 使用纯 Sn 或 Sn-9Zn 钎料超声钎焊 1060Al 接头组织形貌[1]
a) 纯 Sn b) Sn-9Zn

当钎焊温度低于 275℃时,铝及铝合金软钎焊可以使用有机软钎剂,钎焊过程中,会释放大量气体呈沸腾状态,影响钎焊效果,且使钎料难以填充焊缝间隙,但钎剂残渣对接头的腐蚀性小。例如钎焊 3A21 铝合金时,QJ204 钎剂的残渣在潮湿空气下保留 1000h 也不会引起明显腐蚀。当钎焊温度高于 275℃时,需使用反应钎剂。反应钎剂主要是 Zn、Sn 等重金属的氯化物,还有少量氟化物。反应钎剂的反应活性高,去膜能力好,但反应过程中有大量白色有刺激性和腐蚀性的烟雾产生，反应后残留多且腐蚀性强，其残渣必须仔细地清除干净。此外，机械去膜和物理去膜的方法也适用于铝及铝合金的软钎焊。

由于钎料和钎剂性能的限制，铝及其合金的直接软钎焊难以获得令人满意的接头。生产中也通常采用在母材表面预镀金属层的方法。在铝合金表面镀 Ni 或 Cu，将铝合金钎焊转变为纯镍或纯铜钎焊，再利用 Sn 基钎料钎焊就很容易了。如采用电刷镀的方法，在铝合金表面刷镀 Ni 层，再刷镀 Cu 层，使用 Sn-Cu 钎料对其进行钎焊的结果，如图 7-6 所示[6-7]。

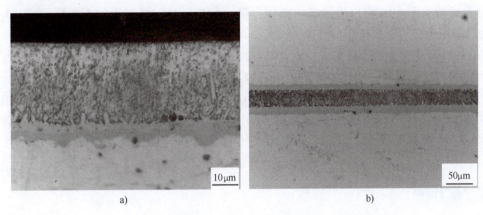

图 7-6　铝合金表面镀 Cu 后 Sn 基钎料钎焊接头组织形貌[6-7]

a）铺展试验后界面组织　b）接头组织

2. Zn 基钎料钎焊

Zn 与 Al 互溶度较大，能够形成很强的界面结合。Zn-Al 钎料共晶成分为 Zn-5Al，共晶温度为 381℃，可以钎焊大部分铝合金而减少母材力学性能的损失。Zn 和 Al 相互溶解强，接头强度较高，且由于 Zn 与 Al 的腐蚀电位接近，接头耐蚀性较好。目前广泛使用的 Zn-Al 钎料成分一般在 Zn-2Al 至 Zn-38Al 之间，随着钎料中 Al 含量的提高，钎料在铝表面的铺展面积以及接头抗拉强度呈现先增后减的趋势，如图 7-7 所示[8]。Zn-Al 钎料中添加 Si 和 Cu 可以改善钎料的力学性能和溶蚀问题。添加质量分数约 0.2% 的 Be 元素可以使钎料组织变

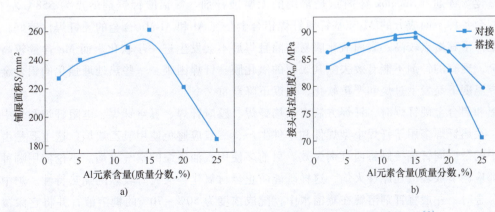

图 7-7　Al 元素含量对 Zn-Al 钎料的铺展面积和接头抗拉强度的影响[8]

a）铺展面积　b）接头抗拉强度

质及晶粒细化，降低钎料表面张力并提高钎料的润湿性。在 Zn-15Al 钎料中加入 Ag 元素可降低对 Al 母材的溶蚀倾向，钎料在 Al 表面的铺展面积变大。Ag 固溶在钎料中，起到固溶强化的作用，使接头的强度提高[9-10]。

$CsF-AlF_3$ 钎剂配合 Zn-Al 钎料使用，可以去除低 Mg 含量铝合金表面的氧化膜，如 1 系、3 系、4 系和部分 6 系铝合金。在 $CsF-AlF_3$ 中添加 RbF、ZnF_2、$ZnCl_2$ 等化学物质可以降低钎剂熔点、提高钎料的去膜能力和钎料的润湿性。改进的氟铝酸铯钎剂熔点可以降至 440℃，可配合过共晶 Zn-Al 钎料钎焊铝合金，并可制成药芯钎料使用。当母材中 Mg 含量较高时，普通的 $CsF-AlF_3$ 难以去除其表面氧化膜。在 $CsF-AlF_3$ 钎剂中加入 ZrF_4 和 $ZnCl_2$，有助于高 Mg 铝合金表面氧化膜的去除[11]。

Zn-Al 钎料配套使用的钎焊方法主要是钎剂钎焊、超声辅助钎焊和刮擦钎焊。钎剂钎焊时，可以采用火焰钎焊，也可以采用炉中钎焊。超声辅助钎焊和刮擦钎焊铝可以在大气环境中进行。由于 Zn 在真空环境下易挥发，所以一般不易采用真空钎焊。由于 Zn 与 Al 相互溶解能力强，使用 Zn-Al 钎料钎焊铝合金时，Zn 向 Al 母材晶间渗透，容易发生溶蚀，而且熔融态 Zn-Al 钎料黏度较大，流动性差，因此不宜使其在钎缝中长距离流动，最好是预置钎料。

7.3.2 硬钎焊

铝及铝合金的硬钎焊主要采用铝基钎料进行，它的成分与铝合金接近，所以接头强度高，耐蚀性好。但是，铝基钎料熔点都比较接近母材熔点，钎焊时更应该严格控制钎焊温度。Al-Si 钎料是目前应用最广泛的铝合金钎焊钎料，共晶成分为 Al-12Si，钎料熔点为 577℃，相当接近母材的熔点，与钎焊其他金属相比，铝和铝合金在硬钎焊时应更严格地控制加热温度。因此，目前 Al-Si 系钎料的研究方向主要是降低钎料的熔化温度。在 Al-Si 钎料中添加 Cu 元素可以降低熔点，Al-Si-Cu 三元共晶点为 Al-28Cu-5.5Si，熔点为 525℃，合金在冷却过程中会析出均匀的 $CuAl_2$ 沉淀相，对合金起到强化的作用。但 Cu 加入量过多，会使钎料变脆，接头力学性能下降[12]。

铝和铝合金的硬钎焊目前仍主要是用钎剂和真空钎焊。钎剂主要有氯化物和氟化物钎剂，氟化物钎剂（Nocolok 钎剂）是常用的无腐蚀钎剂。氟铝酸钾钎剂熔点为 558℃ 左右，可以配合各种不同成分的 Al-Si 基钎料钎焊铝合金。纯 Al 和 Al-Mn 合金的硬钎焊性较好，这主要是由于其熔点较高、表面氧化膜易去除且焊后不会发生进一步软化。而 Mg 含量较高的铝合金，现有的钎剂不能有效去除其表面的氧化膜，钎焊困难。一些热处理强化的铝合金在硬钎焊温度下易发生过烧和严重软化，强度下降严重。

铝和铝合金硬钎焊时，钎焊方法有火焰钎焊、感应钎焊、真空钎焊、电阻钎焊和炉中钎焊等。火焰钎焊多用于钎焊小型焊件和单件生产，一般应避免使用氧乙炔焰，这主要是由于乙炔中的杂质同钎剂接触将使钎剂失效。目前多使用汽油压缩的空气火焰。不论使用哪种火焰，都应调节成轻微还原性火焰，这样既能防止母材氧化，又具有较软的加热特性。炉中钎焊铝合金时，一般将钎剂溶解在蒸馏水中，配成浓度为 50% ~ 70% 的稠溶液，并将它涂覆或者喷射在待钎焊面上，然后把装配好的工件放入炉中进行加热钎焊。炉中钎焊时需严格控制加热温度，炉温波动应该控制在 ±3℃ 范围内。

7.4 典型钎焊工艺

7.4.1 真空钎焊

真空钎焊铝合金在工业上已经有广泛应用,与其他钎焊方法相比,真空钎焊具有不使用钎剂、润湿填缝能力好、氧化少、缺陷少等优点。但与其他金属相比,铝及铝合金的真空钎焊具有其特殊性,主要是由于铝合金表面氧化膜十分稳定,单纯依靠真空条件不能达到去膜的目的。

目前主要有两种工艺方法来实现铝合金的真空钎焊。第一种工艺是在铝合金母材表面预先复合 Al-Si 钎料,然后进行真空钎焊。图 7-8 为在 3003Al 表面轧制复合 Al-Si 钎料后真空钎焊接头的微观组织,其中界面主要为 Al 基固溶体组织、钎缝中主要是 Al-Si 共晶组织。

第二种工艺是借助于某些金属元素的活化作用来去除氧化膜,其中 Mg 作为活性剂的效果最好。通过 Mg 活性剂实现去膜的机理,早期观点认为 Mg 元素在约 570℃ 时汽化,能够吸收氧气和水蒸气,提高真空度,消除了它们对铝的有害作用。但是经过进一步研究表明,Mg 能够与氧化铝发生反应:$3Mg+Al_2O_3 \rightarrow 3MgO+2Al$,同时 Mg 蒸气渗入氧化膜下,与扩散进入的 Si 和 Al 反应生成 Al-Si-Mg 低熔合金,从而破坏了氧化膜与母材的结合,使钎料得以润湿母材并在氧化膜下铺展,之后通过将表面氧化膜浮起而去除。

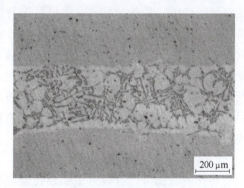

图 7-8 3003Al 表面轧制复合 Al-Si 钎料后真空钎焊接头的微观组织

Mg 活性剂的添加方式主要有两种:一种是以纯 Mg 的方式放置在接头旁边,以蒸气的方式引入;另一种方式是使用 Al-Si-Mg 钎料。钎料中的 Mg 含量对钎料的润湿性有显著的影响,随着钎料中 Mg 含量的增加,钎料的流动系数提高,但是钎料对母材的溶蚀也加剧,这主要是由于形成 Al-Mg-Si 三元共晶的缘故。且添加过多的 Mg 会使合金变脆,因此,钎料中添加 Mg 的质量分数在 1%~1.5% 比较合适。使用 Al-Si-Mg 钎料真空钎焊 6063 铝合金,其接头抗拉强度不低于 200MPa。

真空钎焊铝合金时,适于采取对接、T 形等类似的接头形式,因为这些接头形式的开敞性好,间隙内的氧化膜容易排出。而搭接接头间隙内的氧化膜较难排出,故不推荐使用。

7.4.2 中性气氛保护钎焊

铝的真空钎焊的质量好,但是成本较高,效率较低。使用中性气氛保护钎焊工艺可以显著降低成本、提高效率并降低对设备的要求。钎焊炉中加热主要依靠对流,速度较快也较均匀,既有利于保证焊接质量又能有效提高生产率。目前,使用无腐蚀性钎剂的气氛保护钎焊铝是制造铝热交换器的首选工艺。使用的设备为连续钎焊炉,包括上料平台、干燥炉、前气氛置换室、预热和钎焊区、冷却室等部分。中性气体可以使用氩气或纯氮。钎焊时可使用氟化物钎剂，具有钎缝致密性好、钎焊接头耐蚀性好等特点。

在中性气氛中钎焊铝及铝合金，其表面氧化膜不能靠分解去除，因此，必须与真空钎焊时一样，借助于镁的活性剂作用来去膜。但钎料中 Mg 不宜过高，质量分数为 0.2%~0.5% 左右即可，高含镁量反而会导致不良的接头质量。这是因为多余的镁蒸气在母材表面生成氧化镁，不利于钎料的铺展和润湿。

7.4.3 浸渍钎焊

铝和铝合金的浸渍钎焊属于盐浴浸渍钎焊，是将母材浸入熔化的钎剂或钎料中实现的。由于液体介质导热好、热容量大，浸渍钎焊具有加热快且均匀，焊接不易变形等优点。浸渍钎焊接头质量好且生产率高，特别适合于大批量生产，尤其适合于如热交换器和波导等复杂结构的钎焊。浸渍钎焊工艺主要有钎剂浸渍钎焊和超声浸渍钎焊。

1. 钎剂浸渍钎焊

铝合金的浸渍钎焊工艺适宜使用膏状或者箔状钎料，可以把钎料涂敷在待焊表面或预置在钎焊间隙中。最佳的方式是将钎料箔与铝合金板材通过轧制的方法制成复合板，不仅可以简化装配工艺，减少氧化膜的生成，而且使钎料更易流动形成接头。浸渍钎焊时，钎剂不但起到去膜的作用，而且是加热介质。由于钎焊过程中，焊件要与大量的熔化钎剂接触，因此，其成分中应该避免使用重金属氯化物。钎剂用量主要取决于焊件的最大尺寸和重量，以及所要求的生产率。虽然多使用一些钎剂会增加成本，但是钎焊时热容量变化小，易于控制温度，也有利于保证钎焊质量。而且必须经常补充钎剂并控制杂质含量，以保证钎剂正常的成分、性能和数量。

2. 超声浸渍钎焊

超声的施加可以有效地去除铝合金表面的氧化膜，避免钎剂的使用。超声波发生装置是一个独立的系统，在焊接过程中必须将超声波引入到钎料中，才能在钎料中产生声学效应破除钎料/母材界面的氧化膜，实现两者的润湿结合。在没有钎料到达的母材表面，氧化膜是无法被破除的。反之，母材表面的氧化膜不破除，钎料无法实现润湿。因此，传统观点认为超声钎焊中无法形成毛细填缝过程。基于此观点，早期的超声钎焊工艺是将零件完全或将待焊部位浸入到钎料槽内，使钎料提前到达需要钎焊的部位（此时钎料/母材界面氧化膜没有破除），再从钎料槽的底部将超声波传入到整个钎料池中，实现钎焊部位的破膜、润湿、结合。将多组空调 Cu/Al 热交换器管的连接部位同时浸入 95%Zn-5%Al 钎料池中，超声波通过槽底传至液态钎料，成功实现了单次批量生产。

7.5 本章小结

1. 铝合金钎焊性分析

铝合金表面氧化膜去除困难，热处理强化铝合金母材在钎焊热循环后软化严重；非热处理强化的纯 Al 和 Al-Mn 合金，硬钎焊性优良，其表面的氧化膜可以用钎剂去除；铝合金中 Mg 和 Si 含量提高，氧化膜成分和结构改变，氧化膜去除更加困难；Sn 基钎料钎焊铝及铝合金，腐蚀电位差大导致接头耐蚀性较差。

2. 铝合金钎焊工艺特点

使用 Sn 基和 Zn 基钎料可进行铝合金的软钎焊。Sn 基钎料钎焊对铝合金母材的热影响小，钎焊后母材的强度损失很小，但接头结合强度和耐蚀性较低；Sn 中加入 Zn 元素可以提高结合强度和耐蚀能力；Zn 基钎料与 Al 的结合强，可以配合 CsF-AlF$_3$ 钎剂钎焊、超声和刮擦钎焊等工艺使用。采用 Al-Si 基钎料可进行铝合金的硬钎焊，接头强度高，耐蚀性好。一些热处理强化的铝合金在硬钎焊温度下易发生过烧和严重软化，强度下降严重。

3. 铝合金典型钎焊工艺

采用 Al-Si 钎料可进行铝合金的真空钎焊，可以预先将钎料复合在母材表面上再进行钎焊，也可以采用 Al-Si-Mg 钎料，或 Al-Si 钎料附加 Mg 活化去膜进行钎焊。铝合金的气氛保护钎焊，可以显著降低成本、提高效率并降低对设备的要求，使用 Al-Si 基钎料和氟化物钎剂，中性气体可以使用氩气或纯氮，是制造铝热交换器的首选工艺。铝和铝合金的浸渍钎焊是将母材浸入熔化的钎剂或钎料中实现的。浸渍钎焊具有加热快且均匀，焊接不易变形等优点。浸渍钎焊质量好且生产率高，特别适合于大批量生产，尤其适合于热交换器和波导等复杂结构的钎焊。

思 考 题

1. 论述钎料熔化温度及钎焊温度对铝合金接头组织和性能的影响。
2. 简要说明铝合金氧化膜的去除方式和机理。
3. 分析 Mg 元素对铝合金钎焊的影响。
4. 分析铝合金钎焊时钎料和钎剂如何匹配。
5. 论述对于特定牌号的铝合金，在制定钎焊工艺时需考虑哪些因素。
6. 论述如何提高铝合金钎焊接头的耐蚀性。

参 考 文 献

[1] GUO W B, LENG X S, YAN J C, et al. Ultrasonic soldering aluminum at low temperature [J]. Welding Journal, 2015, 94 (6)：189-195.

[2] 潘复生. 铝合金及其应用 [M]. 北京：化学工业出版社，2007.

[3] 邹僖. 钎焊 [M]. 修订本. 北京：机械工业出版社，1989.

[4] JEURGENS L P H, SLOOF W G, TICHELAAR F D, et al. Structure and morphology of aluminium-oxide films formed by thermal oxidation of aluminium [J]. Thin solid films, 2002, 418 (2)：89-101.

[5] XIAO B, WANG D P, CHENG F J, et al. Oxide film on 5052 aluminium alloy：Its structure and removal mechanism by activated CsF-AlF$_3$ flux in brazing [J]. Applied Surface Science, 2015, 337：208-215.

[6] HUANG Y, WANG C Q, WANG Z Q. Bonding mechanism and interfacial reaction of SnCu solder alloy coating [J]. Acta Metallurgica Sinica, 2005, 41 (8)：881-885.

[7] DIAO H, WANG C Q, WANG L. Bonding of aluminum alloy by hot-dipping tin coating [J]. Advanced Materials Research, 2008, 32：93-98.

[8] 张满，薛松柏，戴玮，等. Al 元素含量对 Zn-Al 钎料性能的影响 [J]. 焊接学报，2010, 31 (9)：93-96.

[9] 彭志辉，佘旭凡，韦家弘. 铜对 Zn-Al 基软钎料性能的影响 [J]. 中南工业大学学报，1998, 29 (3)：259-261.

[10] 张满，薛松柏，戴玮，等. Ag 元素对 Zn-Al 钎料性能的影响 [J]. 焊接学报，2010, 31 (10)：73-76.

[11] XIAO B, WANG D P, CHENG F J, et al. Development of ZrF$_4$-containing CsF-AlF$_3$ flux for brazing 5052 aluminium alloy with Zn-Al filler metal [J]. Materials & Design, 2016, 90：610-617.

[12] CHANG S Y, TSAO L C, LI T Y, et al. Joining 6061 aluminum alloy with Al-Si-Cu filler metals [J]. Journal of Alloys and Compounds, 2009, 488 (1)：174-180.

第8章

碳钢、不锈钢和高温合金的钎焊

碳钢是钢材中用量大、应用范围广的一种钢，广泛应用于船舶及海洋工程、锅炉和压力容器、桥梁、石油化工和汽车等领域。

不锈钢是指不锈钢和耐酸钢的总称，一般是指在大气环境、水等弱腐蚀介质中耐腐蚀的钢，Cr 的质量分数一般在 12% 以上，广泛应用于航空、航天、石油化工、电力、核工业等领域中热交换器、汽轮机叶片、水轮机转轮的制造。

高温合金主要是指以 Fe、Ni 或 Co 为基体，能够承受严酷机械应力和高温环境服役条件而研制的合金，具有良好的力学性能、抗氧化性和耐蚀性，主要用于制造在 650~1205℃ 温度区间服役的零件，已广泛应用到航空航天、石油化工、冶金、电力电子、核工业等领域，例如火箭发动机推力室、航空发动机上高压涡轮导向叶片和反应堆燃料组件等。此类合金包括镍基、铁基和钴基合金，简单起见，本章主要以镍基合金为主介绍高温合金的钎焊。

在上述合金中，由于不锈钢和镍基合金中含有一定量的活性元素，如 Cr、Ti、Al 等，使其表面氧化物难以去除，以及钎焊间隙不合理导致的接头脆化问题，使得该类材料钎焊问题较为突出。

本章主要以碳钢、不锈钢和镍基合金为主，介绍其钎焊性，分析其钎焊工艺特点，包括基体表面氧化膜的去除措施、钎焊方法与钎料的选用以及钎焊间隙对接头脆化的影响等。

8.1 碳钢钎焊

碳钢是以铁为基体含有少量碳的铁碳合金，通常碳的质量分数不超过 1.3%，还含有少量的有益元素 Mn 和 Si。碳钢可以分为低碳钢（碳的质量分数不超过 0.3%）、中碳钢（碳的质量分数介于 0.3%~0.6% 之间）和高碳钢（碳的质量分数高于 0.6%）。

8.1.1 碳钢钎焊性分析

碳钢钎焊时，随着加热温度的升高，可由室温形成的 γ-Fe_2O_3 氧化物依次生成 α-Fe_2O_3、Fe_3O_4（$FeO \cdot Fe_2O_3$）和 FeO 这三种氧化物。其中，α-Fe_2O_3、γ-Fe_2O_3 和 FeO 氧化物是多孔和不稳定的，它们容易被钎剂或还原性保护气去除。所以，对于碳钢尤其是低碳钢的钎焊是容易实现的[1,2]。

8.1.2 碳钢钎焊工艺特点

火焰钎焊、炉中钎焊、感应钎焊和浸渍钎焊是碳钢钎焊最常用的方法。低碳钢在火焰钎焊时，应采用中性焰或微还原性的火焰，钎料、钎剂或涂有钎剂的钎料可采用预置的方式。但是，如钎料中含有锌和镉等易挥发元素，在火焰钎焊时，应尽量避免在钎焊温度下停留时间太长。对于调质钢的钎焊，为了防止母材软化，通常选择在低于回火温度（650~700℃）进行钎焊，并采用低熔点的银基钎料和快速的加热方法如感应钎焊和浸渍钎焊。炉中钎焊可分保护气氛钎焊和真空钎焊，其中保护气氛又可分为以氢气为主的还原性气氛和以氩气为主的惰性气氛两类。碳钢在炉中钎焊时，由于氧化铁易被还原，所以对氢气和氩气的纯度以及真空度要求都不高[2]。

钎焊间隙的选择对钎焊接头有重要的影响。通常与母材和钎料的成分和物理性能有直接的关系，碳钢不同钎料钎焊下接头的合适间隙见表8-1。由于纯铜在钢表面上铺展性极好，可选择较小的装配间隙，接头可获得良好的力学性能。如图8-1所示，无论是低碳钢与高碳钢的钎焊，还是同种高碳钢的钎焊，接头抗剪强度都随着钎焊间隙的减小而明显增加，并且当间隙为0时接头强度最大。

表 8-1 碳钢不同钎料钎焊下接头的合适间隙[3]

钎料	钎焊间隙/mm	钎料	钎焊间隙/mm
Sn-Pb	0.05~0.20	Cu-Zn	0.05~0.20
Cu	0.00~0.05	Ag基钎料	0.05~0.15

碳钢软钎焊时，通常会选用活性较强的氯化锌水溶液或氯化锌和氯化铵的混合物。在碳钢硬钎焊时，钎剂主要由硼砂、硼酸和某些氟化物组成。其中，铜基钎料选用硼砂或硼砂和硼酸的混合物。银基钎料选用硼砂、硼酸和氟化钾等氟化物的混合物。碳钢钎焊后，应对钎剂进行及时清理，才可减少钎剂对接头的腐蚀作用。铜基钎料使用硼砂或硼砂和硼酸的混合物钎剂时，应对玻璃状的残渣进行清理。比较有效的清理方法是喷砂处理，或者将焊件放在水中急冷，使钎剂裂开而被去除，但这可能会造成接头承受较大的热应力而导致变形。银基钎料钎焊时，通常使用含有

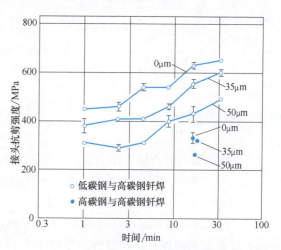

图 8-1 加热时间和接头间隙对接头抗剪强度的影响[4]

某些氟化物的钎剂，钎剂残渣具有较强的腐蚀性，焊后应及时清理。该类钎剂残渣的清除相对容易，可将焊件放在流水中，用钢丝刷，也可在水中煮沸，随后用冷水清洗[2]。

碳钢钎焊常用的钎料有锡铅钎料和铜基、银基钎料。

（1）锡铅钎料　碳钢的软钎料主要以锡铅钎料为主。锡铅钎料钎焊温度不宜过高，保温时间不宜过长，接头界面易生成较厚的$FeSn_2$金属化合物，不同Sn含量锡铅钎料钎焊碳钢的接头抗剪强度见表8-2。为减少化合物厚度和改善钎焊性，也可在钢表面制备一定厚度的保护层，如铜层和镍层。

表 8-2 不同 Sn 含量锡铅钎料钎焊碳钢的接头抗剪强度[5]

钎料	HLSn10Pb	HLSn20Pb	HLSn30Pb	HLSn40Pb	HLSn50Pb	HLSn60Pb
抗剪强度/MPa	19	28	32	34	34	30

（2）铜基钎料　纯铜钎料由于熔点高，并容易氧化，通常在还原气氛和真空气氛中进行钎焊。纯铜为钎料的钎焊温度为 1090~1150℃。由于铜与钢存在合金化的作用，采用铜作钎料来钎焊钢，可获得较高的接头强度。例如，低碳钢的铜钎焊接头抗拉强度为 170~340MPa，远超过铸态铜的强度。黄铜钎料因含有大量的锌元素，可明显降低钎料的熔点和钎焊温度（910~982℃），从而避免母材晶粒粗大。但是，锌元素易挥发，应采用快速的加热方法，如火焰钎焊、感应钎焊和浸渍钎焊。最典型的黄铜钎料为 BCu62Zn，即 H62 钎料。采用此钎料钎焊低碳钢获得的接头抗拉强度为 421MPa，抗剪强度为 294MPa[1,2]。

（3）银基钎料　碳钢的银基钎料主要为银铜锌合金，为了提高钎料的润湿铺展性能，可在此合金体系基础上添加适量的镉元素。钎焊方法主要有火焰钎焊、感应钎焊和炉中钎焊等。与铜基钎料相比，银基钎料钎焊温度低，流动性好，钎焊接头强度和塑性均较好。例如，采用 BAg50CuZnCd 钎料钎焊低碳钢的接头抗拉强度可达 401MPa，抗剪强度可达 231MPa。不同银铜锌钎料钎焊低碳钢的接头强度见表 8-3。

表 8-3 不同银铜锌钎料钎焊低碳钢的接头强度[5]

钎料	BAg25CuZn	BAg45CuZn	BAg50CuZn	BAg40CuZnCd	BAg50CuZnCd
抗剪强度/MPa	199	197	201	203	231
抗拉强度/MPa	375	362	377	386	401

8.2　不锈钢钎焊

不锈钢主要可分为铁素体不锈钢、马氏体不锈钢、奥氏体不锈钢和沉淀硬化不锈钢，其中，马氏体不锈钢和沉淀硬化不锈钢属于热处理强化的不锈钢。铁素体不锈钢属于低碳的 FeCr 合金钢，具有良好的耐蚀性，适用于不十分苛刻腐蚀环境，典型的牌号有 06Cr13 和 10Cr17；马氏体不锈钢属于高碳的 FeCr 合金钢，通过固溶、淬火和回火热处理，可获得良好的力学性能和耐蚀性，典型的牌号有 12Cr12 和 20Cr13 等；奥氏体不锈钢属于 FeCrNi 合金钢，是一种应用最为广泛的不锈钢，较高 Cr 和 Ni 的含量使其具有很高的耐热性和耐蚀性，典型的牌号有 06Cr19Ni10 和 06Cr18Ni11Ti 等。沉淀硬化不锈钢是在奥氏体不锈钢基础上，通过添加 Al、Ti、Mo 等强化元素并经适当热处理而获得的热处理强化不锈钢，具有高强度、高韧性及良好耐蚀性，典型的牌号有 07Cr17Ni7Al[2]。

8.2.1　不锈钢钎焊性分析

1. 表面氧化膜问题

由于不锈钢含有许多合金元素，表面会形成多种且复杂 Cr_xO_y 的氧化物，其性质稳定，去除困难。在大气条件下钎焊，必须使用活性强的钎剂才能有效去除氧化膜。在气体保护钎焊中，需要低露点的高纯度保护气，才能还原这些氧化膜。真空钎焊时，需要更高的真空度和很高的钎焊温度，才能获得良好的去膜效果。

2. 热敏感问题

非热处理强化的不锈钢，如奥氏体不锈钢，加热温度不宜超过1150℃，以避免奥氏体晶粒的粗化，该过程不可逆，一旦形成无法消除。对于不含钛或铌稳定化元素的不锈钢，如12Cr18Ni9不锈钢等，在敏化温度区间（500~850℃）加热，会因碳化铬的析出而导致晶间腐蚀，如果这类钢在该区间钎焊，应尽量缩短停留时间。热处理强化的不锈钢在钎焊时应避免母材出现软化现象，一般采取钎焊温度与热处理温度相匹配的措施，还可以通过在低于母材回火温度的条件下进行钎焊来避免。

3. 应力开裂问题

奥氏体不锈钢线膨胀系数大，钎焊过程中会产生较大的热应力，再加上铜锌钎料中含有易晶间渗透的Zn元素而使接头变脆，导致接头易出现开裂现象，应尽量避免使用铜锌钎料去钎焊奥氏体不锈钢[5]。

8.2.2 不锈钢钎焊工艺特点

由于不锈钢表面的Cr_2O_3等氧化物性质稳定且难去除，通常采用活性强的钎剂。钎剂主要应用在不锈钢的火焰钎焊、感应钎焊和电阻钎焊过程中。传统的钎焊工艺均可用于不锈钢的钎焊，如火焰钎焊、炉中钎焊、感应钎焊、电阻钎焊和浸渍钎焊。不锈钢的火焰钎焊时，采用还原性火焰，可获得满意的接头。炉中钎焊可以在氢气、氩气和真空氛围下进行，通常不需要钎剂就能获得高质量的钎焊接头，但对气体的纯度或真空度要求高。例如，在氢气保护炉中1000℃温度下钎焊12Cr13等马氏体不锈钢时，氢气的露点必须低于-40℃。提高钎焊温度，氢气的露点要求可适当降低，真空度也可以降低要求。采用氩气保护的炉中钎焊时，由于氩气不具有还原性，就必须采用高纯度的氩气，否则就应采用添加BF_3气体钎剂的氩气或含有锂或硼的自钎剂钎料，才能确保氧化膜有效去除。对于含钛的不锈钢表面氧化物很难去除，可采用表面镀铜或镀镍方式进行间接钎焊[5]。

适用于不锈钢钎焊的钎料有锡铅钎料以及银基、铜基、锰基、镍基和贵金属钎料等。

（1）锡铅钎料　不锈钢的软钎焊温度低，对母材的性能无明显损害。软钎料以锡铅钎料为主，钎料中的锡含量越高，其在不锈钢表面上润湿性越好，通常配以氯化锌盐酸溶液和磷酸水溶液钎剂使用。锡铅钎料钎焊不锈钢的接头强度通常较低，该方法只能用于承载轻的零件。

（2）银基钎料　该类钎料是不锈钢钎焊最常用的一种钎料，钎焊温度较低，接头的工作温度通常不超过370℃，通常配以含氟化物和硼酸盐的钎剂使用。银基钎料中，银铜锌镉钎料润湿性好，并且因钎焊温度较低对母材性能影响小而得到广泛应用。但是，由于镉的蒸气压高，该类钎料不适合在保护气氛炉中使用。银基钎料在钎焊不含镍的不锈钢时，接头容易在潮湿的空气中发生界面腐蚀，应采用含镍量较多的银基钎料。例如，采用w_{Ni} = 3%的BAg50CuZnCdNi钎料进行钎焊，可以很好地消除这类腐蚀现象。银基钎料钎焊马氏体不锈钢时，为避免母材退火软化，钎焊温度应低于700℃，选择低熔点的银基钎料（如BAg40CuZnCd钎料）进行钎焊。

在保护气氛中钎焊奥氏体不锈钢时，应采用含锂的自钎剂银基钎料，如BAg92CuLi和

BAg72CuNiLi 等钎料。因为锂元素是很强的还原剂,能还原大多数元素的氧化物,同时锂元素也能促进钎料在钢表面润湿[5]。不同银基钎料钎焊 06Cr18Ni11Ti 不锈钢的接头强度见表 8-4。

表 8-4 不同银基钎料钎焊 06Cr18Ni11Ti 不锈钢的接头强度[1]

钎料	接头抗拉强度/MPa	接头抗剪强度/MPa
BAg10CuZn	386	198
BAg25CuZn	343	190
BAg45CuZn	395	198
BAg50CuZn	375	201
BAg65CuZn	382	197
BAg70CuZn	361	198
BAg40CuZnCd	375	205
BAg50CuZnCd	418	259
BAg35CuZnCd	360	194
BAg50CuZnCdNi	428	216
BAg72CuNiLi	353	—

(3) 铜基钎料 铜基钎料主要包括纯铜钎料、铜锌钎料、铜镍钎料和铜锰钴钎料,通常配以含有氟化钙的钎剂使用,以适应较高钎焊温度。

纯铜钎料可在保护气氛和真空下钎焊不锈钢。其中,以氢气为保护气氛最为常见,要求氢气的露点应低于-40℃甚至更低,才能保证纯铜钎料在不锈钢表面的有效润湿。钎焊温度为 1120℃ 时,纯铜钎料流动性很好,接头间隙应控制在 0.05mm 以下。

BCu62Zn 铜锌钎料钎焊 06Cr18Ni11Ti 不锈钢时,接头的强度和韧性明显下降,并且在较大应力条件下,不锈钢母材会发生开裂现象。所以,铜锌钎料不适用于不锈钢的钎焊。

铜镍钎料属于高温铜基钎料,适用于火焰和感应等钎焊方法。典型的铜镍钎料主要有 BCu68NiSiB 和 BCu69NiMnCoSiB。这两种铜镍钎料钎焊 06Cr18Ni11Ti 不锈钢接头的抗剪强度见表 8-5。BCu68NiSiB 钎料钎焊 06Cr18Ni11Ti 不锈钢,其接头的强度和抗氧化性能与 06Cr18Ni11Ti 不锈钢非常接近,但过高的钎焊温度使不锈钢晶粒明显长大。钎料 BCu69NiMnCoSiB 的熔点明显较低,钎焊温度可低于奥氏体粗化温度(1150℃),避免近缝区晶粒长大。BCu69NiMnCoSiB 钎料钎焊 06Cr18Ni11Ti 不锈钢,其接头的高温强度和抗氧化性能与钎料 BCu68NiSiB 相接近,但晶间渗入厚度小,接头的疲劳强度更高。

表 8-5 高温铜基钎料钎焊 06Cr18Ni11Ti 不锈钢接头的抗剪强度[5] (单位:MPa)

钎料	20℃	400℃	500℃	600℃
BCu68NiSiB	324.4~339	186~216	—	154~182
BCu69NiMnCoSiB	241~298		139~153	139~152

BCu58MnCo 钎料是最常用的铜锰钴钎料,钎焊温度为 1000℃,与马氏体不锈钢的淬火温度正好相匹配,可用来钎焊马氏体不锈钢。钎焊 12Cr13 的接头强度与母材等强,但因钎料含有质量分数为 31.5% 的锰,而锰元素易氧化和挥发,所以该钎料不适宜火焰和真空钎焊[1]。

第8章 碳钢、不锈钢和高温合金的钎焊

(4) 锰基钎料 锰基钎料是在 Mn-Ni 合金基体中通过添加 Cr、Cu、Co 和 B 等元素获得的。该类钎料钎焊不锈钢的接头具有良好的室温和高温强度,工作温度高于 600℃,钎料的蒸气压高且易氧化,所以不能用真空钎焊和火焰钎焊,可采用氩气保护炉中钎焊和感应钎焊。锰基钎料的熔点通常较高,为避免母材晶粒长大,可尽量采用低熔点的锰基钎料。

(5) 镍基钎料 镍基钎料是在镍基体中添加 B、Si、P 和 Cr、Mo 等元素获得的,具有优异的耐蚀能力和非常好的高温性能。含有 CrB 等金属化合物的镍基钎料的自身脆性较大,钎料多以粉末状为主,也可以箔或带状使用。常用的镍基钎料主要有 Ni-Cr-B-Si、Ni-Cr-Si 和 Ni-Cr-P 系列钎料。Ni-Cr-B-Si 系列钎料含有少量的 B 和 Si 元素,典型的牌号为 BNi73CrSiB (C)(BNi-1) 和 BNi82CrSiBFe (BNi-2)。其中,钎料 BNi82CrSiB 在钎焊温度 (1040℃) 下,就具有良好的润湿性,并可获得具有良好综合性能的接头。Ni-Cr-Si 系列钎料虽然钎焊温度高,但因该类钎料不含硼,不会在近缝区形成晶间渗透,所以适合薄板的钎焊,而且接头的高温强度和耐蚀性好,典型的牌号为 BNi71CrSi (BNi-5)。Ni-Cr-P 系列钎料含有较多的磷元素,为共晶组织钎料,也是熔点最低的镍基钎料,典型的牌号有 BNi76CrP (BNi-7)。

通常钎焊间隙越小,接头强度就越高。无间隙时,用 Ni-Cr-B-Si 和 Ni-Cr-Si 系列的钎料钎焊不锈钢,接头强度等于或接近于母材的强度。图 8-2 是采用 Ni-15Cr-1.5B-7.25Si 钎料钎焊 06Cr17Ni12Mo2 不锈钢的接头组织。当间隙为 50μm 时,接头中心出现由 Cr_xB_y 相、Ni_xSi_y 相和镍基固溶体构成共晶组织(图 8-2a),导致接头力学性能的下降。由于镍基钎料含有数量较多降熔点元素(如 B、Si 和 P 等),导致钎料中会生成大量的化合物。在钎焊间

a)

b)

c)

图 8-2 采用 Ni-15Cr-1.5B-7.25Si 钎料钎焊 06Cr17Ni12Mo2 不锈钢的接头组织[6]
a) 间隙:50μm;钎焊规范:1190℃,30min b) 间隙:25μm;钎焊规范:1190℃,30min
c) 间隙:50μm;钎焊规范:1190℃,2.5h;热处理规范:1100℃,3h

隙较大时，脆性相数量多并且元素扩散距离长，导致钎缝中残留较多的脆性相。值得注意的是，在接头的近缝区晶界处存在明显的 Cr_xB_y 析出物。当间隙减小到 $25\mu m$ 时，钎缝中化合物已基本消失，主要由单一相镍基固溶体构成（图 8-2b）。长时间的钎焊热循环和热处理过程有利于元素的扩散，钎缝中脆性相明显减少并呈孤岛状分布，此时钎缝组织主要由镍基固溶体构成（图 8-2c）[6]。

图 8-3 是采用 BNi71CrSi 钎料钎焊 06Cr18Ni11Ti 不锈钢的接头组织。当间隙为 $50\mu m$ 时，钎缝中心存在连续的 Ni_xSi_y 化合物相，并导致钎缝中心形成裂纹。当间隙为 $20\mu m$ 时，钎缝中的化合物已完全消失，钎缝组织完全由镍基固溶体构成[7]。

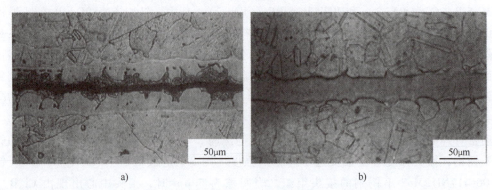

图 8-3　采用 BNi71CrSi 钎料钎焊 06Cr18Ni11Ti 不锈钢的接头组织[7]

a) $50\mu m$　b) $20\mu m$

钎焊间隙对钎缝中脆性相的影响很大。在某一钎焊规范下开始出现脆性相所对应的钎焊间隙，定义为最大钎焊间隙（Maximum Brazing Clearance, MBC）。钎焊间隙小于 MBC 时，接头组织无脆性相出现；当钎焊间隙大于 MBC 时，接头组织脆性相随着间隙的增加而增多。图 8-4 是钎焊温度和时间与 06Cr17Ni12Mo2 不锈钢钎焊接头最大间隙的关系曲线。采用 BNi82CrSiBFe 钎料钎焊不锈钢，当保温时间为 10min 时，改变温度对最大间隙影响不明显，最大钎焊间隙不超过 $40\mu m$（图 8-4a）。当保温时间为 60min 时，温度由 1010℃ 增加到 1170℃，最大钎焊间隙由大约 $50\mu m$ 增加到大约 $90\mu m$，这表明增加钎焊温度和延长钎焊时

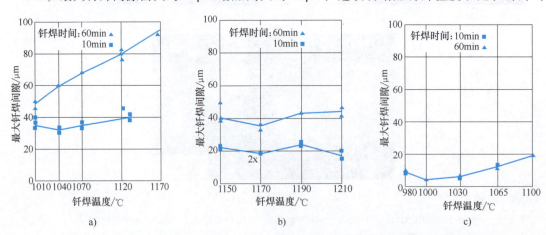

图 8-4　钎焊温度和时间与 06Cr17Ni12Mo2 不锈钢钎焊接头最大间隙的关系曲线[8]

a) BNi82CrSiBFe　b) BNi71CrSi　c) BNi76CrP

间有利于元素的扩散。当用钎料 BNi71CrSi 钎焊不锈钢时，最大间隙主要取决于保温时间的变化，保温时间 10min 时，最大间隙约为 20μm；保温时间 60min 时，最大间隙约为 40μm（图 8-4b）。此时，最大间隙值较小的形成原因是硅元素向母材中扩散速度慢。采用 BNi76CrP 钎料钎焊 06Cr17Ni12Mo2 不锈钢时，最大间隙通常小于 10μm（图 8-4c），形成这种现象的原因是磷元素向母材中扩散速度非常慢，即使提高温度和延长保温时间，最大间隙变化不大[8]。

图 8-5 是钎焊间隙与 06Cr17Ni12Mo2 不锈钢钎焊接头抗拉强度的关系图。采用 BNi82CrSiBFe 钎料钎焊接头经过 1000℃ 下 60min 的热处理后，最大间隙增加约 1 倍，当间隙小于最大间隙时，接头强度接近于母材强度，当间隙高于最大间隙时，由于脆性相的存在，接头强度明显下降，如图 8-5a 所示。采用 BNi71CrSi 钎料钎焊后接头再经过同样的热处理后，最大间隙同样也增加约 1 倍（图 8-5b）。采用 BNi76CrP 钎料钎焊后进行热处理，钎焊的接头最大间隙影响不大，最大间隙只取决于钎焊参数[8]（图 8-5c）。

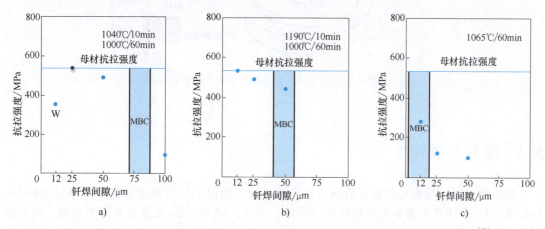

图 8-5　钎焊间隙与 06Cr17Ni12Mo2 不锈钢钎焊接头抗拉强度的关系（W—有缺陷）[8]
a) BNi82CrSiBFe　b) BNi71CrSi　c) BNi76CrP

（6）贵金属钎料　贵金属钎料主要以 Au-Ni 钎料和 Ag-Cu-Pd 钎料为主。BAu82Ni 的钎焊温度为 800℃，与马氏体钢的淬火温度相匹配，所以非常适合钎焊马氏体不锈钢。与镍基钎料相比，BAu82Ni 钎料对钎焊间隙的适用范围较宽，钎缝组织无脆性相生成，全部为 Au 基固溶体，钎焊不锈钢，基体晶间腐蚀倾向小，适合钎焊薄件，还具有良好的延展性、耐蚀性、高温性能和抗氧化性。BAg54CuPd 钎料具有优异的钎焊性，可用来替代 BAu82Ni 钎料[5]。

8.2.3　典型不锈钢钎焊

某产品中需要将不锈钢管与不锈钢空心底座进行钎焊，其装配结构如图 8-6 所示。母材为 06Cr18Ni11Ti 奥氏体不锈钢和 Y12Cr13 马氏体不锈钢，钎料采用 BAg45CuZnCd，钎剂采用硼酸盐和氟化物的混合物。钎焊间隙为 0.127~0.178mm，钎焊方法采用高频感应钎焊。

钎焊过程：在钎焊前，零件应进行蒸汽脱脂。用管子的末端蘸满钎剂，插入底板。环形的钎料丝套在管子上，置于接头上部。将底板固定在夹具上，并置于单匝的高频线圈之中进行钎焊。钎焊温度保持在 650℃，保温时间 10s。钎焊后工件在空气中冷却 10s，随后在热水中清洗，去除钎剂残渣。

钎焊工艺设计过程中，重点考虑钎料和钎焊方法的选择。该零件钎焊后服役温度不高，要求钎焊温度最好不要超过马氏体不锈钢的回火温度，选择低熔点（610~620℃）的BAg45CuZnCd钎料较为合适，可以在较低的温度（650℃）下进行钎焊。钎料中含有易挥发的镉元素，不适宜在保护气炉中钎焊。考虑奥氏体不锈钢在敏化区间加热时易出现晶间腐蚀，应尽量选择快速加热、冷却并钎焊时间短的钎焊。基于此和工件形状的特点，选择高频感应钎焊方式是比较合适的[9]。

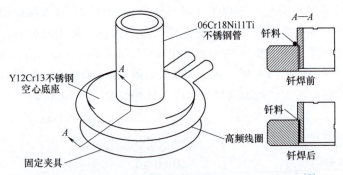

图 8-6　不锈钢管与不锈钢空心底座装配及钎焊示意图[9]

8.3　镍基合金钎焊

固溶强化和沉淀强化的镍基合金应用比较广泛。固溶强化的镍基合金，是通过添加 Cr、Mo、W、Co、Al 等元素来实现强化的固溶体，其中，以 W、Mo 元素效果最为明显，典型牌号有 GH3039、GH3044、GH3128 等；沉淀强化的镍基合金含有较多的 Al、Ti、Nb 等元素，具有更高的使用温度，Al 和 Ti 含量越多，焊接性越差，典型牌号为 GH4033、GH4047、GH4169 等。

8.3.1　镍基合金钎焊性分析

1. 表面氧化膜去除

镍基合金表面的氧化物，与碳钢和不锈钢相比种类更多且坚固，非常难去除。例如，对于沉淀强化的镍基合金来说，除了 Cr_2O_3 外，还会生成 Al_2O_3 和 TiO_2 等的氧化物。由于这类氧化物热稳定性好，在氩气和氢气的气体保护炉中很难被还原。钛和铝含量较多的镍基合金，如沉淀强化的镍基合金，只有在真空氛围下这些氧化物才能被去除，并且真空度越高去除效果也越好。

镍基合金钎剂钎焊，只限于在较低的温度下用银基钎料钎焊镍基合金。如果在较高温度下进行钎剂钎焊，就必须采用含硼砂的高熔点钎剂，避免不了钎剂与母材反应所析出的硼使母材产生溶蚀和变脆的问题。镍基合金高温条件下的钎焊，必须在真空氛围下才能取得理想的氧化膜去除效果。

2. 母材软化和晶粒粗化

大部分镍基合金都要经过淬火处理后使用，有的还需经过时效处理。所以，钎焊镍基合金时，钎焊热循环一定要和母材的热处理制度相匹配。例如，在钎焊沉淀强化型的镍基合金时，钎焊温度必须与母材的固溶温度相一致，并且钎焊后应进行与母材相同的时效热处理，以避免对母材性能的不利影响。这是因为钎焊温度过低，合金元素未充分溶解到母材中；而钎焊温度过高，母材晶粒容易长大。

3. 应力开裂

沉淀强化型镍基合金对应力腐蚀裂纹比较敏感，母材所固有的应力是致裂的主要原因。因此，焊前应对母材进行退火或固溶处理，并采用熔点高于时效温度的钎料钎焊，随后进行时效处理。另外，钎焊热循环产生的热应力也会加强开裂倾向。所以，钎焊中工件应尽量整体加热，以减少热应力，可降低该类合金应力开裂倾向。

8.3.2 镍基合金钎焊工艺特点

镍基合金钎焊主要以炉中钎焊方法为主，可以采用氩气和氢气保护，也可以是真空。对于含有较少量的钛和铝的镍基合金，如固溶强化型镍基合金，表面氧化物类型主要为 Cr_2O_3，只需要在高纯度的保护气氛中就可实现钎料的润湿性。例如，使用干燥氢气保护气钎焊镍基合金，要求其露点应低于-51℃。但是，当镍基合金中钛和铝的质量分数大于1%时，如沉淀强化型镍基合金，氧化物很难在保护气体炉中去除，必须添加少量钎剂或镀镍才能获得较好的效果[9]。

真空钎焊是镍基合金钎焊的主要方法。图8-7是不同气氛下采用BNi71CrSi钎料钎焊GH167合金的抗剪强度，氢气保护并镀镍的接头强度最低，真空钎焊的接头强度最高[10]。因此，真空钎焊是最适合镍基合金尤其是沉淀强化镍基合金的钎焊方法。当镍基合金中钛和铝的质量分数小于4%时，表面镀10~15μm厚的镍层有助于钎料润湿；当钛和铝的质量分数大于4%时，表面必须要镀20~30μm厚的镍层，才能保证钎料润湿[9]。

瞬时液相扩散连接（Transient Liquid Phase Bonding，TLPB）是镍基合金连接应用较广泛的一种方法，这种方法是从高温真空钎焊原理发展而来。TLPB是在较小的压力（0.1MPa左右）和合适的连接温度下，利用含有扩散速度快并能降低熔点的元素（如B和Si等）的合金中间层（厚度约为2.5~100μm），熔化并润湿母材，降熔点元素迅速向母材扩散，使液相成分变化而引起固相线温度升高导致液态连接层在等温条件下逐步凝固，并最终达到成分均匀化，得到与母材组织结构相近的接头组织[1,5]。TLPB工艺中一个突出的特点就是通过长时间保温使降熔点元素向母材中充分扩散，确保接头中等温凝固过程彻底完成，并且具有较高程度的成分均匀化。这点与传统的钎焊不同，钎焊强调的是钎料与母材的润湿性，不要求接头与母材成分的均匀化，所以钎焊的保温时间通常较短，元素扩散不充分，凝固方式主要以降温凝固为主[11]。

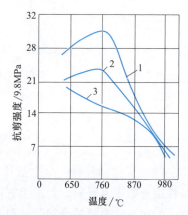

图8-7 不同气氛下采用BNi71CrSi钎料钎焊GH167合金的抗剪强度[10]

1—真空 2—H_2+钎剂 3—H_2+镀镍

由于镍基合金的工作温度高，钎焊方法以硬钎焊为主，常用钎料主要有银基、纯铜、镍基、金基和镍钯基钎料。其中，镍基钎料是最适合，也是最常见的高温合金钎料。

(1) **银基和纯铜钎料** 镍基合金的工作温度较低，可采用银基钎料和纯铜钎料。钎焊沉淀强化型镍基合金时，为了减少热应力和避免母材过时效，应选择熔点低的银基钎料。银铜锌镉钎料熔点低，铺展润湿性好，如 BAg45CuZnCd 钎料等。银基钎料可配用低于钎料熔点的含氟化物和硼酸的钎剂，若钎焊含铝量高的高温合金时，可在钎剂中添加一定数量的氯化物。

在真空或保护气氛中钎焊时，可采用纯铜钎料，钎焊温度高达 1100~1150℃，可使母材的内应力得到释放，并且零件整体加热，热应力小，焊件应力开裂倾向小。

(2) **镍基钎料** 镍基合金的工作温度较高，应优先选用镍基钎料，有时也会用到金镍基钎料和镍钯基钎料。镍基钎料具有很好的高温性能和抗氧化性能，主要有 Ni-Cr-B-Si 钎料和 Ni-Cr-Si 钎料。镍基钎料对钎焊间隙非常敏感。如图 8-8a 所示，只有当钎焊间隙小于 12μm 时，由于润湿不良而导致强度下降。当钎焊间隙为 25μm 时，接头抗拉强度接近母材抗拉强度。当钎焊间隙超过最大间隙（MBC）时，接头抗拉强度明显下降。这是因为小间隙时，接头主要由镍基固溶体构成，接头强度高。相反，在钎焊间隙较大时，钎缝中残留较多的脆性相，导致强度下降。用上述钎焊规范经过热处理后接头抗拉强度与间隙的关系如图 8-8b 所示。接头经扩散处理后，最大钎焊间隙明显增大。

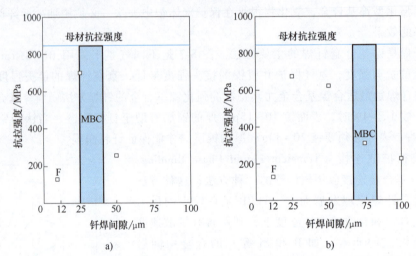

图 8-8 BNi82CrSiB 钎料钎焊 Inconel625 镍基合金的接头抗拉强度（F—有缺陷）[1]
a) 1065℃/10min b) 1065℃/10min+1000℃/1h

(3) **贵金属钎料** 金镍基钎料和含钯钎料也可用于钎焊镍基合金，虽然这些钎料的高温性能不如镍基钎料，但由于它们自身不含脆性相，对钎焊间隙不敏感，并且在母材中晶间渗入倾向小。典型的金镍基钎料有 BAu82Ni 等，这类钎料价格昂贵，可用含钯钎料来代替。含钯钎料可分为银锰钯和镍锰钯钎料，这两种钎料钎焊 GH4033 合金的接头抗剪强度见表 8-6，镍锰钯钎料钎焊的接头具有更高的高温强度[10]。

表 8-6 含钯钎料钎焊 GH4033 合金的接头抗剪强度[10]　　　　（单位：MPa）

钎料	20℃	600℃	700℃	750℃	800℃	850℃
Ag-20Pd-5Mn	—	154	122.5	122.5	108	76
Ag-33Pd-3Mn	—	—	—	170	138	—
Ni-31Mn-21Pd	338	276	257	216	154	122.5

8.3.3　典型镍基合金钎焊

用于航空发动机涡轮部件密封的蜂窝封严环，如图 8-9 所示，工作温度达 400~650℃。封严环选用低膨胀 GH2903 高温合金，蜂窝芯材为 0.05mm 厚的 GH3536，为避免钎料对蜂窝芯材的溶蚀，选用了不含硼的 Ni77CrSi（Ni-15Cr-8Si）非晶态钎料箔，钎焊真空度为 $1.33×10^{-2}$Pa，钎焊温度为 1165℃±5℃，钎焊保温时间为 20min[5]。

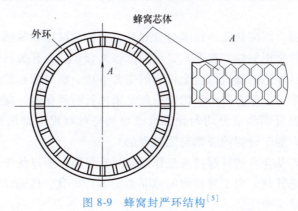

图 8-9　蜂窝封严环结构[5]

8.4　本章小结

1. 碳钢钎焊

碳钢的钎焊性很好，碳钢表面以铁的氧化物为主，容易被钎剂或还原性保护气去除，碳钢尤其是低碳钢的钎焊，是容易实现的。

碳钢钎料有铜基和银基钎料。银基钎料的钎焊温度低，流动性好，可获得强度和塑性较好的钎焊接头；纯铜钎料通常在还原气氛和真空气氛中进行钎焊，选择较小的装配间隙，可获得良好的接头力学性能。

2. 不锈钢钎焊

去膜难。不锈钢含有许多合金元素，其表面的氧化膜相对复杂并难去除，通常采用活性强的钎剂或在露点较低的氢气下才能有效去除该氧化膜。

晶粒粗化和晶间腐蚀。奥氏体不锈钢应避免加热温度过高和在敏化温度区钎焊，防止晶粒粗化和晶间腐蚀。

母材软化。热处理强化的不锈钢钎焊，钎焊温度应与热处理温度相匹配，避免母材软化。奥氏体不锈钢线膨胀系数大，钎焊此类不锈钢应避免接头应力开裂。

传统的钎焊工艺均可用于不锈钢的钎焊，不锈钢表面的 Cr_2O_3 等氧化物，性质稳定且难去除，通常采用活性强的钎剂，也可在高纯度保护气或高真空度的炉中钎焊获得高质量的接头。

不锈钢钎料主要包括银基、铜基、锰基和镍基等。其中，银基钎料钎焊温度低，对母材的影响小，尤其是银铜锌镉钎料的钎焊性能最好。镍基钎料钎焊，可获得耐蚀性和高温性能更好的接头，但接头脆性倾向大，对钎焊间隙非常敏感。当间隙小于最大钎焊间隙（MBC）时，可获得无脆性的钎焊接头。否则，接头容易脆化。Ni-Cr-B-Si 钎料因其含有扩散能力强的 B 元素，所获得的 MBC 数值相对更大，在通常钎焊规范下更容易获得无脆性的接头。通过适当提高钎焊温度和延长保温时间或增加钎焊后热处理时间，可有效降低钎焊接头脆性。

3. 镍基合金钎焊

去膜难。镍基合金表面氧化膜更加复杂也更难去除，只有在高真空的钎焊炉中才能较好地去除。

应力腐蚀裂纹敏感。沉淀强化型镍基合金对应力腐蚀裂纹比较敏感，焊前应对母材进行适当的热处理，钎焊时采用整体加热方式，可降低该类合金应力开裂倾向。

钎焊工艺。真空钎焊是镍基高温合金钎焊的主要方法。瞬时液相扩散连接是在高温真空钎焊的基础上发展而来的。该方法突出的特征就是采用长时间保温，促进降熔点元素的充分扩散，实现接头的等温凝固和成分均匀化，最终得到与母材组织结构相近的接头组织。其中，它的等温凝固是有别于钎焊的降温凝固过程的。

镍基钎料钎焊。镍基合金的钎焊接头工作温度通常较高，所以优先选择具有良好高温性能和抗氧化性能的镍基钎料，由于对钎焊间隙非常敏感，只有合理选择钎料合金类型和钎焊规范，才能避免钎焊接头脆化。

思 考 题

1. 碳钢的钎焊性如何？
2. 碳钢用钎料和钎剂有哪些？
3. 针对不同类型的不锈钢，其钎焊热循环应如何选择？
4. 不锈钢表面的氧化物为何难去除，应采用哪些措施？
5. 钎焊奥氏体不锈钢时，为什么不能采用黄铜钎料？
6. 以镍基钎料为例，何为最大钎焊间隙？该值有何具体实际意义？
7. 用镍基钎料钎焊不锈钢时，应采取哪些措施可减少或避免接头脆性？
8. 用镍基钎料钎焊不锈钢时，最大间隙受哪些因素影响？为什么？
9. 用于钎焊不锈钢的镍基钎料有哪些类型？其对接头组织和性能有何影响？
10. 镍基合金表面有哪些氧化物？应如何去除？
11. 瞬时液相扩散连接与传统钎焊相比有何区别？哪种更适合镍基合金的连接？为什么？

一种用于大间隙缺陷的钎焊修复技术[12]

燃气轮机叶片是由昂贵的高强度和耐高温的镍基或钴基合金构成的。在极端恶劣的环境下使用时，叶片会产生如热疲劳裂纹、蠕变、热腐蚀、磨损等损伤。采用叶片修复技术可避免因整体更换带来的高成本。

熔化焊、固相扩散焊、传统钎焊和 TLPB 焊技术已经广泛用于叶片修复，其中，采用 TLPB 修复方法，可获得耐高温且韧性好的焊接修复叶片。然而，该方法的局限也非常明显，当缺陷间隙超过 $250\mu m$ 时，这种修复方法就难以满足大间隙缺陷的修复。20 世纪 70 年代，通用电气公司（GE）发明了一种适用于大间隙的钎焊方法，也称为活性扩散修复方法。

经过多年的发展，大间隙钎焊工艺主要分为以下两种方式：混合粉末法和预填高熔点粉末法。其中，预填高熔点粉末法的适用性广，是大间隙钎焊的主要方式。这种方法是把高熔点的合金粉末压入钎焊间隙后进行真空烧结并形成金属骨架，使高熔点的合金粉末颗粒之间形成很多微小的局部间隙。然后，在钎缝外部添加低熔点的钎料粉末，当加热到连接温度后，熔化的钎料以毛细作用填满钎缝中粉末颗粒之间的间隙，并与粉末颗粒发生冶金反应，最终形成钎焊接头。该方法中高熔点的合金粉末颗粒度应尽量小些，钎焊温度可适当高些。采用该大间隙钎焊方法可获得无明显气孔、缩孔和脆性的接头。

参 考 文 献

[1] 张启运，等．钎焊手册［M］．3 版．北京：机械工业出版社，2017．
[2] 方洪渊．简明钎焊工手册［M］．北京：机械工业出版社，1989．
[3] 陈祝年．焊接工程师手册［M］．北京：机械工业出版社，2002．
[4] YOSHIDA T, OHMURA H. Dissolution and deposit of base metal in dissimilar carbon steel brazing［J］. Welding Journal, 1980, 59（10）：278-282.
[5] 中国机械工程学会焊接学会．焊接手册：第 1 卷　焊接方法及设备［M］．3 版修订本．北京：机械工业出版社，2015．
[6] RABINKIN A, WENSKI E, RIBAUDO A. Brazing stainless steel using a new MBF-series of Ni-Cr-B-Si a-morphous brazing foils［J］. Welding Journal, 1998, 77（2）：66-75.
[7] 庄鸿寿，等．高温钎焊［M］．北京：国防工业出版社，1989．
[8] LUGSCHEIDER E, PARTZ K D. High temperature brazing of stainless steel with nickel-base filler metals BNi-2, BNi-5 and BNi-7［J］. Welding Journal, 1983, 62（6）：160-164.
[9] OLSON D L, SIEWERT T A, LIU S, et al. Welding, brazing, and soldering［M］. ASM International, 1993.
[10] 邹僖．钎焊［M］．修订本．北京：机械工业出版社，1989．
[11] 张贵锋，等．瞬间液相扩散焊与钎焊主要特点之异同［J］．焊接学报，2018，23（6）：92-97．
[12] HUANG X, MIGLIETTI W. Wide gap braze repair of gas turbine blades and vanes-a review［J］. Transactions of the ASME, 2012, 134（1）：010801-1-17.

第9章

异种金属的钎焊

异种金属的可靠连接技术可用于制造具备特定使用性能的完整结构，发挥两种金属材料的性能优势，满足越来越复杂的工况需求，已普遍应用于航空航天、核能、电子、石油化工、汽车和船舶制造等各个领域。

异种金属材料对于连接方法有苛刻的要求，主要原因是两者的材料物理性能和化学性能等往往存在较大差异[1]。连接主要问题有：①材料所含元素的冶金相容性差，在连接界面容易生成脆性化合物；②材料的热物理性能不匹配，导致焊接热循环下接头产生难以调控的残余应力。以上问题导致异种金属连接困难，连接过程难以控制，对接头组织和力学性能造成不良影响，同时会损害接头可靠性，甚至可能严重影响连接结构的完整性。

在所有的连接方法中，钎焊是最适合异种金属连接的方法之一。由于母材在钎焊过程中不存在熔化现象，与传统熔化焊相比，异种金属钎焊的反应产物更容易调控，有望通过界面组织设计来缓解异种金属的热失配，有效提高异种金属连接结构的综合性能[2]。

当前，异种金属钎焊研究旨在实现如下过程控制：①调节相容性，实现钎料对异种金属的良好润湿；②调控界面反应，避免接头形成大量脆性金属间化合物，实现牢固的冶金结合；③缓解异种金属热物理性能失配，在两种母材之间实现梯度过渡，减小焊后接头残余应力[3]。相关研究也都是围绕上述问题展开的。

本章从阐明异种金属钎焊性出发，以应用广泛的铝与不锈钢或铜或钛，以及钛合金与不锈钢典型异种金属组合为主，介绍典型异种金属的钎焊特点、钎剂和钎料的选取准则，以及钎焊工艺特点。

9.1 异种金属钎焊性分析

异种金属钎焊性是指两种不同的金属材料对钎焊过程的适应性，即两种金属材料在一定钎焊条件下获得优质异种金属连接结构的难易程度。异种金属钎焊性主要存在以下问题：

(1) 表面氧化物稳定性差异，润湿难　大多数钎料对铜、钢的润湿作用都比较好，从润湿性角度考虑，铜或钢的钎焊性良好。当异种金属组合中，出现难润湿金属，异种金属的钎焊性就差[4]。润湿性能也与材料表面形成的氧化物及去除的难易程度有关，例如，铜及铜合金表面氧化物的稳定性低且容易去除，润湿容易，故钎焊性好；铝及铝合金、钛及钛合金表面氧化物都极其稳定，氧化膜难以去除，润湿困难，故钎焊性就差。

当两种金属材料氧化膜都容易去除时，这样的异种金属组合钎焊性就好；相反，只要存在氧化膜难以去除的待焊金属，该异种金属组合的钎焊性就会受到影响，表面存在的氧化膜将严重影响钎料的润湿与铺展，导致两种金属母材难以同时被钎料润湿。因此，针对钎焊性不良的金属组合，焊前需要采用活性强的钎剂或机械打磨去除金属表面氧化层，同时钎焊过程使用特定的保护气氛或高真空环境才能取得良好的钎焊效果。

(2) **界面金属间化合物厚，接头脆化倾向大** 钎焊接头的组织直接决定着连接性能，合理的界面反应是异种金属连接的基础。异种金属间往往能形成多种金属间化合物，当反应形成较多脆性金属间化合物（Intermetallic Compounds，IMC）时，或者反应层厚度较大且连续分布时，钎焊性就会受到影响[5]。当界面化合物厚度很薄且不连续时，一般会获得良好性能的接头。例如，铝和铜钎焊后会形成 Cu_2Al、Cu_3Al_2、$CuAl$、$CuAl_2$ 等金属间化合物，其中 Cu_2Al 脆性极大，钎焊过程需要控制该物相生成，否则将严重弱化铝铜组合的钎焊性。通过对母材进行合适的表面改性，或者添加与两侧母材相容性良好的钎料，不仅有助于改善润湿性，同时可以避免形成过量脆性金属间化合物。

(3) **冶金特性差异大，接头质量低** 钎焊过程是一个快速加热和快速冷却的过程，当两种材料线膨胀系数差异较大时，升温过程两种材料的热变形不同，降温阶段两种材料收缩变形同样差异明显，最终导致钎焊后异种金属接头产生非常严重的热致残余应力，这种组合的异种金属结构钎焊性就差。例如，铝的线膨胀系数接近钛的 3 倍，在钎焊界面区域将产生严重的热致残余应力，并且在界面端部还将产生奇异应力，两者将严重影响接头的质量和性能。在不影响接头质量的前提下，通过降低钎焊温度，可以一定程度上缓解热物理性能差异引起的异种金属钎焊性不良现象。异种金属之间熔点的巨大差异也会对钎焊性造成不良影响，为了避免低熔点母材熔化，必须选择熔点较低的钎料体系，这必然影响钎料对高熔点母材的润湿性，将对异种金属的钎焊性造成影响。

9.2 铝与不锈钢钎焊

不锈钢是最常用的结构材料，具有高强度、低成本、耐腐蚀以及加工性能好等优点，然而随着结构轻量化需求的提升，在许多工况下需要将铝合金与不锈钢连接起来使用。铝钢连接结构兼具铝合金质轻、耐蚀性优异和导电性良好以及不锈钢耐高温和高强度的特性，在航空航天、交通运输、石油化工和原子能等行业得到了广泛的应用，在机械零部件轻量化制造中发挥着至关重要的作用。

9.2.1 铝与不锈钢的钎焊性

铝与不锈钢的物理、化学性能存在极大的差异，表 9-1 给出了铝与不锈钢在物理性能方面的差异性。两者由于熔点差异巨大，限制了可选钎料的范围；热导率以及线膨胀系数的较大差异，导致钎焊时易引起很大的残余应力，钎焊接头会产生变形，甚至产生裂纹[6]。铝和不锈钢表面的氧化膜均属于难去除氧化膜，不利于钎料润湿，而且不锈钢表面氧化铬被破坏后也容易再次形成，阻碍了铝与不锈钢的连接，严重影响铝与不锈钢的钎焊性。

铝和不锈钢钎焊的最大难点在于，铝和不锈钢在钎焊过程会形成 $FeAl_3$、Fe_2Al_5、$FeAl_2$、$FeAl$、Fe_3Al 等多种金属间化合物，如图 9-1 给出的 Al-Fe 二元相图所示，这些脆性金属间化合物导致接头脆性增加，加之残余应力作用较大，在服役过程中常常会导致不锈钢和铝之间开裂。

表 9-1　铝与不锈钢在物理性能上的差异

材料	熔点/℃	密度/(g·cm⁻³)	热导率/(W·m⁻¹·K⁻¹)	线膨胀系数/(10⁻⁶·K⁻¹)	弹性模量/GPa
纯 Al	660	2.7	206.9	24	61.74
2024	638	2.7	193	23.2	73.1
6061	652	2.7	180	23.6	68.9
10Cr17	1450	7.7	26.13	10.4	206
12Cr18Ni9	1539	7.93	15.95	16.7	206
17Cr16Ni2	1450	7.75	24.91	9.9	210

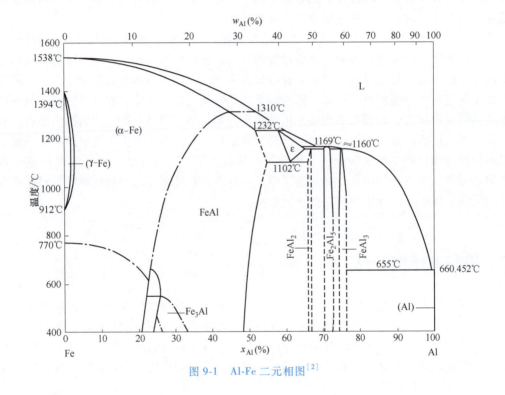

图 9-1　Al-Fe 二元相图[2]

9.2.2　铝与不锈钢钎焊工艺特点

　　铝合金与不锈钢的钎焊最常用的钎料是铝基钎料，如 Al-Si、Al-Si-Mg 以及在 Al-Si 基础上添加其他降熔元素（如 Cu、Zn 等）的钎料，加入合金元素能够改善钎料体系润湿性，优化接头组织[7]。此外，铝基钎料和低熔点的锌基钎料，在铝合金与不锈钢的软钎焊中也被广泛使用，此时需要在铝合金和不锈钢母材表面进行改性处理，同样可以通过钎料合金化来优化钎料体系性能。

　　铝合金与不锈钢的钎焊方法主要有炉中钎焊、火焰钎焊、真空钎焊、高频感应钎焊、超声波钎焊和熔钎焊等。

1. 炉中钎焊

　　由于加热过程较长，通常会形成较厚的 Fe-Al 金属间化合物层，需要通过表面改性和优化钎料体系来改善接头连接质量。钎焊前可以对不锈钢进行表面改性,例如,电镀 Ni 或 Ni-Cu 层、离子注入 Al 层、PVD 沉积 Cu 层等,表面改性促进了钎料在母材表面润湿,同时一定程度上可以阻碍 Fe 和 Al 元素的互扩散,减少了接头脆性 Fe-Al 金属间化合物的生成。除了真空钎焊外,当使用铝基钎料硬钎焊铝合金与不锈钢时,要注意防止不锈钢在加热过程中的表面氧化,因为铝钎剂不能保护不锈钢。为此钎焊过程需要施加保护气体,使用钎剂去除氧化膜,同时利用保护气体避免不锈钢再次氧化。

2. 高频感应钎焊

铝合金与不锈钢高频感应钎焊时,通常使用 Al-12Si 共晶钎料配合氟铝酸盐系列钎剂(Nocolok 钎剂),在氩气保护下进行高频感应快速加热,同时钎焊过程施加压力有助于提高铝合金与不锈钢的连接质量。这种方法工艺简单、生产率高、钎缝缺陷极少,由于高频感应加热时间非常短,有效缩短了液态铝基钎料与不锈钢的接触时间,可以避免或减少 Fe-Al 金属间化合物的生成,因此能够获得力学性能和密封性都非常好的接头。图 9-2 所示为使用 Al-10Si 钎料高频感应钎焊铝合金与不锈钢的接头微观组织。火焰钎焊加热时间也较短,同样可以有效控制接头 Fe-Al 化合物的形成,但火焰钎焊不易控制加热温度和时间,会导致连接质量不稳定。

3. 接触反应钎焊

利用 Al 与 Si 接触共晶反应原理,不使用 Al-Si 钎料合金,而是采用硅粉、钎剂和黏结剂配好的钎料膏,使用高频感应进行加热,钎料膏中的 Si 与铝合金中的 Al 发生共晶反应形成共晶液相,冷却凝固后实现铝合金与不锈钢的连接,这种方法可以进行铝合金与不锈钢的大面积钎焊。

4. 熔钎焊

熔钎焊(Welding Brazing)是近些年发展起来的新兴钎焊技术,该方法主要适用于熔点差异较大的异种金属体系,焊接时低熔

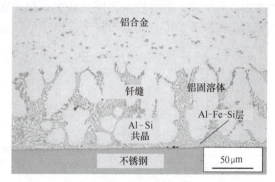

图 9-2 高频感应钎焊铝合金与不锈钢的接头微观组织[8]

点金属熔化,高熔点金属不熔化,熔化的低熔点金属在高熔点金属上润湿铺展反应,最终实现冶金结合。熔钎焊方法最初基于铝与钢的焊接而提出,后来也逐渐拓展到铜与钢、铝与钛等多种异种金属体系。这种方法利用电弧、激光等作为热源,与传统的炉中钎焊相比,具有更高的焊接效率,而且焊件尺寸不会受到限制。但由于熔钎焊需要实现低熔点金属侧的熔化,冷却速度很快,接头应力问题非常突出,一般适合于薄板的搭接、对接等接头形式,不适用于大面积焊接。

铝与钢的熔钎焊研究较为深入,主要工作聚焦于钢表面润湿性能的改善和接头界面反应的调控。其熔钎焊一般采用铝基合金焊丝,通过在钢表面进行镀锌处理,可以改善液态铝在钢表面的润湿性。为了抑制界面 Al-Fe 脆性化合物,需要严格控制热输入,冷金属过渡(Cold Metal Transfer,CMT)技术是一种有效的手段,通过焊接过程中焊丝回抽,可以有效降低热输入,有助于提升铝与钢的熔钎焊质量。由于激光焊接能量密度高,且热源控制精度高,激光熔钎焊也是铝与钢焊接的一种有效手段。

9.3 铝与铜钎焊

铝和铜的导热性、导电性以及耐蚀性均比较优良，是除了钢铁之外工业生产中最常用的两种金属材料。近年来，由于铜资源日益短缺且价格居高不下，严重影响了其在制冷、电力、电子以及国防等领域的应用。而铝在地壳中储量丰富，价格相对低廉，而且重量较轻，是替代铜的理想材料。实际应用中，在局部结构上以铝代铜，形成铝与铜的复合连接结构可以发挥两种材料在成本和性能上的优势，对于节约铜资源，实现零部件轻量化设计具有重要的研究意义和应用价值，因此获得了广泛的应用[9]。

9.3.1 铝与铜的钎焊性

铝与铜的物理、化学性能以及组织成分存在显著的差异，两者进行钎焊时主要存在以下问题：

(1) **脆性金属间化合物的问题** 图 9-3 所示为 Al-Cu 二元合金相图，从图中能够看出，铝和铜可以形成多种脆性金属间化合物，如果在钎焊过程不对界面反应进行调控，一旦在连接界面形成较厚的 Cu-Al 金属间化合物层，将对铝铜接头性能造成严重影响。

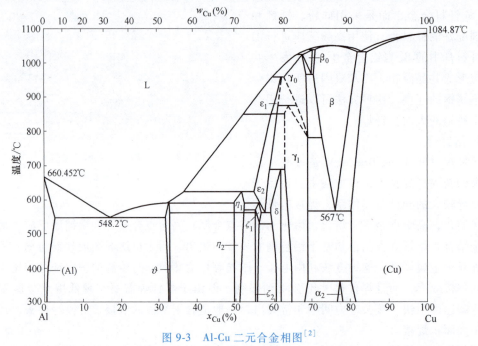

图 9-3 Al-Cu 二元合金相图[2]

为了避免铝与铜钎焊形成过量金属间化合物，可以从优化钎料体系和钎焊工艺以及改善母材表面状态等方面进行研究。例如，选用铝基钎料时，由于钎料中存在大量铝元素，钎料熔化后容易与铜发生反应，在铜的连接界面会形成大量的脆性金属间化合物；为了改善钎焊性，使用锡基或锌基钎料控制钎焊过程钎缝中的铝含量，可以有效避免大量脆性 Al-Cu 金属间化合物的形成[10]。

钎焊工艺对脆性金属间化合物的影响主要体现在钎焊温度和钎焊时间这两个参数上。通过降低钎焊温度和减少钎焊时间,可以显著抑制 Al-Cu 金属间化合物的生长。例如,采用高频感应钎焊,可以大幅缩短钎焊时间,由于金属间化合物来不及生成,可以有效控制界面反应。

对母材表面状态进行改性也是避免形成 Al-Cu 金属间化合物的有效途径。例如,在铝表面电镀 Ni-Sn 合金,或者化学镀 Ni-P 合金,都可以减少铝与铜的直接接触,从而避免形成大量脆性 Al-Cu 金属间化合物。

(2) 接头残余应力问题　表 9-2 给出了常用铜及铜合金的物理性能。与铝合金的物理性能(表 9-1)进行对比可以看出,两者在物理性能方面存在巨大差异,铝和铜的熔点相差 423℃,线膨胀系数相差 40%以上,弹性模量同样相差 40%以上。线膨胀系数的巨大差异,导致铝与铜在钎焊过程中膨胀和收缩不同步,焊缝成形有一定难度,最终在接头中会产生较大的残余应力,严重影响铝铜连接结构的稳定性。完全消除铝铜接头的残余应力存在较大难度,但通过降低钎焊温度,减小钎焊过程中铝和铜的变形差异,能够有效缓解铝铜接头的残余应力。

表 9-2　常用铜及铜合金的物理性能

材料	熔点/℃	密度/(g·cm^{-3})	热导率/(W·m^{-1}·K^{-1})	线膨胀系数/(10^{-6}·K^{-1})	弹性模量/GPa
纯 Cu	1083	8.92	359.2	16.6	107.78
T1	1083	8.92	359.2	16.6	108.30
T2	1083	8.9	359.2	16.6	108.50

9.3.2　铝与铜钎焊工艺特点

铝与铜的钎焊根据特定的使用要求,可以选择软钎料和硬钎料两大类。其中软钎料主要是以锡、锌为主的合金;硬钎料主要是铝基钎料。表 9-3 给出了铝与铜钎焊用部分钎料成分。

表 9-3　铝与铜钎焊用部分钎料成分

钎料类别	化学成分(质量分数,%)							熔化温度范围/℃
	Zn	Cd	Sn	Cu	Si	Al	Mg	
Zn-Sn	20	—	80	—	—	—	—	270~290
	50	21	29	—	—	—	—	335
	58	—	40	2	—	—	—	200~350
Zn-Al	95	—	—	—	—	5	—	382
	92	—	—	3.2	—	4.8	—	380
Al-Si	—	—	—	—	12	88	—	577

Zn-Sn 系钎料能够满足铝和铜低温连接需求,与铝基钎料相比钎焊温度降低超过 200℃,可以大幅度减小接头的热致残余应力,但锡锌焊点也存在脆性较大的问题,容易引起开裂;Zn-Al 钎焊铝和铜接头抗剪强度较高,是较为理想的铝和铜钎焊用钎料;Al-Si 系钎料耐蚀性较好,但熔点高需要较高的钎焊温度,容易引起铝母材的过烧软化,以及会与铜母材剧烈反应,生成大量脆性 Al-Cu 金属间化合物。为了满足更加严苛的使用需求,向传统钎料中加入

适量合金元素对其性能进行优化。例如，Zn-Sn钎料中加入少量Ag或Cu，能够有效缓解锡锌焊点脆性问题，可以提高其可靠性；在Zn-Al钎料中加入质量分数不超过0.2%的La、Nd或Ce等稀土元素，可以改善原有钎料的润湿性，使接头组织更加均匀、致密，晶粒也得到了细化，接头连接强度得到显著提高。

钎焊铝与铜时，焊接方法的选择可以根据母材具体成分和接头结构形式综合考虑，铝和铜的钎焊方法主要包括炉中钎焊、高频感应钎焊和火焰钎焊。

1. 炉中钎焊

在纯铜与铝合金焊接时，真空或者保护气氛下炉中钎焊是有效的连接方法，此时不需要采用钎剂，可以避免钎剂带来的腐蚀问题。真空或保护气氛钎焊铝和铜接头质量高，零件变形小，但工件尺寸会受到炉腔的限制。对于含有锌的黄铜，不能采用真空钎焊，否则会严重污染设备真空室。

2. 高频感应钎焊

感应钎焊适合铝管与铜管连接，需要根据铝与铜的热膨胀系数和电特性的差异、钎料放置方式以及装配间隙等几个方面注意钎焊的接头设计。感应钎焊时间短，可以有效抑制金属间化合物的生成，焊后外观质量和钎料的填缝能力均较好。图9-4所示为高频感应钎焊铝与铜管接头装配形式和实物样品照片。对于铝管和铜管插接结构的钎焊，接头设计一定要将铜管插入铝管中，这样能够显著减小接头残余应力，避免奇异应力形成。

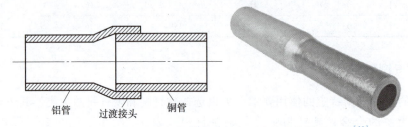

图9-4　高频感应钎焊铝与铜管接头装配形式和实物样品照片[11]

铝与铜的高频感应钎焊需要使用钎剂，用于去除母材表面氧化膜以及在焊接过程对接头位置形成保护。常用的铝与铜钎焊用钎剂以氟铝酸盐钎剂（Nocolok钎剂）为主，Nocolok钎剂为无腐蚀钎剂，在水中溶解度很小，对铝铜钎焊接头影响较小，在铝和铜的钎焊中获得了大量应用。目前，应用较多的Nocolok钎剂包括$KF-AlF_3$和$CsF-AlF_3$两类，$KF-AlF_3$熔盐的共晶温度高达558℃，只能应用于过烧温度超过600℃的铝合金与铜的钎焊；$CsF-AlF_3$的共晶温度低至471℃，能够适用于更多系列的铝合金与铜的钎焊，但其价格约为$KF-AlF_3$钎剂的50倍。近年来，为了降低钎剂熔点，提高钎剂活性和降低成本，三元共晶钎剂得到了广泛关注。

3. 火焰钎焊

铝与铜管接头也可以采用火焰钎焊进行连接，火焰钎焊过程同样时间较短，通过缩短钎焊时间可以减少脆性金属间化合物生成。火焰钎焊在铝与铜小部件连接和小批量生产中优势明显，可以通过涂刷、浸渍或喷涂的方式在工件和钎料上加钎剂，方便实现自动化生产。铝与铜火焰钎焊的钎剂与其感应钎焊所有钎剂相同。

4. 其他

超声波辅助钎焊铝与铜结构也是一种高质量钎焊方法。超声波空化效应能够去除铝和铜表面氧化膜,同时,超声波能够破碎 Al-Cu 金属间化合物,使接头形成弥散强化效果。近些年,多种复合钎焊技术不断应用于铝与铜的连接,包括电弧熔钎焊、激光熔钎焊和搅拌摩擦钎焊等。

9.4 铝与钛钎焊

钛及钛合金具有比强度高、耐腐蚀以及耐高温等优势,在航空航天、汽车和核工业等领域应用相当普遍,已成为现代工业重要的基础物质材料。在这些领域的轻量化结构设计中,铝和钛的连接结构被广泛使用,铝/钛复合结构具有比强度高、低温韧性和耐蚀性良好、重量轻以及成本低等优点,充分利用了钛和铝的性能优势。所有的钛及钛合金都可以与铝进行连接,常用的钛及钛合金包括 TA2、TA7 和 TC4 等。

9.4.1 铝与钛的钎焊性

铝和钛都属于非常活泼的金属,在物理、化学和力学性能等方面相差较大。表 9-4 给出了钛及钛合金的物理性能,可以看出与铝的物理性能差异较大,其中钛的熔点比铝高 1000℃,热导率不到铝的 1/10,线膨胀系数仅为铝的 1/3,弹性模量也仅有铝的 1/2。巨大的物理性能差异,导致铝与钛钎焊过程会产生很大的残余应力,应力作用下容易引起焊接变形和裂纹,影响了铝钛结构的可靠性。

表 9-4 钛及钛合金的物理性能

材料	熔点/℃	密度/(g·cm^{-3})	热导率/(W·m^{-1}·K^{-1})	线膨胀系数/(10^{-6}·K^{-1})	弹性模量/GPa
纯 Ti	1670	4.51	16	8.6	105
TA2	1665	4.51	16.4	8.6	105
TC4	1660	4.43	6.7	8.6	113.8

图 9-5 所示为 Ti-Al 二元相图,铝与钛之间固溶度很低,且在不同温度和很大成分比例范围内存在多种脆性金属间化合物,如 Ti_3Al、$TiAl$、$TiAl_2$、Ti_2Al_5、$TiAl_3$ 等,容易导致接头脆性增加,影响了接头力学性能。钛及钛合金的高温活性极强,具有强烈的氧化倾向,所以钎焊时需要预防钛的氧化;此外,钛还具有强烈的吸气倾向,在加热过程会吸收氧气、氢气和氮气,温度越高,吸气越剧烈,最终造成钛的塑性、韧性急剧下降。铝和钛表面都容易形成致密的氧化膜,不利于钎料在其表面润湿铺展,对铝与钛的钎焊性造成了不良影响,所以钎焊铝与钛时需要采用真空保护或惰性气体保护。由于钛的活泼性极强,钎剂难以充分去除其表面氧化膜以及预防进一步氧化,所以钎焊铝与钛时很少使用钎剂。

9.4.2 铝与钛钎焊工艺特点

由于铝和钛的熔点差异悬殊,钎焊铝与钛时,一般采用铝基钎料,其中 Al-Si 合金钎料体系应用最为广泛,以 Al-Si 钎料作为基础,加入多元合金能够起到降低钎料熔点,促进钎料与母材之间扩散的作用。例如,Al-10Si-1Mg 钎料中的少量镁元素可降低钎料熔点,

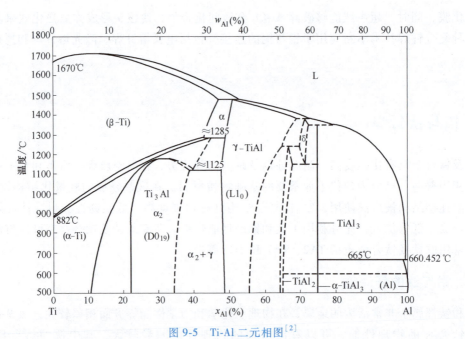

图9-5 Ti-Al 二元相图[2]

Al-9.6Si-20Cu 钎料中的铜元素可以将钎料熔点降低 60℃，同时提高了钎料体系的润湿性。此外，有些合金元素不仅能够降低钎料熔点，改善润湿性，还起到了抑制脆性金属间化合物生成的作用。例如，Al-10.3Si-10Sn-0.2Ga 钎料中加入一定比例的锡和镓，可以改善接头组织形态，具有提高接头连接性能的作用。表 9-5 给出了铝与钛钎焊用部分铝基钎料成分。钎焊前在母材表面预制扩散阻挡层，也是抑制铝和钛接头脆性金属间化合物生成的有效途径。例如，在钛合金表面进行镀镍处理，不仅有效抑制了 Ti-Al 脆性金属间化合物的产生，提高了接头性能，而且有效提高了钎料在钛合金表面的润湿性。

表 9-5 铝与钛钎焊用部分铝基钎料成分

钎料类别	化学成分(质量分数,%)							熔化温度/℃
	Al	Si	Mg	Cu	Ge	Sn	Ga	
Al-Si	88	12	—	—	—	—	—	592
Al-Si-Mg	89	10	1	—	—	—	—	580
Al-Si-Cu	70.4	9.6	—	20	—	—	—	535
Al-Si-Cu-Ge	62	8.4	—	20	9.6	—	—	513
Al-Si-Sn-Ga	79.5	10.3	—	—	—	10	0.2	569

钛及钛合金高温活性极强，对氧的亲和力很大，具有强烈的氧化倾向，同时还具有强烈的吸气特性，加热过程会吸收氢和氮，温度升高吸气能力明显上升，造成钛合金塑性、韧性急剧降低。因此，在钎焊铝与钛以及对接头进行热处理时，需要进行保护，预防母材氧化和钛合金发生吸气反应，如采用真空、还原性气体或氩气保护等。目前适用于铝与钛钎焊的方法包括真空炉中钎焊、高频感应钎焊以及熔钎焊等。

1. 真空炉中钎焊

钎焊铝和钛一般采用真空炉中钎焊，真空环境对母材构成了有效保护，可以解决连接过程母材的氧化问题；同时，所选钎料体系成分设计更加灵活，有利于钎料进行成分优化，提高连接质量，但是加热时间较长，容易形成过多脆性金属间化合物，导致接头脆性增加。

2. 高频感应钎焊

采用高频感应钎焊能够大幅度提高接头的连接性能，这是由于高频感应加热过程短暂，金属间化合物还来不及生成，因而得到的铝钛接头具有良好的力学性能。但是由于此方法仅对管材的连接有较大优势，因此它的应用和推广存在一定的局限性。图 9-6 所示为 3A21 铝合金与 TA2 钛采用 Al-12Si 钎料真空高频感应钎焊接头及界面区域的微观组织，从图中可以看出，钎料与钛合金的连接界面处几乎没有任何金属间化合物的形成。

3. 熔钎焊

近些年，电弧熔钎焊、激光熔钎焊和搅拌摩擦钎焊开始应用于铝与钛的连接。熔钎焊技术均可以明显抑制接头界面金属间化合物的形成和改善接头的相关性能，但一些问题需要得到妥善处理。具体来说，电弧熔钎焊技术难以调控电弧热输入，这将容易引起钛母材的熔化，从而使钛与铝反应加剧，生成更多的脆性金属间化合物；激光熔钎焊加热速度快，接头温度变化剧烈，由于铝和钛热物理性能

图 9-6 3A21 铝合金与 TA2 钛采用 Al-12Si 钎料真空高频感应钎焊接头及界面区域的微观组织[11]

差异巨大，容易出现接头各个区域温度极度不均匀导致的内部组织差异明显的问题，对接头性能造成了不良影响。

9.5 钛与不锈钢钎焊

钛合金与不锈钢因其优异的综合性能在航空航天、船舶制造、核工业以及石油化工等领域均得到了广泛应用。但两种材料也存在各自的劣势，例如，钛合金的成本高且加工性差，不锈钢的耐蚀性远不及钛合金且密度大。在许多场合下，需要将钛合金与不锈钢连接在一起，作为一个整体来应用，如航天推进系统中的钛合金与不锈钢导管机构、核能管道中的钛合金与不锈钢管路结构等。钛合金与不锈钢的连接结构不仅能满足多样化环境对结构性能的综合要求，同时可以发挥两种材料的性能优势，降低成本。

9.5.1 钛与不锈钢的钎焊性

钛合金与不锈钢在组织成分及物理、化学性能方面存在明显的差异，目前两种材料在进行钎焊连接时还存在很多问题。首先，钛合金与不锈钢在熔点、热导率、线膨胀系数以及弹性模量等物理性能上存在明显的差异，这导致两种材料钎焊后在接头界面区域会形成非常严重的热致残余应力，在界面端部还将产生奇异应力，残余应力和奇异应力都很难彻底消除。钛及钛合金与不锈钢的大型构件钎焊后，通常需要再进行一道退火工序，可以一定程度上减

小接头残余应力。此外，通过合理的结构设计也可以降低残余应力和奇异应力。例如，对于钎焊钛合金管与不锈钢管的插接结构时，将线膨胀系数小的钛合金管装配入不锈钢管中，可以有效降低残余应力的影响[12]。

钛合金与不锈钢存在明显的冶金不相容，分析图 9-7 所示的二元相图可知，铁在钛中的溶解度极低，室温下铁在 α-Ti 中的固溶度只有 0.05%~0.1%（质量分数）左右，当铁在钛中的含量超过 0.1%（质量分数）时，冷却后就会有大量的脆性金属间化合物形成（TiFe、$TiFe_2$）。由于钎焊加热过程钛与铁之间会发生强烈互扩散，所以铁在钛中极容易达到饱和，因此，需要控制界面元素扩散。钛还易与不锈钢基体中的碳、铬、镍元素反应形成 TiC、$TiCr_2$、TiNi、$TiNi_2$ 等多种金属间化合物，将使接头脆性增加，导致接头力学性能降低，严重影响接头组织与性能的可靠性。

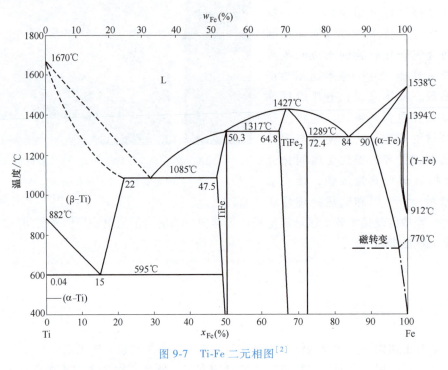

图 9-7 Ti-Fe 二元相图[2]

9.5.2 钛与不锈钢钎焊工艺特点

钛合金与不锈钢可以选择熔点较高的钎料体系，但需要注意的是，钎料的熔点应低于钛合金相变点，避免对钛合金母材造成影响，钎料必须在钛合金和不锈钢表面同时具备良好的润湿性。常用于钎焊钛合金与不锈钢的钎料主要有：金基钎料、铝基钎料、银基钎料、镍基钎料和钛基钎料等。其中，金基钎料价格比较昂贵，限制了其使用范围；铝基钎料钎焊温度低，远低于钛合金相变温度，对母材性能影响极小，但界面反应生成的金属间化合物难以调控，会引起接头脆化、耐蚀性变差等问题；银基、镍基和钛基钎料应用都较多，表 9-6 列出了钛与不锈钢钎焊用部分钎料成分及熔化温度。

根据钛合金与不锈钢的性能特点以及钎焊特性，钛合金与不锈钢的钎焊过程通常需要真空保护或惰性气体保护，其中以真空保护的效果最佳，高频感应钎焊也有一定的应用。

表 9-6 钛与不锈钢钎焊用部分钎料成分及熔化温度

钎料类别	牌号	化学成分(质量分数,%)	熔化温度/℃
Ag 基钎料	BAg72Cu	Ag-28Cu	780
	BAg72CuLi	Ag-28Cu-0.2Li	766
	BAg60CuSn	Ag-30Cu-10Sn	590~720
	Ag77.6Cu20Ni2Li	Ag-20Cu-2Ni-0.4Li	780~800
	Ag51Cu45.5Ti	Ag-45.5Cu-3.5Ti	780~850
Ni 基钎料	BNi76CrP	Ni-14Cr-10P-0.08C	890
	BNi82CrSiB	Ni-7Cr-3.1B-4.5Si-3Fe-0.06C	970~1000
Ti 基钎料	Ti72Cu14Ni	Ti-(13~15)Cu-(13~15)Ni	900~940
	Ti48Zr4B	Ti-48Zr-4B	890~900
	Type1510	Ti-37.5Zr-15Cu-10Ni	805~815
	Type1515	Ti-35Zr-15Cu-15Ni	770~820

1. 真空炉中钎焊

大型紧密复杂组件采用真空炉中钎焊比较有利,整个加热和冷却过程焊件受热均匀,形变容易控制,接头质量高。值得注意的是,钎焊钛合金与不锈钢的真空炉最好专用或至少在一段时间内专用,以避免其他无关材料污染钛合金,对钎焊过程产生不利影响。真空炉中钎焊工艺周期长,钎料和钛合金以及不锈钢反应时间长,会促使形成金属间化合物。因此,要合理选择钎料体系,调控界面反应,避免形成过多脆性金属间化合物。钛合金与不锈钢的真空炉中钎焊大量使用银基、镍基和钛基钎料。

银基钎料熔点适中,工艺性好,是最早用于钎焊钛合金和不锈钢的钎料体系。Ag-Cu 钎料与两侧母材润湿性均较好,Cu 元素向两侧母材扩散,形成具有一定宽度的过渡层,钎缝中心区域以韧性良好的银基固溶体为主,其塑性变形有利于吸收一定的残余应力。钎料中加入合金元素可以降低熔点、调控界面反应、改善接头力学性能,如 Ag-28Cu-0.2Li 由于少量 Li 元素的加入,钎料熔点降低,同时提高了界面合金化程度,Ag-20Cu-2Ni-0.4Li 钎料体系在 Ni 和 Li 元素的协同作用下,钎焊钛合金与不锈钢,可以明显提高接头的强度和韧性。银基钎料高温强度不足,因此主要适用于服役温度较低(<450℃)的不锈钢-钛合金连接结构。值得注意的是,由于 Ag 基钎料中的合金元素与钛具有更高的反应活性,会在钛合金侧形成金属间化合物偏聚现象,而不锈钢侧金属间化合物较少,图 9-8 所示为 Ag-45.5Cu-3.5Ti 钎料真空钎焊钛合金与不锈钢获得的接头微观组织,在钛合金侧发生了金属间化合物偏聚现象。

镍基钎料钎焊钛合金与不锈钢,接头高温性能良好,加入 B、Si、P 等元素能够显著降低镍基钎料体系熔点,Cr 元素可以提高钎料

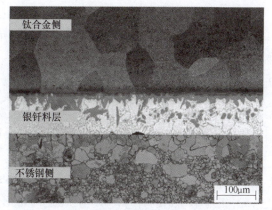

图 9-8 Ag-45.5Cu-3.5Ti 钎料真空钎焊钛合金与不锈钢获得的接头微观组织[13]

抗氧化性，促进 Ni 固溶强化，如 BNi76CrP 钎料属于共晶成分，熔点低，流动性极好，对母材的溶蚀作用不大，适合钎焊薄壁构件。镍基钎料组织含有大量脆性金属间化合物，难以进行塑性加工，因此，镍基钎料通常以粉末、黏带和非晶态箔带形式使用，非晶态箔带具有成分均匀、熔点低、杂质及气体含量极少、对母材溶蚀小等优势，具有广阔的应用前景。

钛基钎料钎焊钛合金和不锈钢，其接头强度高、耐蚀性和耐热性良好，Zr、Cu、Ni、Be 等作为降熔元素加入钎料体系。当钎料中含有大量 Cu 和 Ni 时需要严格控制钎焊温度和保温时间，因为 Cu、Ni 元素与两侧母材强烈作用，会对基体造成溶蚀和形成脆性的扩散层。Zr 与 Ti 无限固溶，且不会影响钛合金相变温度，与 Cu、Ni 能形成共晶，可获得低熔点的 Ti-Zr-Ni-Cu 钎料体系。钛基钎料同样加工性差，主要以粉末、钎料膏或非晶态使用，目前，非晶态钛基钎料已经被广泛用于钎焊钛合金和不锈钢。

此外，焊前对母材进行表面改性，可以起到阻隔元素扩散、调节界面反应的作用。例如，钛合金表面镀银能够有效阻隔 Ti 元素向钎缝扩散；不锈钢侧电镀镍或镍-铬复合层都可以阻挡 Fe 元素向钎缝扩散，减少 Ti-Fe 金属间化合物的形成，但镍层不适合制备在钛合金表面，因为 Ni 层对 Ti 原子阻碍较弱，且会与 Ti 形成多种脆性金属间化合物。

2. 高频感应钎焊

小型对称钛合金与不锈钢复合零件使用感应钎焊比较合适，高频感应加热同样可以在真空或惰性气氛中进行，由于高频感应加热时间短，能够避免金属间化合物的生成，从而可提高接头的性能。钛合金与不锈钢的高频感应加热过程可以进行超声辅助钎焊，超声能场利用空化效应破碎 Ti-Fe 金属间化合物，使接头形成弥散强化效果，提高钛合金与不锈钢的连接质量。

9.6 本章小结

1）异种金属钎焊，表面氧化物稳定性存在差异，润湿难。表面氧化膜严重影响钎料的润湿及铺展，只要存在氧化膜难以去除的待焊金属，协调两种金属母材同时去除氧化膜并实现钎料润湿是很困难的。

2）异种金属钎焊，界面 IMC 厚，接头脆化倾向大。本章涉及的特性截然不同的异种金属之间的钎焊，它们都存在钎料与母材之间的异质连接问题。这些金属元素之间往往形成金属间化合物，接头界面脆性金属间化合物出现，或者化合物厚度大且连续，均导致接头力学性能下降。

3）异种金属钎焊，冶金特性差异大，接头质量低。线膨胀系数差异大，导致钎焊接头产生非常严重的热致残余应力；熔点差异，使钎焊加热温度受限制，钎料设计和选择难，协调润湿性和接头力学性能难。

4）铝与不锈钢、铜、钛的钎焊核心问题：①铝表面氧化膜去除难；②Al 与 Fe、Cu、Ti 形成多种金属间化合物；③熔点最大差异 1010℃。

5）铝与不锈钢的钎焊。Al 与 Fe 之间可形成 $FeAl_3$、Fe_2Al_5、$FeAl_2$、$FeAl$、Fe_3Al 等多种金属间化合物。焊前不锈钢进行表面改性的方法，可减少界面金属间化合物生成并促进润湿；Al 基钎料钎焊居多，工艺方法可采用炉中钎焊、感应钎焊、冷金属过渡（CMT）电弧熔钎焊等。

6) 铝与铜的钎焊。Al 与 Cu 之间可形成 Cu_2Al、Cu_3Al_2、$CuAl$、$CuAl_2$ 等金属间化合物，其中 Cu_2Al 脆性大；钎料的选用以 Al 基和 Zn 基为主，可以采用钎剂钎焊，工艺方法可选用炉中钎焊、感应钎焊等。

7) 铝与钛的钎焊。Ti 与 Al 之间形成 Ti_3Al、$TiAl$、$TiAl_2$、Ti_2Al_5、$TiAl_3$ 等金属间化合物。焊前钛合金表面可通过镀镍抑制金属间化合物生成，钎料选用以 Al 基钎料为主，工艺方法可选用真空炉中钎焊、感应钎焊。

8) 钛与不锈钢钎焊。Ti-Fe 冶金不相容，Ti 与不锈钢基体的 C/Cr/Ni 会形成多种脆性金属间化合物，如 $TiFe$、$TiFe_2$ 等，以及 TiC、$TiCr_2$、$TiNi$、$TiNi_2$ 等。钎料多选用 Ag 基、Ni 基、Ti 基高温钎料，工艺方法以真空钎焊为主。

思 考 题

1. 异种金属钎焊性主要与哪些因素有关？
2. 异种金属钎焊时，如何选择钎剂？为降低钎剂熔点可采用哪些方法？
3. 铝合金与铜合金钎焊用钎料有哪些？多种钎料体系分别有哪些特点？
4. 铝合金与铜合金常用的钎焊方法有哪些？其工艺要点是什么？
5. 铝合金与钛合金钎焊的难点有哪些？钎料选取原则是什么？
6. 铝合金管与不锈钢管进行钎焊时，接头结构如何设计？适合的钎焊方式是什么？
7. 铝合金与不锈钢钎焊如何抑制 Fe-Al 脆性金属间化合物生成？
8. 熔钎焊适用于哪些异种金属体系？对焊接材料、工艺和装备有何特殊要求？
9. 钛合金与不锈钢钎焊用钎料有哪些？多种钎料体系分别有哪些特点？
10. 真空炉中钎焊钛合金与不锈钢的工艺要点是什么？

趣味故事或创新故事

铝与钢电弧熔钎焊技术的发明

铝与钢电弧熔钎焊技术，是伴随着汽车行业车身轻量化的需求应运而生的。20 世纪 90 年代，随着人类环保意识的增强，为了减小车身自重、降低能耗，需要大幅降低车身钢铁材料的使用。铝合金具备轻质、高强、耐蚀的优点，使用铝合金部分取代车体钢材成为首选。如何实现铝合金与钢的可靠连接，成为困扰汽车行业的重大难题。传统的螺栓连接以及铆接方式会增加装配空间，无法满足车体紧凑和美观设计要求，最常用的熔化焊容易导致界面生成大量脆性金属间化合物，焊接可靠性不足，实现铝合金与钢的高效焊接成为汽车制造业急需的关键技术。虽然铝与钢真空钎焊技术生产效率较低，不适用于汽车生产，但铝与钢钎焊中母材不熔化，避免了金属间化合物的大量生成。受此启发，德国不来梅大学、德国汉诺威大学、日本大阪大学等研究人员巧妙地将钎焊与电弧焊结合，电弧主要作用在铝合金表面，使铝合金熔化而钢不熔化，最终在铝侧形成熔焊结合，钢侧形成钎焊结合，不仅控制了接头金属间化合物生成，而且大幅降低了热输入，提高了焊接效率，铝与钢电弧熔钎焊技术开始受到产业界青睐。

电弧熔钎焊技术提出初期，熔滴短路过渡造成的飞溅问题一直没有得到很好的解决。20 世纪 90 年代末期，美国林肯电器提出了表面张力过渡技术（STT），通过切断熔滴过渡瞬间的热输入可以解决飞溅问题。2004年，奥地利福尼斯公司提出了冷金属过渡（CMT）技术，通过在熔滴过渡瞬间回抽焊丝，有效降低热输入，同样解决了焊接飞溅难题。最终，铝与钢电弧熔钎焊技术与无飞溅熔滴过渡技术结合，完美解决了铝与钢焊接的冶金与飞溅难题，使得铝与钢焊接在汽车制造中得以成功应用，推动了汽车产业铝替代钢的轻量化发展。

参 考 文 献

[1] 邹僖. 钎焊 [M]. 修订本. 北京：机械工业出版社，1989.

[2] 张启运，庄鸿寿. 钎焊手册 [M]. 3版. 北京：机械工业出版社，2017.

[3] 方洪渊，冯吉才. 材料连接过程中的界面行为 [M]. 哈尔滨：哈尔滨工业大学出版社，2005.

[4] 赵兴科. 现代焊接与连接技术 [M]. 北京：冶金工业出版社，2016.

[5] 赵越，张永约，吕瑛波. 钎焊技术及应用 [M]. 北京：化学工业出版社，2004.

[6] 张贵锋，等. 铝（铜）/不锈钢异种金属大直径搅拌摩擦钎焊界面组织特征与工具的去膜效果 [J]. 焊管，2019，42（2）：11-18.

[7] 庄鸿寿. 异种金属的钎焊 [J]. 焊接，2009（2）：22-25.

[8] FEDOROV V, UHLIG T, WAGNER G. Joining of aluminum and stainless steel using AlSi10 brazing filler：microstrcutrue and mechanical properties [J]. AIP Conference Proceedings，2017，1858：030005.

[9] 张汇文，等. 超声波辅助钎焊铜/铝异种金属接头界面组织性能及强化机制 [J]. 焊接学报，2015，36（1）：101-105.

[10] 董博文，等. 铜-铝异种金属钎焊材料的研究现状 [J]. 焊接，2019（5）：7-12.

[11] 曲文卿，等. 异种材料的连接 [J]. 航天制造技术，2006（3）：44-49.

[12] 刘阳，等. 钛合金与不锈钢异种金属钎焊的研究进展 [J]. 焊管，2019，42（3）：1-7.

[13] ELREFAEY A, TILLMANN W. Interface characteristics and mechanical properties of the vacuum-brazed joint of titanium-steel having a silver-based brazing alloy [J]. Metallurgical and Materials Transactions A，2007，38：2956-2962.

第10章

无机非金属材料的钎焊

无机非金属材料是与有机高分子材料和金属材料并列的三大材料之一。传统的无机非金属材料，如水泥、玻璃、陶瓷、碳材料、非金属矿等，是工业生产中的基础材料；为满足特殊需求，也出现了一些新型的无机非金属材料，如磁性材料、高温结构陶瓷、无机复合材料等。本章主要以陶瓷、硬质合金和碳材料为主，讨论无机非金属材料的钎焊。

无机非金属材料的钎焊方法以真空钎焊为主，钎料也以硬钎料为主，如银基钎料、钛基钎料、镍基钎料以及复合钎料等。为获得优质的钎焊接头提供理论指导，在钎焊连接机理、界面反应层生长动力学等方面的研究一直是关注的焦点。钎焊的主要科学问题体现在如下几个方面：

（1）**润湿困难** 常规的钎料大多对金属母材润湿较好，但对陶瓷、碳材料及硬质合金润湿性较差，甚至根本不润湿。

（2）**连接界面脆化** 钎焊时钎料合金中的活性元素与母材发生化学反应，在界面生成金属间化合物或碳化物、氮化物、氧化物等，这些化合物硬度高且脆性大，分布复杂，造成接头强度下降，甚至导致接头脆性断裂。

（3）**连接界面残余应力大** 待焊母材之间或母材与钎料之间的热膨胀系数差异较大，在连接过程中，接头易产生残余应力，由于热应力的分布极不均匀，在界面产生应力集中，易导致接头的承载性能下降。

本章主要阐述陶瓷钎焊、碳材料钎焊及硬质合金的钎焊性、钎料及钎剂、钎焊工艺及接头性能等。

10.1 陶瓷钎焊

10.1.1 陶瓷分类与性能

陶瓷材料通常是指将金属或类金属与氧、氮、碳等原料，经制粉、混合配料、成形和高温烧结等过程合成的无机化合物材料。陶瓷晶体一般通过离子键和共价键的混合形式结合。

按照材料的功能划分，陶瓷可分为结构陶瓷和功能陶瓷。结构陶瓷是以强度、刚度、韧性、耐磨性、硬度、疲劳强度等力学性能为特征的材料，常见的结构陶瓷见表10-1，相比于金属材料和高分子材料，这类陶瓷可以承受更加严酷的工作环境，应用广泛。功能陶瓷是指以电、磁、光、声、热、力等信息的检测、转换、耦合、传输及存储等功能为主要特征的材料，主要包括铁电、压电、介电等新型陶瓷材料，是近代高技术领域的关键材料。

表 10-1 常见的结构陶瓷

种类		组成材料
氧化物陶瓷		Al_2O_3、ZrO_2、SiO_2、BeO 等
非氧化物陶瓷	碳化物	SiC、TiC、B_4C、WC、ZrC 等
	氮化物	Si_3N_4、AlN、BN、TiN、ZrN 等
	硼化物	ZrB_2、WB

陶瓷具有极为稳定的化学结构。一般情况下,不再与介质中的氧发生作用,甚至在1000℃的高温下也不会氧化,大多数陶瓷具有较强的抵抗酸、碱、盐类以及熔融金属腐蚀的能力。表 10-2 列出了常用结构陶瓷的物理性能和力学性能。陶瓷的滑移系很少,受外力作用时几乎不能产生塑性变形,发生脆性断裂,抗冲击能力较差,陶瓷的硬度和室温弹性模量较高。陶瓷内部存在大量的微气孔,致密程度比金属差,抗拉强度很低,但抗压强度较高。

表 10-2 常用结构陶瓷的物理性能和力学性能

材料	熔点 /℃	密度 /(g·cm^{-3})	弹性模量 /GPa	线膨胀系数 /(10^{-6}·K^{-1})	热导率 /(W·cm^{-1}·K^{-1})	电阻率 /(Ω·cm)	介电常数 /(F·m^{-1})	抗弯强度 /MPa
氧化铝(Al_2O_3)	2025	3.9	382	9.2	0.314	>10^{14}	9.35	370~450
氧化锆(ZrO_2)	2550	3.5	205	≥10	0.0195	>10^{14}	—	650
氮化硅(Si_3N_4)	1900	3~3.2	320	3	0.3	>10^{13}	9.4~9.5	65
氮化硼(BN)	3000	2.27	—	7.5	—	>10^{14}	3.4~5.3	—
氮化铝(AlN)	2450	3.32	379	4.5~5.7	0.7~2.7	>10^{14}	8.8	40~50
碳化硅(SiC)	2600	3.2	450	4.6~4.8	0.81	10~10^3	45	78~90

10.1.2 陶瓷钎焊性

1. 润湿困难

陶瓷结合键很稳定,导致大多数金属与陶瓷很难成键,不发生相互作用,因此一般金属钎料很难润湿陶瓷。改善陶瓷的润湿性,常用的方法是在钎料中加入活性元素,钎料熔化后活性元素与陶瓷发生化学反应,以此实现钎料对陶瓷的润湿。常用的活性元素是过渡族金属元素,如 Ti、Zr、Cr、Nb、Hf、Ta 等。过渡族金属具有很强的化学活性,这些金属元素对氧化物、硅酸盐等具有较大的亲和力,可以通过化学反应在陶瓷表面形成反应层,借助于此反应过渡层实现润湿。

2. 接头应力较大

陶瓷与金属的物理和化学性能差异较大,特别是其热膨胀系数的差异,导致在钎焊加热和冷却过程中陶瓷与金属的膨胀和收缩不一致,焊后接头中存在较大的应力梯度,导致残余应力较大或应力集中的出现，使接头的力学性能下降。为了缓解陶瓷钎焊接头的残余应力，通常采用特殊的结构设计或钎料，提高接头的力学性能。

10.1.3　陶瓷钎焊工艺特点

根据钎焊工艺原理，陶瓷钎焊可分为表面金属化钎焊、玻璃钎料钎焊、活性钎料钎焊和复合钎料钎焊。其中，前两种方法发展较早；活性钎料钎焊方法是近20年发展起来的，已经成为陶瓷钎焊的主流方法。

1. 表面金属化钎焊

为解决金属钎料与陶瓷不润湿的问题，可通过陶瓷表面金属化的方法，在表面镀覆一层金属，将陶瓷钎焊转化为金属钎焊。

陶瓷表面金属化钎焊，是采用烧结或其他方法在陶瓷表面预置一层金属作为中间层，再采用钎料将陶瓷表面层金属与金属进行钎焊连接。陶瓷表面金属化的方法有很多，如Mo-Mn法、化学镀等，具体过程如下：

(1) Mo-Mn 金属化法[1]　该法是陶瓷金属化工艺中发明最早、最成熟、应用范围最广的方法，常用于氧化铝陶瓷的金属化，由陶瓷表面处理、金属膏剂化、配制与涂敷、金属化烧结、镀镍等工序组成。将Mn和Mo的细粉混合制成膏剂，涂敷在陶瓷表面，在湿氢气或氮氢混合气氛下高温烧结制得金属化层。烧结过程中，膏剂中的Mn在湿氢气中与水反应生成MnO，在高温下，MnO溶入陶瓷中的玻璃相并促进其流动，使其向Mo层空隙及氧化铝陶瓷中渗透，还可以与陶瓷中的Al_2O_3和SiO_2反应生成$MnAl_2O_4$、Mn_2SiO_4和$MnSiO_3$等玻璃相包裹下的Mo，在高温下烧结形成海绵状的金属化层，并与陶瓷形成紧密的结合。在金属化层上再电镀金属镍，可进一步改善润湿性。

(2) 化学镀金属化法　该法指在没有外加电场的环境下，利用材料表面的自催化作用，通过控制化学还原法进行的金属沉积工艺，包括基材表面除油和酸洗、催化活化、施镀等过程。可在形状复杂的零件上镀覆，镀层厚度均匀。

2. 玻璃钎料钎焊

玻璃钎料钎焊中，采用的是氧化物混合物作为钎料，利用高温下氧化物形成共晶产生熔化进行钎焊。常用的氧化物混合物有Al_2O_3-MnO-SiO_2系和Al_2O_3-CaO-MnO-SiO_2系，它们对氧化物陶瓷、难熔金属及铁镍合金等材料具有极好的润湿性，同时还可调整氧化物混合物的化学成分，使其线膨胀系数与母材接近。表10-3所示为常用于钎焊陶瓷的玻璃钎料成分。

表10-3　常用于钎焊陶瓷的玻璃钎料成分[2]

系列	成分(质量分数,%)				熔制温度/℃	线膨胀系数/×$10^{-6}$$K^{-1}$
Al-Dy-Si	Al_2O_3 15 20	DyO_2 65 55	SiO_2 20 25		—	7.6~8.2
Al-Ca-Mg-Ba	Al_2O_3 49 45	CaO 36 6.4	MgO 11 4.7	BaO 4 13.9	1500 1410	8.8
Al-Ca-Ba-B	Al_2O_3 46	CaO 36	BaO 16	B_2O_3 2	1325	9.4~9.8

(续)

系列	成分(质量分数,%)						熔制温度/℃	线膨胀系数/×$10^{-6}K^{-1}$
Al-Ca-Ba-Sr	Al_2O_3 44~45 40	CaO 35~40 35	BaO 12~16 15	Sr 1.5~5 10			1500(1310~1350) 1500	7.7~9.1 9.5
Al-Ca-Ta-Y	Al_2O_3 45	CaO 49	Ta_2O_5 3	Y_2O_3 3			1380	7.5~8.5
Al-Ca-Mg-Ba-Y	Al_2O_3 40~50	CaO 30~40	MgO 3~8	BaO 10~20	Y_2O_3 0.5~5		1480~1560	6.7~7.6
Zn-B-Si-Al-Li	ZnO 29~57	BaO 19~56	SiO_2 4~26	Li_2O 3~5	Al_2O_3 0~6		(1000)	4.9
Si-B-Al-Li-Ca-P	SiO_2 55~65	BaO 25~32	Al_2O_3 0~5	Li_2O 6~11	CaO 0.5~1	P_2O_5 0.5~3.5	(959~1100)	10.4
Si-Al-K-Na-Ba-Sr-Ca	SiO_2 43~68	Al_2O_3 3~6	K_2O 8~9	Na_2O 5~6	BaO 2~4	SrO 5~7 CaO 2~4	(1000)	8.5~9.3

注:( )内数据为钎焊温度。

3. 活性钎料钎焊

活性钎料钎焊是指采用具有一定活性的金属钎料进行钎焊,其本质是利用钎料中的活性组元与陶瓷发生化学反应,形成稳定的反应层,实现陶瓷与金属的连接。Ti、Zr、Hf、V、Nb 等过渡族元素具有很强的化学活性,对氧化物、硅酸盐等具有较大亲和力,均可作为活性元素,添加到合适的钎料合金中,制备活性钎料。

以 Ti 为活性元素的 AgCuTi 活性钎料为例,采用 AgCu4.5Ti 钎料,在 880℃保温 10min 的条件下,可实现 SiO_2-BN 陶瓷与 Invar 合金的真空钎焊连接[3]。如图 10-1 所示,在 SiO_2-BN 陶瓷侧形成了一层均匀致密的 TiN-TiB_2 反应层,Invar 合金中的 Ni、Fe 元素向钎缝中溶解并与 Ti 反应,形成了黑色 $TiFe_2$、$TiNi_3$ 化合物,钎缝中心则为典型的层片状 AgCu 共晶组织。由于反应层致密无缺陷,AgCu 共晶组织具有良好的塑性,接头抗剪强度可达到 32MPa。

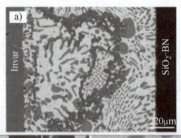

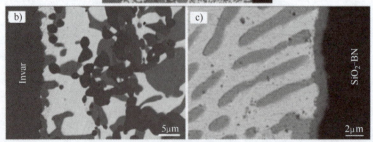

图 10-1 Invar 合金与 SiO_2-BN 真空钎焊接头显微结构形貌[3]
a) 接头微观组织形貌 b) Invar 合金侧界面组织 c) SiO_2-BN 侧界面组织

在其他金属-陶瓷连接体系中，AgCuTi 钎料也起到了同样的作用。表 10-4 汇总了不同金属-陶瓷体系下的钎焊特性。

表 10-4 AgCuTi 钎料在不同金属-陶瓷体系下的钎焊特性

母材体系	钎焊参数	反应层	接头抗剪强度/MPa	参考文献
Al_2O_3/TC4	820℃/10min	$Ti_3Al+Ti_3Cu_3O$	52	[4]
Al_2O_3/Nb	900℃/10min	$Ti_3(Cu,Al)_3O$	152	[5]
ZTA/TC4	870℃/10min	$TiO+Ti_3(Cu,Al)_3O$	52	[6]
ZrO_2/TiAl	880℃/10min	$TiO+Ti_3(Cu,Al)_3O$	48	[6]
SiO_2/Cu	850℃/5min	$Ti_5Si_3+Ti_4O_7+Ti_2Cu+Ti_3Cu_3O$	22	[7]
ZrC-SiC/TC4	810℃/5min	$TiC+Ti_3SiC_2$	39	[8]
Si_3N_4/TiAl	860℃/5min	$TiN+Ti_5Si_3+AlCu_2Ti$	124	[9]
AlN/Cu	900℃/15min	TiN	52	[10]

由表 10-4 可见，接头反应层都含有 Ti 元素。在金属与陶瓷的钎焊连接中，通过 Ti 元素与陶瓷发生的界面反应，形成了一层兼有陶瓷和金属特性的化合物反应层，实现了金属与陶瓷的连接。

与 Ti 同属于过渡族的 Zr 元素，也可作为活性元素与陶瓷反应，在钎焊过程中，Zr 元素与陶瓷的相互作用和 Ti 与陶瓷类似，形成 Zr-O、Zr-N、Zr-C、Zr-Si 等化合物反应层。Zr 元素的添加方式与 Ti 元素相同，但由于这类金属活性较强，容易氧化，因此采用粉末机械混合时常选用金属氢化物。

4. 复合钎料钎焊

复合钎料钎焊的基本原理是采用一种或多种低热膨胀系数的陶瓷颗粒、纤维或者金属颗粒，作为增强体添加到钎料合金中，制备出以低热膨胀系数材料为增强体、钎料合金为基体的复合材料，并用其作为钎料进行钎焊。由于增强体材料的引入，使钎料的热膨胀系数有效降低，与母材之间的热膨胀系数差异减小，从而可缓解接头的残余应力，提高接头性能。

增强体的选择需综合考虑增强体材料的熔化温度、热稳定性、热膨胀系数、形状尺寸及其与钎料基体的相容性等多个因素。WB、Mo、W、SiC、Si_3N_4、TiN 等低膨胀系数的金属或陶瓷颗粒都可作为增强相。

图 10-2 分别为采用 AgCu 钎料及 AgCu+7.5%WB 复合钎料钎焊 ZrO_2 陶瓷与 TC4 合金的

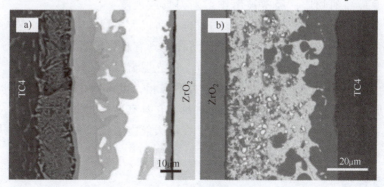

图 10-2 ZrO_2/TC4 接头界面组织形貌[6]
a) AgCu 钎料 b) AgCu+7.5%WB 复合钎料

接头界面组织照片。WB 颗粒增强相均匀分布在钎缝界面中,可降低热膨胀系数差异,有效缓解接头残余应力,接头抗剪强度达到 83MPa,比直接采用 AgCu 钎料时提高了 60%。

10.2 碳材料钎焊

10.2.1 碳材料种类与性能

碳材料主要分为传统碳材料和新型碳材料,传统碳材料主要包括天然和烧制的人工石墨,新型碳材料有金刚石、石墨层间化合物、碳纤维、富勒烯、碳纳米管、石墨烯等,几种常见碳材料的相关物理及力学性能见表 10-5。

表 10-5 常见碳材料的物理及力学性能

材料	密度/(g/cm³)	弹性模量/GPa	热导率/[W/(m·K)]	抗压强度/MPa
石墨(天然)	2.09~2.33	10	129	90
金刚石(天然)	3.52	1220	1300~2400	8600
碳/碳复合材料	<2.0	50	20~150	200~207

石墨是碳的一种同素异形体,化学性质稳定,耐腐蚀,同酸、碱等不易发生反应。石墨为层状晶体,如图 10-3 所示,在每一层内,碳原子排列为正六边形,碳原子之间通过 σ 键和离域性大 π 键结合。σ 键使得石墨具有良好的化学稳定性及热稳定性;而离域性大 π 键使石墨具有优良的导热和导电性能,广泛用于制作热交换器、高温炉、电极等。

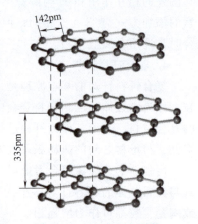

图 10-3 石墨的层间结构

金刚石是在高温、高压下结晶而成,是碳的高压稳定产物。在金刚石中每个碳原子以 sp^3 杂化轨道形成共价键,C—C 键长 0.154nm,贯穿整个晶体,使晶体解体困难,因此金刚石表现出极大的硬度和极强的耐磨性。金刚石是自然界存在的硬度最高的物质,经常被用作切削刀具或硬度测试工具。在金刚石中所有外层电子都参与成键,所以大多数金刚石晶体是绝缘体,只有含杂质 B 的金刚石电阻率较低。除此之外,金刚石还具有良好的透光性、高传声速度、高热导率和抗辐射等特性,广泛用于制作超级热沉、激光器窗口等。

碳/碳复合材料是由以碳纤维或其织物作为增强相,以借助化学气相渗透热解碳或液相浸渍碳化的树脂碳、沥青碳作为基体组成的材料。它具有良好的抗烧蚀性能、高比强度、高导热、低密度、高温下尺寸稳定等优异特性,在航天航空、核能和高速列车领域中的关键部件上得到应用。

10.2.2 石墨钎焊

石墨很少单独应用,石墨与金属组成的复合结构可发挥两种材料的优势,钎焊是石墨与金属连接的常用方法。

1. 石墨钎焊性

石墨的钎焊性较差，属于比较难钎焊的材料。采用普通的钎焊工艺难以实现石墨与其他材料的连接，主要存在以下问题：

（1）润湿性差　大多数金属钎料对石墨的润湿性很差，或者根本不润湿。石墨主要含有共价键，具有非常稳定的原子配位使其化学惰性比较高，一般金属钎料难与其发生相互作用。

（2）接头应力大　石墨具有很小的热膨胀系数，然而大多数金属材料热膨胀系数较大，钎焊冷却时金属与石墨的收缩体过程及收缩量并不同，金属的收缩受到石墨的阻碍，使石墨侧接头形成了高应力区域，而石墨的抗拉强度低，在残余应力的作用下易产生裂纹或直接断裂。

（3）石墨的氧化　石墨钎焊通常可以在大气环境下实现，但当温度超过400℃时，就会出现迅速氧化的问题，温度越高，氧化越明显，从而损害接头性能。

2. 石墨钎焊工艺特点

石墨与金属的钎焊可分为间接钎焊和直接钎焊。间接钎焊前需对石墨进行表面处理，如在石墨表面电镀一层Ni、Cu或等离子喷镀一层Ti、Zr等，然后采用铜基钎料或银基钎料进行钎焊。直接钎焊主要靠钎料中的活性元素与石墨发生反应，在石墨表面生成金属碳化物，从而降低钎料与石墨之间的界面能，改善钎料的润湿性，可以采用Ag基、Ti基、Sn基等钎料，一般需要在真空或者保护气氛中进行。

（1）Ag基钎料　最常用来钎焊石墨的活性钎料是AgCuTi钎料。钎焊过程中，活性元素Ti向石墨侧富集，反应并形成TiC层，是润湿和实现有效连接的关键，未参与反应的Ag起到了缓解应力以及增强Ti原子活性的作用。

采用AgCu1.8Ti钎料钎焊石墨与纯铜，接头形貌如图10-4所示，钎料中的Ti元素与母材中的C发生反应，在界面处形成TiC过渡层，而钎料中的Ag、Cu不参与石墨侧反应，但与纯铜润湿性很好。钎缝中银铜共晶组织的屈服强度较低，塑性良好，降低了接头残余应力，在最佳工艺参数下，获得最大抗剪强度17MPa。此工艺已应用于汽车电机换向器的焊接制造[11]。

（2）Ti基钎料　纯钛可以用来钎焊石墨，但其与石墨的亲和力较大，会生成大量的Ti-C化合物并在界面上富集，将导致界面处残余应力较大而形成微裂纹，导致接头质量下降，故一般采用Ti基合金钎料钎焊石墨，常见的有Ti-Ni、Ti-Zr、Ti-Cu等。

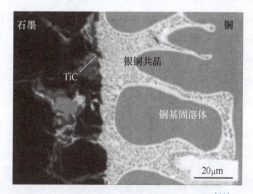

图10-4　石墨/纯铜钎焊接头组织形貌[11]

采用Ti60Ni25Cu15钎料可以实现石墨与CuCrZr合金的钎焊连接[12]，其接头界面微观组织与元素分布如图10-5所示。钎缝主要由复杂的Ti-Ni-Cu相组成。在石墨侧可以发现Ti元素的富集，钎料中Ti元素与石墨作用形成的TiC薄层是连接的关键。采用Ti60Ni25Cu15钎料获得的接头抗剪强度并不高，仅有12.8MPa，断裂位置发生在石墨内部，这是由于石墨

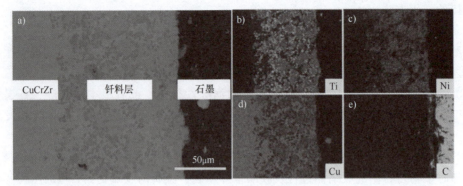

图 10-5 采用 Ti60Ni25Cu15 钎料钎焊石墨与 CuCrZr 合金的接头界面微观组织与元素分布[12]

a）接头组织形貌　b）Ti 元素分布　c）Ni 元素分布　d）Cu 元素分布　e）C 元素分布

侧较高的残余拉应力导致的。

（3）Sn 基钎料　Sn 基钎料熔点较低，可以在超声条件下实现石墨的低温钎焊。通常认为钎焊过程中的残余应力是在钎料完全凝固之后积聚的，使用 Sn 基钎料可以使得接头的热应力峰值大大降低，但是接头中通常富集较多的 Sn，导致服役温度偏低。

往往活性元素与石墨之间的反应需要较高的温度，这就使得活性钎焊连接石墨的温度通常较高。但是在外加超声能场的作用下，采用 Sn5Ag5Ti 钎料在 500℃钎焊石墨与纯铝时，无须在真空条件下便可实现连接，其接头组织形貌如图 10-6 所示[13]。这是由于超声波引发的液态钎料内部热点促进了活性元素 Ti 与石墨的作用，使得石墨侧形成了致密的 TiC 薄层，实现了石墨的低温连接。

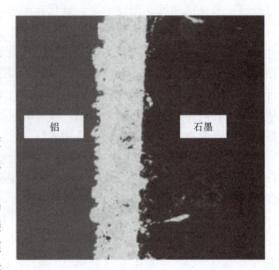

图 10-6　采用 Sn5Ag5Ti 钎料钎焊石墨与纯铝的接头组织形貌[13]

10.2.3　金刚石钎焊

金刚石具有优良的切削性能和耐磨性，将金刚石与金属基体连接起来制成的金刚石工具，特别适合于硬脆非金属的加工。

1. 金刚石钎焊性

金刚石的钎焊性与石墨类似，与石墨不同的是，金刚石为致密材料，避免了钎料在钎焊过程中流失引起的问题。金刚石与金属材料的连接存在的问题主要表现为：

（1）润湿性差　金刚石特殊的晶体结构使其与金属之间存在很高的界面能，这就使得大多数液态金属在金刚石上表现出较低的黏附性，所以很多钎料对金刚石难以润湿或不润湿，需采用活性钎料进行钎焊。

金刚石与金属的润湿性与金属-碳化物体系的生成焓有关，Ti、Zr、Cr、Ta 等活性元素易与碳形成化合物，将导致含过渡元素的钎料与金刚石的界面能降低，有利于钎料与金刚石的润湿。金刚石晶体的碳原子结构与形成的碳化物越相近，其润湿性越好[14]。

（2）**接头应力大**　金刚石的热膨胀系数要低于大多数金属材料，在钎焊过程中，容易产生较大的热应力。金刚石工具常服役在动载条件下，通常承受交变剪应力，较高的残余应力将会严重恶化钎焊接头的性能，使金刚石工具的使用寿命缩短。降低热应力常常采取如下方法：减小钎焊面积和拘束度；采用热膨胀系数与金刚石相近的材料作为中间过渡层，如 W、Mo 等；采用低热膨胀系数颗粒增强的复合钎料。

（3）**高温石墨化**　在空气环境下，当温度超过 800℃ 时，金刚石就会被碳化转变为石墨，这将使金刚石的性能大幅下降，所以钎焊金刚石时要严格限制其工艺区间，进而限制了钎料的选择范围。

2. 金刚石钎焊工艺特点

金刚石的钎焊方法主要有间接钎焊和直接钎焊两种。间接钎焊前，需在金刚石表面沉积一层金属层或者碳化物薄层，然后再进行钎焊。此工艺需要后续的高温退火处理使金刚石与表面的薄层形成有效的冶金结合，需要注意该温度要尽量远离金刚石的石墨化温度，可用于表面处理的金属元素有 Cr、Ti、Zr、Ta 等[15]。直接钎焊是采用活性钎料进行钎焊，为了避免钎焊过程中活性元素氧化从而失去活性，一般需要在真空环境或保护气氛下完成钎焊。钎焊金刚石常采用的钎料主要有 Ni 基、Ag 基、Cu 基和 Sn 基钎料等。

（1）**Ni 基钎料**　Ni 基钎料主要用于金刚石的真空钎焊。由于 Cr 可与金刚石中的 C 反应生成 Cr_3C_2 和 Cr_7C_3 碳化物，促使 Ni 基钎料在金刚石上的润湿，故在 Ni 基钎料中加入适量的元素 Cr 便可实现金刚石与工具基体的可靠连接。Cr 的加入还可提高钎料的抗氧化性、耐蚀性和热强性。但是，Ni 基钎料熔点约 1000℃，即使在保护气氛炉和真空炉中钎焊，钎料中石墨化元素 Ni 和 Fe 也会导致金刚石向石墨转变。采用 Ti 替代 Cr 制成 Ni-Ti 合金钎料，钎焊温度可以控制在 800℃ 以下，降低金刚石石墨化倾向。

（2）**Ag 基钎料**　Ag 基钎料可用于金刚石的钎焊，如 AgCuTi 合金钎料，其熔点较低可以降低金刚石的石墨化倾向。AgCuTi 钎料是通过 Ti 原子在金刚石表面富集，并生成连续的 TiC 反应层，从而实现金刚石的连接。而且，Ag-Cu 塑性优良，有利于缓解接头应力，提高接头强度。但是其价格昂贵，由此需要降低 Ag 含量，并添加其他元素改善性能，如添加 Cu、Zn、Cd 可大幅降低钎料的熔点，改善 Ag-Cu 合金的润湿性和流动性，提高导热性能，并可在钎焊时降低进入钎缝中的气体量[16]。

（3）**Cu 基钎料**　Cu 基钎料可用于金刚石的氩弧、激光、液态介质和真空钎焊，其具有较低的熔点，可明显降低金刚石钎焊的热损伤倾向。常用的钎料是 CuSnTi 合金，如 CuSn15Ti5 钎料，其熔点约为 900℃，具有较低的固相线温度（小于 850℃）。因其具有比 Ag-Cu 合金更好的塑性，利于缓解接头应力。但其耐磨性、耐高温性能差。

（4）**Sn 基钎料**　常规的 Ni 基、Cu 基、Ag 基等钎料，由于其熔点较高，必须在 880℃ 以上的高温钎焊金刚石，以确保钎料的充分熔化和界面反应的发生，这就难免导致金刚石的热损伤。Sn 基钎料是在 Cu 基钎料的基础上发展出来的，具有熔点低、成本低等特点。例如 Sn50Cu2Cr 钎料合金，其完全熔化温度约为 694℃，可以在 750℃ 实现金刚石的连接[17]，其宏观形貌如图 10-7 所示。由于具有较低的熔化温度，在低于 800℃ 的钎焊温度下即可实现钎料对金刚石的把持，此时金刚石的出露度适当，且没有明显的热损伤，相对具有较高的切削效率。

10.2.4 碳/碳复合材料钎焊

碳/碳复合材料具有低密度、高强度等优良特性，将碳/碳复合材料与金属连接起来制成的复合构件可以极大程度地满足航空航天、汽车等领域减重要求。

1. 碳/碳复合材料钎焊性

碳/碳复合材料由碳纤维增强相与碳基体组成，其钎焊性较差。碳基体有着与石墨类似的微观结构，所以在钎焊过程中也存在着与石墨类似的钎料润湿性差、与金属材料之间的物理性能不匹配等问题。此外，由于制造过程中碳纤维的引入，也使得钎焊过程中出现了新的问题。

图 10-7　采用 Sn50Cu2Cr 钎料钎焊金刚石宏观形貌[17]

（1）材料孔隙结构问题　碳/碳复合材料在制造过程中会出现较多的孔隙，主要有纤维束间孔、纤维束内孔。纤维束间孔对钎焊接头质量影响比较大，不仅使得钎料流失，而且使得此处容易成为裂纹源。

（2）界面氧化问题　碳/碳复合材料的氧化与石墨不同，其氧化温度起始于 370℃，氧化首先发生在纤维与基体之间的界面上，氧化失重 1%，其力学性能将下降 10% 左右[18]。在钎焊过程中需要惰性气体保护或者真空环境。

（3）材料各向异性　碳/碳复合材料具有明显的各向异性，其垂直于长纤维束的方向与平行于纤维束的方向的性能差异较大，为避免钎焊过程中碳/碳复合材料的层间撕裂，待焊面要根据服役性能要求来选择与设计。

2. 碳/碳复合材料钎焊工艺特点

碳/碳复合材料因其独特的结构，使其具有更强的可设计性。利用该材料自身的孔隙结构，可以构造出相应的熔渗层，从而降低其与金属之间的热膨胀系数差异；利用该材料的易氧化特性，可以构造出适合钎焊的孔隙结构，从而提高该材料与金属钎焊接头强度。

碳/碳复合材料钎焊也可以分为间接钎焊法和直接钎焊法。碳/碳复合材料的间接钎焊法需要长时间的高温退火以实现较好的冶金结合，工艺繁琐，目前采用较少；直接钎焊法应用广泛，采用的钎料主要有 Ag 基、Ti 基、Ni 基和 Si 基钎料。

（1）Ag 基钎料　Ag 基钎料是钎焊碳/碳复合材料最常用的钎料，比较有代表性的是 AgCuTi 钎料。采用 50μm 的 Ag26.7Cu4.6Ti 钎料在 920℃ 可以实现碳/碳复合材料与 TiAl 合金的连接[19]，如图 10-8 所示，Ag 基固溶体的形成使得钎缝具有良好的塑性，缓解了接头中的应力集中。钎料中的 Ti 元素富集在碳/碳侧形成 5μm 左右的 TiC 薄层，实现了碳/碳复合材料的冶金连接，接头抗剪强度为 12.5MPa 左右。更为优异的钎料有 Ag20Ti，其钎焊温度通常需要在 1000℃，获得的

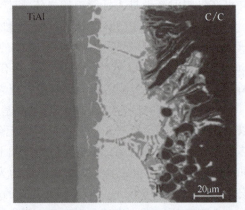

图 10-8　采用 Ag26.7Cu4.6Ti 钎料钎焊碳/碳复合材料与 TiAl 合金的接头组织形貌[19]

接头强度较高。但是采用 Ag 基钎料难以满足接头的高温服役要求。

(2) Ti 基、Ni 基钎料 为了提升接头的高温性能，多采用 Ti 基、Ni 基钎料钎焊碳/碳复合材料，使用 20μm 的 BNi2 箔片在钎焊温度 1170℃、钎焊时间 10min 即可完成碳/碳复合材料与 GH3536 合金的钎焊连接。BNi2 中的 Cr 元素可以与碳/碳复合材料发生明显的作用，形成数微米的 $Cr_{23}C_6$ 反应层。最终钎焊接头抗剪强度为 15MPa 左右，在 1000℃ 中的环境测试，接头仍能保留一定强度。其他还有 BNi7、30Ni-40Cr-30Ge、Ni-72Ti、TiZrNiCu 等钎料，均可在 900~1100℃ 左右获得高温性能优良的钎焊接头。

(3) Si 基钎料 由于 Si 与 C 之间的物理、化学性能相近，采用 200~700μm 的 Si 箔片，钎焊温度 1400℃，钎焊时间 90min，用氩气作保护气，即可实现碳/碳复合材料的钎焊连接，接头抗剪强度为 22MPa。为了提高接头性能以及降低钎料熔化温度，向 Si 中添加 Ti、Zr 等元素制成的 Si14Ti、Si10Zr、SiNiTi 等 Si 基钎料可以很好地实现碳/碳复合材料的连接，相应的接头高温性能也能满足要求，但其多用于钎焊碳/碳复合材料自身。例如，采用 Si14Ti 钎料在钎焊温度 1400℃、钎焊时间 90min 可以获得 41MPa 的接头抗剪强度，接头主要由 $TiSi_2$ 与 Si 的共晶组织构成。

10.3 硬质合金钎焊

10.3.1 硬质合金的分类及性能

硬质合金又称为硬金属，是以高硬度的难熔金属硬质化合物（如 WC、TiC、TaC、NbC 和 VC 等）为基体，铁族元素（Fe、Co、Ni 等）以及其他微量元素作为黏结金属，采用粉末冶金技术烧结而成的合金材料。与常用的金属材料相比，硬质合金具有很高的硬度和耐磨性、较高的弹性模量、较低的热膨胀系数和导电及导热性能；但是，其冲击韧度和塑性较低，脆性较大。常见的硬质合金性能见表 10-6。

表 10-6 常见的硬质合金性能

材料	硬度 HRA	抗弯强度 /GPa	冲击韧度 /(J·cm^{-2})	线膨胀系数 /K^{-1}	热导率 /(W·m^{-1}·K^{-1})
YG3	≥91	≥1200	—	—	88
YG3X	≥92	≥1100	—	4.1×10^{-6}	—
YG6	≥89.5	≥1450	≥0.26	4.5×10^{-6}	79
YG6X	≥91	≥1400	≥0.2	4.4×10^{-6}	79
YG8	≥89	≥1500	≥0.25	4.5×10^{-6}	75
YT5	≥89.5	≥1400	—	6.06×10^{-6}	63
YT14	≥90.5	≥1200	0.07	6.21×10^{-6}	33
YT15	≥91	≥1150	—	6.51×10^{-6}	63
YT30	≥92.8	≥900	≥0.03	7.0×10^{-6}	21
YW1	≥92	≥1200	—	—	—
YW2	≥91	≥1350	—	—	—

（1）钨钴类　此类硬质合金主要成分是 WC，用 Co 作黏结金属，标准代号为 YGX（X 代表 Co 含量），如常用的 YG3、YG6、YG8、YG15 等硬质合金。这类硬质合金品种最多，用途也最为广泛。一般来说，硬质合金的 Co 含量较高时，抗弯强度和冲击韧度好；Co 含量较低时，耐磨性、耐热性好。其良好的导热性有利于热量散失，所以此类硬质合金适合做成切削加工刀具。

（2）钨钛钴类　此类合金由 WC、TiC 和 Co 组成，标准代号为 YTX（X 代表 TiC 含量），可分为 YT5、YT14、YT15、YT30 等合金类别。TiC 加入使得材料的硬度和耐磨性得到提高，但抗弯强度有所下降。与 YG 类相比，YT 类材料高温时的硬度和抗压强度高，抗氧化性能好，适于加工塑性材料如钢材，切削时刀具磨损小，但不适于加工铁合金和硅铝合金。

（3）钨钛钽（铌）钴类　此类硬质合金是在钨钛钴合金成分中加入 TaC（NbC）而成，标准代号为 YW。与 YT 类硬质合金相比，抗弯强度、疲劳强度和冲击韧度有所提高，并且耐热性、耐磨性、高温力学性能和抗氧化能力得到增强。这类合金兼有以上两种合金的大部分优异性能，既可以用于加工钢料，又可以加工铸铁和非铁金属。

10.3.2　硬质合金钎焊

硬质合金具有高硬度、高强度、高耐磨性以及耐高温性能，但存在脆性高、韧性差等问题。硬质合金作为刀具或耐磨材料，常常需要与金属基体连接制成复合结构。

1. 硬质合金钎焊性

硬质合金由硬质碳化物及黏结金属组成。硬质碳化物的钎焊性较差，其存在使硬质合金钎焊时存在以下几大问题：

（1）润湿性差　一般钎料对硬质合金中碳化物的润湿性较差，意味着很难润湿硬质合金；另外，硬质合金表面氧化形成的氧化膜和游离状态的碳，也会影响钎料对其的润湿效果。例如，WC 基硬质合金在 400℃ 以上钎焊，表面极易氧化；在含有 TiC（N）或 TaC 基硬质合金的表面，往往存在坚固、稳定的 TiO_2 氧化膜，使其钎焊性变得更差。

（2）接头应力大　硬质合金的热膨胀系数（CTE）较小（$4.2\times10^{-6} \sim 7.0\times10^{-6}$/K），一般为基体金属（钢）的 1/3~1/2。硬质合金与钢通过钎焊形成接头后，由于冷却过程中两者的收缩差异，导致接头焊缝区产生很高的残余应力，甚至会发生开裂[20]。

（3）加热脆化　钎焊过程中，硬质合金中的 WC 会发生分解，在连接界面处分解产物与金属反应生成 η 相（M_6C 型化合物，如 Co_3W_3C、Fe_3W_3C），该类化合物脆性较大，导致接头可靠性差。此外，较高的钎焊温度或较长的保温时间，易使 WC 晶粒粗化而造成脆化。

2. 硬质合金钎焊工艺特点

硬质合金钎焊前，一般须进行表面清洗处理，去掉氧化膜及游离碳。尽量避免采用化学、机械研磨或电解磨削等通过腐蚀硬质合金表面层的黏结金属来加快研磨的方法，这类方法易造成钎料难以润湿及脱焊，选择合适的钎料、钎剂可实现良好的润湿效果；硬质合金对钎焊温度、加热及冷却速度较为敏感，选择工艺参数时需注意。

（1）钎料的选择　在保证钎料对硬质合金、钢都具有良好的润湿性、流动性的同时，其自身需具有一定的塑性，以便于钎料被加工为环状、片状、箔材等满足钎焊需求的形状，钎料塑性良好也有利于缓解应力；Cu 基、Ag 基、Ni 基及 Mn 基钎料常可用于钎焊硬质合金，其中 Cu 基及 Ag 基钎料较为常用。

纯 Cu 对硬质合金具有良好的润湿性，焊后接头塑性良好，抗剪强度约为 150MPa，但钎焊温度较高，一般为 1093~1149℃，且高温性能较差，当焊后使用温度超过 320℃时，接头强度大幅降低。纯 Cu 钎料需在氢还原气氛中或者在真空条件下钎焊。图 10-9[21] 所示为纯铜钎料钎焊 YG8 硬质合金与 45 钢的实验结果。

图 10-9　纯铜钎料钎焊 YG8 硬质合金与 45 钢的实验结果[21]
a）纯铜钎料在 YG8 表面的润湿铺展实验　b）钎焊接头微观组织

Cu 基钎料一般以 Cu-Zn 合金为基，Zn 元素可有效降低钎焊温度，其中加入 Mn、Ni、Co 等元素可以提高钎料的流动性，有利于钎料润湿铺展及填缝；Ni、Co 等元素可以在一定程度上限制钎缝中脆性相的生成，降低接头脆化倾向；Mn 元素可大幅提高钎缝强度及高温性能。常用的铜基钎料有 BCuNiMn、BCuCoMn、BCu58ZnMn、BCu58ZnMnCo 等。

Ag 基钎料综合性能优于 Cu 基钎料，但价格较为昂贵，接头使用温度一般低于 200℃，高温性能较差。Ag 基钎料主要以 AgCu 合金或 Ag-Cu-Zn 合金为基，在此基础上添加 Ni、Mn、Sn、Co 等元素。使用 Ag 基钎料时，钎缝具有良好的强度及塑性。常用的 Ag 基钎料以 BAg80Mn、BAg40CuZnNi、Ag45CuZnSn 等为代表。图 10-10 为 AgCu 共晶钎料钎焊 YG8 硬质合金与 45 钢的实验结果。

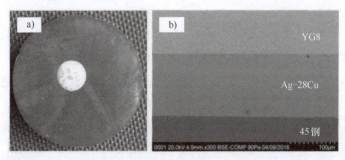

图 10-10　AgCu 共晶钎料钎焊 YG8 硬质合金与 45 钢的实验结果[21]
a）AgCu 共晶钎料在 YG8 表面润湿铺展　b）钎焊接头微观组织

(2) 钎剂的选择　硼砂（$Na_2B_4O_7 \cdot 10H_2O$）是一种常用钎剂，但其中的结晶水在钎焊过程中会产生大量泡沫，使钎焊操作困难，且降低焊缝质量。采用脱水硼砂（$Na_2B_4O_7$）具有更好的效果，适用的钎焊温度范围为 850~1150℃，配合 Cu、Cu-Zn、AgCu 钎料钎焊，但不适于熔点低于 800℃的钎焊。此外，硼酸及其混合物也有应用，钎剂中添加各类碱金属或者碱土金属的氟化物（KF、NaF、CaF_2）、氟硼酸盐等可以显著提高钎剂的去膜能力、调节钎剂的熔化温度范围。当钎剂含氟化物时，在加热设备附近必须安装强力通风设备，以便及时排出有害气体[20]。采用铜基钎料常配合用 FB105 钎剂，其成分为 80%硼酸+14.5%脱水硼酸+5.5%氟化钙（质量分数），作用温度范围为 850~1150℃。FB101~FB104 钎剂，能分别满足不同钎焊温度范围的银基钎料的使用。

（3）工艺参数的选择 硬质合金钎焊温度不宜过高，防止造成硬质合金加热脆化。采用火焰钎焊法如氧-乙炔火焰钎焊硬质合金时，难以控制钎焊温度，焰心温度高约 3000℃，应避免焰心直接加热硬质合金而造成开裂。保温时间不宜过长，在保证良好连接的前提下应尽量缩短保温时间，以免造成母材及钎缝组织粗化。

由于硬质合金与钢之间的热膨胀系数差异较大，当加热过快时，热应力会使 Co 与 WC 的结合界面及钎焊界面开裂，焊前预热能降低裂纹倾向。但加热过慢时，也会造成母材及钎缝组织粗化。采用高频感应钎焊硬质合金时，需要控制加热速度，否则感应电流的尖角效应、趋肤效应和环向效应易导致硬质合金局部升温过快、过高而产生裂纹。

硬质合金焊后必须缓冷，以减少界面应力集中及微裂纹产生。冷速过快，钎缝中形成的残余应力会使母材变形甚至开裂。一般可将焊件放置于温度为 350~380℃ 的保温箱中 4~8h，然后在空气或石灰、硼砂等介质中缓冷至室温。冷速慢可以防止裂纹，但冷速过慢会使母材及钎缝组织粗化，降低性能。采用保护气氛钎焊或真空钎焊方法，可以较精确地控制升温、降温速率，工件整体均匀加热，变形较小，但设备成本较高。

钎焊间隙也对接头性能有一定影响，减小间隙能促进冶金反应，增大间隙有利于应力缓和，但会减弱毛细作用导致未填满。钎焊易开裂的硬质合金还可以采用补偿片缓解应力，间隙合适时焊接应力能集中到补偿垫片上而有效释放。

10.4　本章小结

1. 陶瓷钎焊

1）润湿困难。陶瓷结合键很稳定，导致大多数金属与陶瓷很难成键，一般金属钎料很难润湿陶瓷。接头应力较大。陶瓷与金属热膨胀系数差异大，使得在钎焊过程中陶瓷与金属的膨胀和收缩不一致，导致接头应力大，力学性能下降。

2）表面金属化钎焊。为解决常用金属钎料与陶瓷不润湿的问题，通过陶瓷表面金属化的方法，在表面镀覆一层金属，将陶瓷钎焊转化为金属钎焊。该方法包括 Mo-Mn 金属化法和化学镀金属化法。

3）玻璃钎料钎焊。常用的氧化物混合物有 Al_2O_3-MnO-SiO_2 系和 Al_2O_3-CaO-MnO-SiO_2 系，对氧化物陶瓷、难熔金属及铁镍合金等材料具有极好的润湿性，同时还可调整氧化物混合物的化学成分，使其线膨胀系数与母材接近。

4）活性钎料钎焊。采用具有活性的金属钎料进行钎焊，其本质是利用钎料中的活性组元，如 Ti、Zr、Hf、V、Nb 等具有很强的化学活性的元素，与陶瓷发生化学反应，形成稳定的反应层，实现陶瓷与金属的连接。

2. 碳材料钎焊

（1）石墨和金刚石钎焊

1）润湿性差。大多数金属钎料对石墨的润湿性很差。石墨是共价键结合，具有非常稳定的原子配位，化学惰性高，一般金属钎料难与其发生相互作用；金刚石与金属之间存在很高的界面能，大部分金属钎料很难润湿金刚石。接头应力大：石墨和金刚石热膨胀系数小，大多数金属钎料热膨胀系数较大，钎焊接头在石墨或金刚石侧形成了高应力区域，使接头强度降低。石墨氧化和金刚石高温石墨化：石墨在大气条件下加热，温度超过400℃时，发生氧化，影响接头性能；金刚石在大气条件下加热，温度超过800℃时，发生碳化，转变为石墨，使性能大幅下降，钎焊要严格限制加热温度。

2）石墨的钎焊工艺方法。有间接钎焊和直接钎焊。间接钎焊前，对石墨进行电镀Ni、Cu或喷镀Ti、Zr等表面处理，然后采用铜基钎料或银基钎料进行钎焊。直接钎焊主要靠钎料中的活性元素与石墨发生反应，生成金属碳化物，降低界面能，改善钎料的润湿性，可采用Ag基、Ti基、Sn基等钎料在真空或者保护气氛中进行钎焊。

3）金刚石的钎焊工艺方法。有间接钎焊和直接钎焊。间接钎焊前，需在金刚石表面沉积一层Cr、Ti、Zr、Ta等金属层或者碳化物薄层，钎焊后还需要后续的高温退火处理。直接钎焊采用活性钎料进行，一般需要在真空环境或保护气氛下进行，常用钎料主要有Ni基、Ag基、Cu基和Sn基钎料等。

（2）碳/碳复合材料钎焊

1）材料孔隙结构。碳/碳复合材料主要有纤维束间孔、纤维束内孔，纤维束间孔不仅使得钎料流失，而且使得此处容易成为裂纹源。界面氧化：碳/碳复合材料的氧化温度起始于370℃，氧化首先发生在纤维与基体之间的界面上，氧化失重1%，其力学性能将下降约10%。材料各向异性：垂直于长纤维束的方向与平行于纤维束的方向的性能差异较大，钎焊过程易造成层间撕裂。

2）碳/碳复合材料的钎焊工艺方法。主要以直接钎焊方法为主，可采用Ag基、Ti基、Ni基和Si基钎料进行真空钎焊或惰性气体保护钎焊。

3. 硬质合金钎焊

1）润湿难。这主要是由碳化物的润湿性较差导致的，其表面氧化形成的氧化膜和游离状态的碳，也会影响钎料的润湿效果。接头应力大：硬质合金的热膨胀系数较小，只有金属（如钢）的1/3~1/2，导致接头产生很大的残余应力。加热脆化：在钎焊过程中，硬质合金中的WC会发生分解，在连接界面处分解产物与金属反应形成的化合物脆性较大，导致接头可靠性差。

2）钎料的选择原则。对硬质合金、钢都具有良好的润湿性、流动性，还需具有良好的塑性，有利于缓解应力。常用钎料有Cu基、Ag基、Ni基和Mn基钎料。

3）钎剂的选择。在进行钎剂钎焊时，推荐采用脱水硼砂（$Na_2B_4O_7$）钎剂，配合纯铜、黄铜、银等钎料。硼酸及其添加氟化物或氟硼酸盐的混合物也可选用。

4）钎焊工艺特点。硬质合金钎焊温度不宜过高，防止造成硬质合金加热脆化；不宜加热过快，热应力会使Co与WC的结合界面及钎焊界面开裂；焊后必须缓冷，以减少界面应力集中及微裂纹产生。

思 考 题

1. 对于陶瓷、硬质合金和碳材料的钎焊，主要存在哪些共性问题？
2. 活性元素在陶瓷钎焊过程中起到什么作用？
3. 陶瓷的钎焊主要有哪两种方式？
4. 在陶瓷钎焊中，通常可以采用哪几种方法减小接头残余应力？
5. 金刚石的钎焊性如何？金刚石钎焊过程中，有哪些重要的工艺参数？
6. 适用于钎焊石墨的钎料及工艺是否适用于钎焊金刚石？
7. 石墨、金刚石、碳/碳复合材料钎焊时面临哪些问题？这些问题有何联系与区别？
8. 简述硬质合金的主要分类及其成分区别。
9. 硬质合金的钎焊性分析可从哪几个角度考虑？
10. 硬质合金焊后接头脆化的原因有哪些？

趣味故事或创新故事

人工制造金刚石的发明

1893 年，正值人类仅能依赖矿产开采获取金刚石的时期，法国科学院宣布了一条振奋人心的消息：法国化学家莫瓦桑研制出了人造金刚石。全世界为之轰动！

在研制出人造金刚石之前某次化学实验，莫瓦桑需要用到一种镶有天然金刚石的特殊器具，可这个器具却在实验前被盗了。这个意外使莫瓦桑萌生了一个念头："天然金刚石如此稀少而昂贵，如果能人工制造金刚石，该有多好！"

可这谈何容易。要想制造金刚石，首先要弄清楚金刚石的主要成分，并且了解它详细的形成条件和过程。翻阅了许多文献资料后，莫瓦桑了解到，金刚石的主要化学成分是碳。至于它是如何形成的，研究很少，只有德布雷曾提出金刚石的形成需要高温高压的条件。

莫瓦桑想到，要人工制造金刚石，得有可供加工的原材料，但截至当时并没有可供参考的资料。有一次，有机化学家和矿物学家查理·弗里德尔在法国科学院做了一个关于陨石研究的报告，莫瓦桑也参加了。在报告中，查理·弗里德尔说："陨石实际上是大铁块，它里面含有极多的金刚石晶体。"听到这儿，莫瓦桑猛地想到：石墨矿中也常混有极微量的金刚石晶体，那么，在陨石和石墨矿的形成过程中，是否可以产生金刚石晶体呢？

想到这里，莫瓦桑头脑中出现了制取人造金刚石的设想。他对助手们说："金刚石的主要成分是碳。陨石里含有大量金刚石，而陨石的主要成分是铁。我们的实验计划是：把程序倒过来，把铁熔化，加进碳，使碳处在高温高压状态下，看能不能生成金刚石？"

历史上第一次人工制取金刚石的实验开始了。没有先例，没有经验，一切都像在黑暗中探路一样。第一次失败了，认真总结经验，第二次再来……，经过无数次的摸索，莫瓦桑的实验室里终于爆发出激动的欢呼声，成功了！

参 考 文 献

[1] 钟启秀. 采用钼-锰法的氧化铝瓷与金属的封接 [J]. 电子管技术, 1974（1）: 60-70.
[2] 张启运, 庄鸿寿. 钎焊手册 [M]. 3 版. 北京: 机械工业出版社, 2017.

[3] 杨振文. SiO$_2$-BN 陶瓷与 Invar 合金钎焊中间层设计及界面结构形成机理 [D]. 哈尔滨：哈尔滨工业大学，2013.

[4] 郑祖金. Al$_2$O$_3$ 陶瓷和 TC4 钛合金钎焊工艺与连接机理研究 [D]. 哈尔滨：哈尔滨工业大学，2018.

[5] 赵亚婷. Al$_2$O$_3$ 陶瓷与 Nb 钎焊机理及接头性能优化 [D]. 天津：天津大学，2018.

[6] 代翔宇. ZrO$_2$ 陶瓷与 Ti 合金钎焊工艺及机理研究 [D]. 哈尔滨：哈尔滨工业大学，2017.

[7] SONG Y Y，LI H L，ZHAO H Y，et al. Interfacial microstructure and mechanical property of brazed copper/SiO$_2$ ceramic joint [J]. Vacuum，2017，141：116-123.

[8] 石俊秒. ZrC-SiC 陶瓷与 TC4 钛合金钎焊工艺及机理研究 [D]. 哈尔滨：哈尔滨工业大学，2018.

[9] 宋晓国. TiAl 合金与 Si$_3$N$_4$ 陶瓷钎焊工艺及机理研究 [D]. 哈尔滨：哈尔滨工业大学，2012.

[10] 吕金玲. Ag-Cu-Ti 基复合钎料连接 AlN/Cu 的工艺与机理研究 [D]. 南京：南京航空航天大学，2020.

[11] 朱艳，等. 石墨与铜真空钎焊接头的组织与强度 [J]. 焊接学报，2011，32（6）：81-84，117.

[12] 汪盛. 复合钎料中增强相在 C/Cu 连接中的作用研究 [D]. 武汉：武汉工程大学，2017.

[13] 刘森辉. 石墨与铝合金超声波辅助钎焊接头的界面形成与润湿机理研究 [D]. 兰州：兰州理工大学，2015.

[14] 萨古利奇. 先进钎焊技术与应用 [M]. 李红，叶雷，译. 北京：机械工业出版社，2018.

[15] 邹僖. 钎焊 [M]. 修订本. 北京：机械工业出版社，1989.

[16] 龙伟民. 超硬工具钎焊技术 [M]. 郑州：河南科学技术出版社，2016.

[17] 陈金昶. 金刚石钎焊用 Sn-Cu-Cr 活性钎料合金的开发研究 [D]. 泉州：华侨大学，2019.

[18] LABRUQUÉRE S，BOURRAT X，PAILLER R，et al. Structure and oxidation of C/C composites：role of the interface [J]. Carbon，2001，39（7）：971-984.

[19] WANG H Q，CAO J，FENG J C. Brazing mechanism and infiltration strengthening of C/C composites to TiAl alloys joint [J]. Scripta Materialia，2010，63（8）：859-862.

[20] 李亚江. 高硬度材料的焊接 [M]. 北京：冶金工业出版社，2010.

[21] 符豪. YG8 硬质合金的高温润湿性及钎焊研究 [D]. 镇江：江苏大学，2016.

第11章

工具钢、钛合金及难熔合金的钎焊

工具钢的碳和合金元素含量高，因此具有高硬度和高耐磨性，是制造刀具、量具、模具等工具十分重要的材料。然而，工具钢较脆，在制造切削刀具时不能承受复杂的工作载荷，如弯曲、冲击和交变载荷等。因此，现实生产中常把工具钢先制成小的镶嵌件，再将其钎焊到由强韧钢制造的工具基体上，由强韧钢基体来承受冲击和交变载荷。这样既可以满足工具工作性能要求，又能节省昂贵的金属。钎焊是将工具钢牢固连接到钢基体上应用最广泛、最成功的方法之一。

钛及钛合金的强度与优质钢相近，密度只有 $4.5g/cm^3$，比强度非常高。钛及钛合金的耐热性也远比铝合金和镁合金等其他轻质金属高，工作温度范围较宽，还具有优异的耐蚀性。因此，钛及钛合金在航空航天、船舶、化工、冶金、医疗、仪表等领域得到广泛的应用。钛合金的特点是会在一定的温度发生同素异构转变，因此选择合适的钎料，尽可能保持在 β 相转变温度以下对钛合金进行钎焊是焊接的基本原则，这样既能保持母材的性能，也能形成优良的钎焊接头。

钨、钼、钽、铌元素属于难熔金属。它们都具有熔点高、热强度高、弹性模量高以及优异的耐蚀性。四种金属都是体心立方结构，由于熔点高，在宇航、核能、电子及民用工业中得到广泛应用。这些难熔金属常用作火箭发动机喷管材料、高温和熔盐反应堆结构材料以及高温炉发热体和反射屏材料，也是在抗液态金属、熔融玻璃腐蚀等一系列工作温度较高和腐蚀性较强环境中必不可少的金属材料。

11.1 工具钢钎焊

11.1.1 钎焊特点

工具钢按照化学成分可分为三类：碳素工具钢、合金工具钢及高速工具钢。碳素工具钢是高碳钢，其硬度取决于含碳量。合金工具钢中通常含质量分数为百分之几的合金元素，如 Cr、Mn、Si 等，某些钢中合金元素的质量分数可高达 12%～14%。高速钢是含 W、Mo、Cr、V 等元素的高合金钢，根据合金元素不同，高速钢可以分为以下基本系列：W 系高速钢，代表牌号为 W18Cr4V；Mo 系高速钢，以钼为主，钼的质量分数高于 8%，不含 W 或 W 的质量分数不超过 2%，代表牌号为 M1；W-Mo 系高速钢，介于 W 系高速钢和 Mo 系高速钢之间，代表牌号为 M2（W6Mo5Cr4V2）[1]。钎焊适合于刀具、量具、模具、采掘工具以及整体刀具等主要工具的连接。

第11章 工具钢、钛合金及难熔合金的钎焊

这类工件在工作时受到的应力很大，特别是压缩弯曲、冲击和交变载荷，因此要求连接强度高、可靠。对于工具钢来说，应当尽量保证它的组织及性能不受钎焊过程的影响，从而保证切削性能和工作可靠性。例如，高速钢 W18Cr4V 的淬火温度为 1206~1280℃；W9Mo5Cr4V2 的淬火温度为 1240~1260℃，如果钎焊温度和淬火温度相适应，则可得到切削时最大的硬度和耐磨性。

工具钢的线膨胀系数与普通钢差别很大，因此工具钢钎焊后冷却会产生很大的应力，容易导致裂纹的产生，如图 11-1 所示[2]。这是工具钢钎焊的主要问题之一。因此，需采取一定措施减少钎焊应力，如降低钎焊温度、钎焊前预热、焊后缓冷、选用塑性好的钎料等措施。

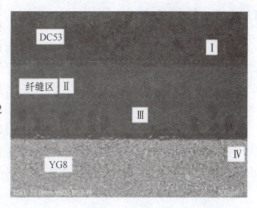

图 11-1 DC53 钢真空钎焊接头界面组织

11.1.2 钎焊材料

工具钢的钎焊通常用铜基及银基钎料，钎料及相配用的钎剂见表 11-1[3]。

表 11-1 钎焊工具钢时钎料、钎剂的选用

钎料型号	钎料熔化温度范围/℃	钎剂及其配方(质量分数,%)
BCu62Zn	900~905	200(苏)硼酐 66
BCu60ZnMn	890~905	硼氟化钙 15
BCu47ZnMnNiCo(841)	860±5	氟化钙 5.5
BAg45CuZn(HL303)	660~725	QJ102 脱水氟化钾 42
BAg50ZnCuCdNi(HL315)	632~688	酸钾 23,硼酐 35

铜基钎料中应用最多的是黄铜基钎料，为提高钎焊接头强度及润湿性，常添加 Mn、Ni、Fe 等元素。在黄铜金属中加入 Mn，不仅可提高钎料的强度，还可改善对工具钢的润湿性，使钎焊接头强度得到很大提高。近年来，国内研制的铜基钎料以及 BCu60ZnMn 钎料的应用比较广泛。BCu60Zn 钎料适用于钎焊承受中、小冲击吸收能量的工具钢。

银基钎料具有良好的强度和塑性，且熔点较低，钎焊接头产生的热应力较小。其中 BAg50CuZnCdNi 钎料对工具钢有优良的润湿性，另外，其强度及耐热性也高，钎焊接头具有良好的综合性能。

常见铜基钎料的熔化温度均低于工具钢的淬火温度，因此不适合于工具钢的钎焊。所以钎焊工具钢需使用专门的钎料，此类钎料可分为两大类。一类是锰铁型钎料，其主要组成为锰铁及硼砂，硼砂起钎剂作用，有时还加入少量铜屑及玻璃等。该类钎料的熔化温度一般为 1250℃左右，与工具钢的热处理温度相近，钎焊接头的抗剪强度约为 100MPa。但这类钎料的收缩大，焊后容易出现裂纹。另一类为含 Ni、Fe、Mn 和 Si 的特殊铜合金，其熔点与锰铁大致相同，约为 1220~1280℃。由于这类合金的收缩量比锰铁减小 2/3 左右，钎焊后不易产生裂纹，接头的抗剪强度可提高到 300MPa 以上。

11.1.3 钎焊工艺

工具钢常用火焰、感应、炉中（大气或保护气氛）、电阻、浸渍等方法钎焊。火焰钎焊设备简单，适用于小批生产。感应钎焊、炉中钎焊及电阻钎焊生产率高，质量稳定。采用保护气氛炉中钎焊，还可以避免钎焊时发生氧化。浸渍钎焊用于钻探工具的生产，也是一种效率高，易于掌握的方法[4]。

合金工具钢的成分范围很宽，因此它们的热处理和钎焊加热行为也有很大不同。应根据使用的钢种确定适当的热处理循环、所需淬火的方式（水、油或空气）、最适宜的钎料，以及把热处理与钎焊工序合并进行的技术，从而获得最好的综合性能。

工具钢的淬火处理温度一般要高于常规银基钎料的钎焊温度。因此，通常在钎焊前进行淬火，并在二次回火的处理中或处理后进行钎焊。如果必须在钎焊后进行淬火，就不能选用铜基或银基钎料。钎焊工具钢时用焦炭炉比较合适，钎焊过程中，当钎料熔化后，取出刀具，立即加压，以挤出多余钎料，再进行油淬，然后在 550~570℃ 回火。

工具钢钎焊后必须使焊件在空气中缓慢冷却，如将焊件焊后立即放到 200℃ 左右的炉中，或插入如草木灰等保温介质中，让其缓慢冷却至接近室温后取出。这样可消除接头中的应力，减少工具钢接头开裂的风险。此外，也可以锤击钎焊接头的反面，使应力得到一定程度的释放。

11.2 钛及钛合金的钎焊

11.2.1 钎焊特点

纯钛是一种银白色的金属，它有两种同素异构体，低于 882.5℃ 具有密排六方晶格结构，稳定态为 α 型，称为 α-Ti；在 882.5~1668℃ 具有体心立方结构，稳定态为 β 型，称为 β-Ti[5]。钛合金的性能取决于 α 和 β 两相的比例及后续热处理工艺。钛合金按稳态时的相组成可分为 α、α+β 和 β 钛合金，分别用 TA、TC 和 TB 表示。α 钛合金具有组织稳定、耐蚀性好、易钎焊的特点。α+β 钛合金是两相钛合金，其组织中 α-Ti 和 β-Ti 共存，具有良好的综合性能，是目前最重要的一类钛合金。β 钛合金热稳定性较差，因重金属合金元素多，易发生化学偏析。

因钛合金会在一定的温度发生同素异构转变，钛及其合金的钎焊特点主要有以下几方面[6]：

1）表面氧化物稳定。钛及其合金具有强烈氧化倾向，表面易生成一层坚韧稳定的氧化膜。钎焊前必须经过仔细的清理充分去除这层氧化膜，并且直到钎焊完成都要保持清洁状态。

2）强烈的吸气倾向。钛及其合金在加热过程中会吸收氧、氢和氮。吸气后合金的塑性、韧性急剧下降，所以钎焊必须在真空或干燥的惰性气氛保护下进行。

3）组织和性能变化。纯钛和 α 钛合金不能进行热处理强化，因此钎焊工序对它们的性能影响很小。但当加热温度接近或超过 α→β（或 α+β→β）转变温度时，β 相的晶粒尺寸会急剧长大，随后在较快的冷却速度下形成针状 α′相，使钛的塑性下降。退火状态的 β 钛合金组织和性能受钎焊温度的影响很小。

4）脆性化合物。钛可同大多数钎料发生合金化反应，一方面促进了钎料在基体上的润湿铺展，另一方面也会产生过合金化现象，导致对基体的溶蚀或在接头中形成脆性金属间化合物。

钛合金的同素异构转变决定了其钎焊工艺过程受限于温度及时间，当高于 α→β 相变温度时，其组织和性能将发生重要变化。选择合适的钎料，尽可能保持在 β 相转变温度以下对钛合金进行钎焊[7]。

11.2.2 钎焊材料

钛及其合金很少用软钎料钎焊，但在一些特殊场合，也可采用锡铅钎料、镉基钎料和锌基钎料。钎焊钛及钛合金的硬钎料有很多种，可分为银基、钯基、铝基、钛基和非晶态钎料，见表 11-2。

表 11-2 几种常用的钛合金钎料[8]

类型	组成（质量分数，%）	钎焊温度范围/℃	优点和缺点
银基	Ag-5Al	920~980	钎焊温度低/中，接头韧性好，室温时强度较高，高温时强度较低，耐蚀性较好
	Ag-28Cu	850~900	
	Ag-23Cu-5Ti	900~920	
	Ag-5Al-5Ti	920~940	
	Ag-25Cu-25In	680	
	Ag-3Li	1073	
钯基	Pd-40Au-30Cu	1100	高温时强度高，钎焊温度高
	Pd-60Cu-10Co	1100	
	Pd-60Cu-10Ni	1100	
铝基	Al-7.5Si	560~600	钎焊温度低，重量较轻，疲劳性差，接头处易形成金属间化合物，耐蚀性差
	Al-1Mn	660~690	
	AA3003	660~690	
钛基和非晶态	Ti-15Cu-15Ni	980~1050	室温时强度高，高温时强度较好，耐腐蚀性好，钎焊温度适中
	Ti-15Cu-25Ni	930~950	
	Ti-20Zr-20Cu-20Ni	880~920	
	Ti-26Zr-14Cu-14Ni-5Mo	860~890	
	Ti-37Zr-15Cu-10Ni	850~880	

1. 银基钎料

银基钎料是最早使用的钎焊钛及钛合金的钎料体系，主要用于使用温度较低（<540℃）的构件。银基钎料多以 Ag-Al、Ag-Cu 合金为主，再加入其他合金元素以改善钎料合金的性能。

1）纯 Ag 钎料。Ti 和 Ag 有较大的固溶度，Ag 在 Ti 中最大固溶度达 14.5%（质量分数），形成的金属间化合物 TiAg、Ti_3Ag 为有序的面心正方结构，具有一定韧性。但 Ag 本身强度低,线膨胀系数与 Ti 相比差别很大,接头在应力作用下易产生裂纹,耐蚀性和抗氧化性也较差。因此,通常钎焊钛及钛合金使用较多的是加入 Cu、Li、Mn、Zn、Sn、Ni、Pd 等合金元素的银钎料。

2) Ag-Cu 系钎料。随着钎料中 Cu 含量的增加,钎料对钛的润湿性下降,可在 Ag-Cu 钎料中再加入质量分数为 0.2%~0.5% 的 Li 来改善。

3) Ag-Li 系钎料。Li 能大大降低钎料熔点,并具有强烈的还原作用。因此加入 Li 的银基钎料能有效地排除钛表面的氧化物、氮化物的不良影响,具有自钎剂的作用,适合于在保护气氛中钎焊钛及钛合金。

4) Ag-Cu-Ni 系钎料。Ag-Cu 钎料中当 Cu 的质量分数超过 15% 时会形成脆性金属间化合物（IMC）,使接头性能降低,如图 11-2 所示[9]。但在 Ag-Cu 钎料中加入 Ni,再加入少量的 Li,钎焊接头的强度和韧性明显上升。

银基钎料具有合适的熔点,钎缝具有良好的塑性;缺点是对氯离子敏感,接头耐蚀性差,高温强度低。

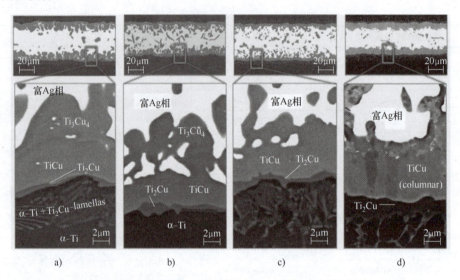

图 11-2 Ag28Cu 钎焊不同钛合金的接头显微组织
a) Ti-CP2 b) Ti-CP4 c) Ti64 d) Ti6242

2. 钯基钎料

Pd 与 Ti、Ni、Fe、Co、Cu、Ag、Au 等金属在液相和固相都有较高互溶度,加入 Pd 可大大提高钎料对母材的润湿性,且其接头具有良好的高温强度[10]。目前主要有 Pd-60Mn-10Co 和 Pd-50Ni-10Co 两种。

3. 铝基钎料

目前用于钛合金钎焊的铝基钎料主要是纯 Al、Al-Mn 和 Al-Mg 系合金。有时为了保证钛合金钎焊结构具有更高的强度和损伤容限,设计要求必须在保持钛合金固溶时效热处理状态性能的条件下实施钎焊,即钎焊温度应低于或稍高于基体时效处理温度,保温时间应尽可能短[11]。

4. 钛基钎料

钛基钎料使用时通常添加 Fe、Ni、Cu、Zr、Be、Co、V 等元素以降低熔点。Cu、Ni 是

β相稳定元素，可以与钛形成共晶从而降低熔点；Zr 与 Ti 无限固溶，因此钛基钎料加入 Zr 不会产生脆性相，允许加入量较多，是钛合金的主要强化元素之一；Be 可与 Ti 形成有限固溶体及化合物，少量加入也降低钎料熔点；其他元素（V、Cr、Fe、Co 等）虽也有类似作用，但效果均不如以上几种元素好。因此近几十年来研究开发的钛基钎料均是 Ti 或 Ti-Zr 和 Ni、Cu、Be 组成的低熔点共晶合金。

钛基钎料钎焊接头强度更高，耐蚀性和耐热性更好，在盐雾环境、硝酸和硫酸中尤为优良。但由于这类钎料中基本上都含有与钛具有强烈作用的 Cu、Ni 元素，钎焊时会快速扩散到基体金属中与钛反应造成对基体的溶蚀和形成脆性的扩散层，因此不利于薄壁结构的钎焊[12]。如采用 Ti-25Cu-15Ni 钛基钎料钎焊纯钛，焊缝中 Ni 元素的扩散十分明显，在与母材的反应过程中主要生成了 TiNi 相。

5. 非晶态钎料

非晶钛钎料的熔点范围为 840~900℃，比大多数钛合金的 β 转变温度至少低 40℃，且润湿性和熔化特性好。与脆性粉末或丝、片、棒状等传统钎料相比，非晶态或快冷钎料具有钎缝组织均匀，浸润性、流动性好，钎焊接头质量高的优点。

非晶态钎料韧性好，可制成各种形状预置于焊缝中。非晶态钎料厚度一般只有 30~50μm，而常规钎料很难达到这个尺寸，这也是非晶钎料优于常规钎料的地方。

11.2.3 钎焊工艺

钛及其合金钎焊必须要脱脂和去氧化膜，可采用喷砂处理清除氧化膜，或在室温下用 HNO_3 和 HCl 的水溶液清洗。

为了防止钎焊接头的氧化以及吸氮、吸氢等，钛及其合金最好是在氩气和真空中钎焊。真空钎焊时，虽然钛对氧的亲和力大，但试验结果表明，钛在 13.3Pa 真空度下就能得到光洁表面，这是由于氧化钛膜可向钛中溶解。为了保证得到高质量的接头，在生产中用 133MPa 真空度下钎焊比较合适。

氩气或真空钎焊时可以采用高频加热、炉中加热等方法。加热速度快，保温时间短，界面区的化合物层薄，接头性能较好。因此必须控制钎焊温度和保温时间，使钎料流满间隙。

11.2.4 钛合金与其他材料钎焊

1. 钛合金与铝钎焊

铝/钛复合结构可综合铝和钛的性能优势，在降低构件成本的同时可兼具比强度高、耐蚀性好等优点，在航空航天、船舶制造及汽车工业等领域具有广泛的应用。然而，钛和铝物理化学性质相差大，焊后接头中易存在很大的残余应力，且易产生大量脆性 TiAl 金属间化合物，影响接头的综合性能。

钎料元素和配比的选择对钎焊至关重要。合理选择钎料体系，保证钎料在润湿母材、填充接头间隙的同时，与母材原子之间扩散形成多元化合物，减少 TiAl 金属间化合物的生成，提高钛/铝接头的性能。

采用 Al30Ag10Cu、Al10Cu8Sn 和 Al10Si1Mg 钎料，在钎焊温度范围为 600~620℃下真空钎焊纯钛与纯铝。当使用 Al-Ag-Cu 钎料时，在钛侧界面形成 $TiAl_3$ 相和少量的 Ag_2Al 相；当使用 Al-Cu-Sn 钎料时，形成 $TiAl_3$ 相和少量的 $CuAl_2$ 相；当使用 Al-Si-Mg 钎料时，形成的化

合物为 $Ti_7Al_5Si_{12}$ 相，接头抗剪的断裂位置位于钎料中，接头抗剪强度为三种钎料中最高，可达到 70MPa。

采用 Al8.4Si20Cu10Ge 钎料，在钎料中加入稀土元素 La 和 Pr，在 530℃ 下可实现 TC4 钛合金与 6061 铝合金的炉内真空钎焊。稀土元素的加入降低了钎料的固相线和液相线温度，降低了界面反应能，促进了两侧母材与液态钎料的冶金反应，钛/铝接头抗拉强度提升到 51MPa，其接头截面形貌如图 11-3 所示。

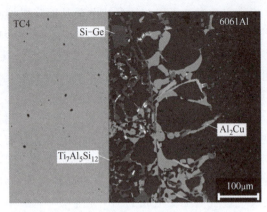

图 11-3 用 AlSiCuGeRe 钎料钎焊铝合金和 TC4 时接头截面形貌[13]

2. 钛合金与不锈钢钎焊

钛合金与不锈钢物理、化学性能差异大，这两种材料在钎焊时存在很多技术难点。为避免钛在高温下发生吸气反应，同时防止不锈钢和焊缝的氧化，在钎焊及退火时需处在真空下或外加氩气保护。此外，钛合金与不锈钢钎焊时，焊缝中的钛元素易与不锈钢基体中的 C、Cr、Ni 形成 TiC、TiCr 和 TiNi 等多种金属间化合物，降低接头力学性能。

钛合金与不锈钢钎焊的关键是钎料的选择，所选钎料的熔点应低于钛合金相变点，且应尽量避免含有易与钛形成脆硬金属间化合物的元素。采用 40Ti-20Zr-20Cu-20Ni、Ag-5Pd、BNi_2、BNi_7 钎料钎焊 TC4 钛合金和 304 不锈钢，发现 BNi_7 的润湿性最好，其次是 BNi_2，含 Ni 越多的钎料对于 TC4 基体中 β 相的长大抑制越明显，接头的力学性能就越好。

在大气条件下，可使用钎剂和银基钎料钎焊钛合金和不锈钢。例如，在 CuCl 和 AgCl 钎剂中添加少量的 LiF，可增加润湿性使得接头的性能大幅度提高。

3. 钛合金与铜钎焊

采用 AgCu28 钎料真空钎焊 TC4 钛合金与 QCr0.8 铬青铜，接头的典型界面组织为 Ag 固溶体、Cu 固溶体以及 CuTi 金属间化合物。接头的抗剪强度随钎焊温度的升高先增加后降低。当钎焊工艺为 890℃/10min 时，接头获得最大抗剪强度 449MPa[14]。

Ti-Ni-Zr-Cu 作为薄壁 TC4 钛合金与 TU2 无氧铜的钎料，具有较好的焊接润湿性和较高的焊接强度[15]，其接头宏观形貌及接头显微组织如图 11-4 所示。由于 Ti-Ni-Zr-Cu 钎料中 Ti 的质量分数较高，导致 TC4 钛合金中 Ti 容易固溶在钎料内。因此在薄壁试验件上镀镍，厚度 10~20μm，具有较好的阻隔 Ti 固溶和强化钎料与基材互溶的作用。

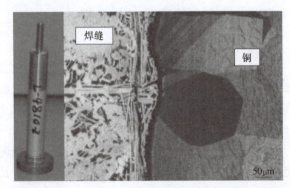

图 11-4 用 Ti-Ni-Zr-Cu 钎焊薄壁 TC4 钛合金与无氧铜 TU2 的接头宏观形貌及接头显微组织

熔钎焊也常用来焊接钛合金与铜的异种接头。熔钎焊过程中将焊接热源偏向于熔点低的母材一侧，熔化的低熔点母材在连接界面处与高熔点母材通过润湿、扩散、溶解等相互作用而形成钎焊接头，即在低熔点母材一侧为熔化焊,高熔点母材一侧则为钎焊。熔钎焊可以控制钛的熔化量,减少 TiCu 系金属间化合物,提高焊接接头的力学性能。

4. 钛合金与陶瓷钎焊

工程陶瓷具有强度高、硬度高、耐腐蚀、耐高温性好等特征,已成为航空航天、机械、医疗、能源等领域的关键材料之一。但陶瓷材料塑性和韧性差,难以制作大尺寸复杂的结构,且冷加工困难,导致其实际应用受到了很大的限制。只有将陶瓷材料与金属材料的强韧性结合起来,才能满足现代工程应用的需求。

钛合金与陶瓷的钎焊因具有技术工艺简单、连接强度高、接头尺寸及形状的适应性好,相对成本低等优点成为陶瓷和金属连接的首选技术。钛合金和陶瓷钎焊存在以下两方面的难点。一是两者的冶金不相容,冶金不相容是由于陶瓷材料主要含有离子键或共价键,表现出稳定的电子配位,因而难以被熔化的金属钎料润湿。通常在钎焊时对陶瓷表面进行预金属化,或者在钎料中加入活性元素,使钎料能够与陶瓷之间发生化学反应,通过反应使陶瓷表面产生可以被熔化金属润湿的产物。二是两者的物理性能不匹配,物理性能不匹配是指金属与陶瓷的热膨胀系数差异太大,在钛合金与陶瓷材料进行钎焊时接头内会产生较大的热应力,导致接头强度低甚至失效。在钎缝中添加低膨胀系数的增强相、中间层以及对接头几何形状进行设计,以减缓由于钛合金与陶瓷热膨胀系数失配带来的热应力,并提高钎焊接头的高温性能[4]。

钛合金与陶瓷钎焊常用的钎料主要以银基、钛基为主,如 Ag-Cu-Ti 系、Ag-Ti 系等。Ag-Cu-Ti 系活性钎料在 850~1000℃钎焊时对陶瓷表面的润湿性较好,可与这两种母材形成良好的冶金结合,但在高于 1000℃钎焊则对陶瓷的润湿性作用明显减弱。

11.3 难熔金属钎焊

11.3.1 材料特点

钨、钼、钽、铌元素属于难熔金属之列。钨与钼、钽与铌在周期表中分别同族,它们的物理和化学性能十分相似,都具有强烈的亲氧性,在自然界相互共生,绝大部分是以氧化物或含氧酸盐的形式存在。

1) 钨。钨在 400℃以下,按抛物线速率氧化,生成蓝色氧化层;高于 1100℃时,按线性速率氧化;超过 1100℃时,WO_3 的升华速度与其生成速度相当。

钨在空气中室温下不反应,300℃时失去光泽,500℃以上迅速氧化。在氢中 1200℃以上开始吸收少量氢。室温下,钨与 H_2SO_4、HCl、HNO、HF 均无明显的反应,但在 HF+HNO_3 为 4:1 的热酸液中迅速溶解。钨能在熔融的碱（NaOH、Na_2CO_3）中迅速被腐蚀。

2) 钼。钼与钨在周期表中同族,与钨的化学性能相似:在干燥的空气或氧气中,室温时不发生任何氧化作用;在含有水蒸气的气氛中,250℃以下便会氧化,生成 MoO_2 和 MoO_3 形式的表面氧化膜。这种膜可以容易地在 800℃氢气中被还原,也可以在约 500℃的真空中蒸发排除。

3) 钽。钽与水蒸气在室温下无反应,但在 700℃时迅速被氧化。钽与氮在 600℃以下就因吸收氮而脆化；1100℃时在纯氮中形成间隙相 TaN，并在 2000℃时可在真空中释放氮。钽与氢在低于 700℃时便能吸收氢而脆化，1300℃时所吸收的氢在真空中会全部释放。

室温下钽在 H_2SO_4、HCl、HNO_3、H_3PO_4 中无明显反应，但能与稀的或浓的氟氢酸作用，也能在 $HF+HNO_3$ 的混合酸中溶解。钽在熔融的 KOH 或 NaOH 中会被强烈腐蚀。

4）铌。铌与氮在 400℃时形成脆性氮化物；400～1000℃时为 Nb_2N 和 NbN 的混合物；更高温度下主要形成 NbN。氮在铌中的极限浓度仅为 4.8%（摩尔分数）以下。

在众多难熔金属中，金属铌是目前研究超渗透性的主要材料。与钯等具有贮氢能力的金属类似，纯 Nb 在较低温度渗氢后会出现一定程度的氢脆现象。

11.3.2 钎焊材料及工艺

1. 钨、钼及其合金的钎焊

钨、钼及其合金熔点很高，除可作点焊电极触点外，还可以利用它们的高温性能制作耐高温零件。因此钨与钼极少利用软钎焊连接。当钨、钼与熔点较低的金属进行钎焊时，可在钨、钼及其合金零件上镀镍或镍铜，再用普通的银基或铜基钎料进行钎焊。当需要利用钨、钼材料的各种特性（包括表面特性）时，则不允许进行镀膜处理，如再有对钎缝强度及钎料蒸气压的要求，钎料的使用将受到很大的限制。由于钨、钼与银、铜在后两者熔化的温度附近（961℃和 1084℃）并不生成合金，所以使用银基、铜基钎料钎焊钨或钼并不理想，钎缝的强度会受到影响。钨、钼的再结晶温度约为 1100℃±50℃，而且晶粒长大的速度很快，钎焊温度若超过此温度，材料明显变脆。因此在钎焊件工作温度允许的情况下，钎焊温度不要超过 1000℃。如工作温度在 1000℃以上，则应采取快速钎焊的方法，使钨、钼材料在 1000℃以上停留的时间不超过 1min，保证晶粒尚未长大时，钎焊过程已经结束。这样，材料的力学性能可不受影响。

为了保证钨、钼及其合金制成的零件在钎焊时不损坏、不氧化、不变形，钎焊最好在保护气体（氢气、氩气等）或真空中进行。其中，在氢气炉中钎焊效果最好。根据加热方法可分为炉中钎焊、高频钎焊、电子束钎焊等。钨、钼及其合金钎焊常用钎料见表 11-3。

表 11-3　钨、钼及其合金钎焊常用钎料

钎料型号	液相线/℃	固相线/℃	应用和说明
BCu89PAS	800	650	Mo、W 与 Ag、Cu 钎焊，不能钎焊 Pe、Ni
BCu93P	800	710	Mo、W 与 As、Cu 钎焊，不能钎焊 Pe、Ni
BCu91PAS	810	645	Mo、W 与非铁金属合金钎焊用
NiCuAg	795	780	Mo、W 与非铁金属钎焊用
BNi6	877	877	Mo、W 与 Cu、Pe、Ni、可伐合金、镍基合金钎焊
BCu95P	924	714	Mo、W 与 As、Cu 等钎焊
NiCuAu	910	900	Mo、W 与 Cu、可伐合金、Ni、钢铁和非铁合金钎焊
PdCuAg	852	824	Mo、W 与 Cu、可伐合金、Ni、镍基合金钎焊
PdCuAg	898	879	
PdCuAg	900	850	
NiCuAu	910	900	

(续)

钎料型号	液相线/℃	固相线/℃	应用和说明
CeNiCu	965	850	W、Mo、Cu、可伐合金等钎焊
NiAu	950	950	Mo、W、Cu、可伐合金、Ni、镍基合金等钎焊
PdAg	1010	970	
NiAuCu	1030	975	

实际钎焊经验表明,铜基钎料比金基、镍基钎料好用。若钎料中加入少量钯,则在钨、钼材料上更容易铺展,但钯含量增多会使钎焊反应区内母材出现龟裂。

在某些应用场合,如微波器件中的钡钨阴极处理过程中,当温度超过1100℃时,则要求钨零件与钼零件钎缝工作温度超过1300℃,因而这些部位的钎焊都将超过1000℃而又不能发生明显的脆化。目前只能采用高频钎焊、压力钎焊、激光钎焊等技术,而电子束钎焊难以满足上述要求。高频钎焊可根据需要采用丝料或片料钎料。压力钎焊是在母材中间加一钎料片,钎焊时,填充金属(钎料片)熔化并润湿母材,使被焊零件连接起来。激光钎焊是在母材中间夹一层填充金属,控制激光能量和光斑大小,使填充金属熔化,母材不熔化。

2. 钽、铌及其合金的钎焊

钽、铌及其合金的物理化学性能很接近,因此钎焊条件基本一致。由于钽、铌易与氧、氮、氢结合并生成脆性化合物。因此它们的钎焊必须在真空或高纯度的惰性气体保护下进行。钎焊方法有炉中钎焊、高频钎焊、压力钎焊、电子束钎焊等。选择钎料时应注意,金的质量分数为10%~90%的钎料容易形成时效硬化化合物,使钎料(钎焊接头)变脆。银基钎料虽能钎焊钽和铌,但也有使基体金属变脆的倾向。最常用的钎料为镍基钎料(如镍-铬-硅合金),其次为铜锡、金镍、金铜及铜钛等钎料。例如 Ni-7Cr-5Zr-3Fe-3B-4.5Si 钎料可实现钽与不锈钢的有效连接,在焊接电流12.5A、加热时间10s、保温时间25s钎焊工艺条件下,获得了无气孔、夹杂等焊接缺陷的高频感应钎焊接头,接头剪切强度达146.0MPa。

11.4 本章小结

1) 工具钢的钎焊通常选用铜基及银基钎料。由于工具钢的线膨胀系数与普通钢相比差别很大,钎焊后冷却产生很大的应力,这是工具钢当前钎焊的主要问题之一,必须采取措施减少钎焊应力。

2) 钛及其合金的钎焊特点包括表面氧化物稳定、具有强烈的吸气倾向和形成脆性化合物等。钛合金的同素异构转变决定了其钎焊工艺过程受限于温度及时间,选择合适的钎料,尽可能保持在β相转变温度以下对钛合金进行钎焊是基本原则。

3) 钨与钼、钽与铌在周期表中分别同族,它们的物理和化学性能十分相似,都具有强烈的亲氧性,绝大部分是以氧化物或含氧酸盐的形式存在,要求难熔金属钎焊前,必须去除表面的油污和氧化膜。在钎焊钨、钼及其合金时,适量加入钯,可提升钎料的润湿性。

思 考 题

1. 工具钢钎焊有何特点？为降低工具钢钎焊接头的应力，有什么具体的措施？
2. 钎焊钛及钛合金的硬钎料有哪几类？各有什么特点？
3. 钨、钼、钽、铌等难熔金属在钎焊前需要采取哪些措施？

参 考 文 献

[1] 中国机械工程学会焊接学会. 焊接手册：第 2 卷 材料的焊接 [M]. 3 版修订本. 北京：机械工业出版社，2013.

[2] 原靖. YG8 与 DC53 钢真空钎焊接头微观结构及性能研究 [D]. 济南：山东大学，2021.

[3] 方洪渊. 简明钎焊工手册 [M]. 北京：机械工程出版社，2000.

[4] 邹僖. 钎焊 [M]. 修订本. 北京：机械工业出版社，1989.

[5] POLMEAR I J. Light alloys-metallurgy of the light metals [M]. 3rd ed. London：Edward Arnold，1995.

[6] 张启运，庄鸿寿. 钎焊手册 [M]. 3 版. 北京：机械工业出版社，2017.

[7] SHAPIRO A, RABINKIN A. State of the art of titanium-based brazing filler metals [J]. Welding Journal，2003，82（10）：36-43.

[8] 于启湛. 钛及钛合金的焊接 [M]. 北京：机械工业出版社，2020.

[9] GUSSONE J, KASPEROVICH G, HAUBRICH J, et al. Interfacial reactions and fracture behavior of Ti alloy-Ag28Cu brazing joints：influence of titanium alloy composition [J]. Metals，2018（8）：1-13.

[10] 贵金属材料加工手册编写组. 贵金属材料加工手册 [M]. 北京：冶金工业出版社，1978.

[11] WELLS, R R. Low-temperature large-area brazing of titanium structures [J]. Welding research supplement，1975：349-356.

[12] BURROWS C F, OKEEFE R. Evaluation of braze alloys for vaouum treating-gas quenching [J]. Welding Journal，1972，51（2）：53.

[13] CHANG S Y, TSAO L C, LEI Y H, et al. Brazing of 6061 aluminum alloy/Ti-6Al-4V using Al-Si-Cu-Ge filler metals [J]. Journal of Materials Processing Technology，2012，212（1）：8-14.

[14] 康佳睿，等. AgCu 钎料钎焊 TC4 钛合金与 QCr0.8 铬青铜接头界面结构及性能 [J]. 焊接学报，2018，39（4）：27-30.

[15] 郝振贻，等. TC4 钛合金与无氧铜、可伐合金真空钎焊工艺研究 [J]. 有色金属材料与工程，2020，41（1）：32-36.

Chapter 12

第12章 新型材料的钎焊

新型材料是指新出现或正在发展中的具有传统材料所不具备的优异性能或特殊功能的材料，或通过采用新技术使传统材料性能有明显提高或产生新功能的材料。与其他材料一样，新型材料在使用过程中，由于其实际采用的结构需要，或者为了综合发挥其自身和与其组合的异种材料的性能，每种新型材料都在不同程度上需要进行其自身或者其与异种材料的连接。钎焊在新型材料连接中占有重要地位，并得到了广泛应用。

本章以超导材料、形状记忆合金、Ti-Al 金属间化合物、铝基复合材料等典型新型材料为主，重点介绍其钎焊特点、钎料及典型工艺。

12.1 超导材料钎焊

超导材料是指在一定的低温条件下电阻为零且能完全排斥磁力线的材料。根据是否产生超导特性的临界转变温度（T_c），超导材料可分为两类：①T_c 低于 25K 的低温超导材料，主要包括 Nb-Ti、Nb_3Sn、Nb_3Al 等；②T_c 高于 25K 的高温超导材料，主要包括铋系（Bi-Sr-Ca-Cu-O）、钇系（Y-Ba-Cu-O）、镧系（La-Ba-Cu-O）等。为获得超导材料的有效连接，要解决的根本问题是确保连接接头组织与母材类似或超导电性与母材接近，或者在服役温度下接头电阻尽可能小。

12.1.1 低温超导材料

Nb-Ti 合金是应用最广泛的低温超导材料，早期为单芯超导材料，通过在铜、铝线材或带材基体中镶嵌很多根排列规则的细丝超导材料，逐步发展成目前实际使用的多芯复合超导材料。其连接研究与应用相对较成熟，低温钎焊已广泛用于超导磁体的制造。

1. 钎焊特点

Nb-Ti 合金超导材料通常采用软钎焊的方法，存在的主要问题包括[1]：

1）钎焊接头应具有低的电阻。电阻过大的接头会导致局部发热引起超导材料失超，液氦温度 4.2K 下 Nb-Ti 合金电阻率约为 $10^{-17}\Omega \cdot m$，负载电流为千安级的超导材料，允许接头电阻率的上限值约为 $10^{-10}\Omega \cdot m$。

2）钎焊导致材料组织改变。为避免钎焊加热对接头部位微观组织的改变从而降低超导材料的临界电流，钎焊温度不能超过 Nb-Ti 合金的最佳时效热处理温度（350~400℃）。

3）接头强度需进一步提高。经过钎焊的超导材料在工作时可能受到多种应力作用，如冷却时的热应力、励磁时的洛伦兹力和缠绕磁体时的弯曲应力等。

4）接头的形式及尺寸应尽可能小。接头应尽可能少占据磁体的额外空间。对接接头占据磁体的额外空间较少，但其连接操作复杂；搭接接头连接操作方便，但占据磁体的额外空间较大。

2. 钎料

Nb-Ti 超导材料钎焊主要采用 Sn 基、Pb 基或 Sn-Pb 合金钎料，典型钎料以及接头电阻值见表 12-1。采用高 Pb 钎料 Pb97.5Ag，其接头具有良好的低温综合性能（低温电阻率约为 $8 \times 10^{-12} \Omega \cdot m$），且其钎焊温度约 330℃，不超过 Nb-Ti 合金超导材料最佳时效热处理温度。

近年来开始研究无铅钎料钎焊 Nb-Ti 合金多芯超导材料，如 In65.8Sn34.2 和 In54.3Sn36.8Bi8.9，其钎焊界面反应产物是不连续或连续的化合物（Nb，Ti）Sn_2[2]。

表 12-1　Nb-Ti 合金多芯复合超导线材钎焊接头低温（4.2K）电阻值[1]

钎料	搭接尺寸			钎焊规范			电阻率 /$\Omega \cdot m$	单位搭接面积上的电阻值 /(Ω/m^2)
	长度 /mm	宽度 /mm	面积 /mm^2	电流 /A	时间 /s	温度 /℃		
Sn95Ag	75	2.4	180	768	45	320	3.74×10^{-11}	2.060×10^{-5}
Pb97.5Ag1.5Sn	77	2.5	192	792	78	360	3.00×10^{-11}	1.543×10^{-5}
Pb50Sn	77	2.6	200	792	28	260	3.18×10^{-11}	1.576×10^{-5}
Sn60Pb	75	2.6	195	720	22	300	2.40×10^{-11}	1.239×10^{-5}
Pb97.5Ag	75	2.7	202	816	53	330	8.00×10^{-12}	4.258×10^{-6}
Pb95Sn	77	2.9	223	320	90	360	2.26×10^{-11}	1.022×10^{-5}

3. 钎焊工艺

Nb-Ti 超导材料可以用烙铁、电阻、超声波、保护气氛下的钎焊等方法。烙铁钎焊是一种最简单的方法，但要求具有熟练的技巧，钎焊层厚度和质量不易控制；电阻钎焊是连接 Nb-Ti 超导材料较理想的方法。

Nb-Ti 复合超导材料钎焊的一个应用实例是 Hefei Tokamak-7 超导受控核聚变装置纵场线圈超导线接头的钎焊。针对超导母排结构的连接要求，以搭接接头方式，采用熔化温度为 128℃的钎料 50Sn30Pb20Cd 和含少量活性剂的松香基膏状钎剂，钎焊温度控制在 128～200℃。测试结果显示 48 个超导线接头的平均电阻为 $3.75 \times 10^{-9} \Omega$，达到电阻小于 $1 \times 10^{-8} \Omega$ 的设计要求[3]。

12.1.2　高温超导材料

铋系（Bi-Sr-Ca-Cu-O，简称 BSCCO）高温超导材料包括 Bi-Sr-Ca-Cu-O-2212（简称 Bi-2212）和 Bi-Sr-Ca-Cu-O-2223（简称 Bi-2223），T_c 约 90～110K，称为第一代高温超导材料；钇系（Y-Ba-Cu-O，简称 YBCO 或 REBCO）高温超导材料，T_c 约 90K，称为第二代高温超导材料；镧系（La-Ba-Cu-O）高温超导材料，T_c 约 36K；铊系（Tl-Ba-Cu-O）超导材料，T_c 最高 125K；新型高温超导材料，如 MgB_2 超导材料和铁基超导材料的 T_c 分别为 39K 和 55K。

1. 钎焊特点

高温超导材料的连接方法相对还不够成熟，其难点是高温超导材料本身化学活性低、比较脆且对环境敏感，连接性较差，连接过程还往往需要高温加压甚至高压，而且要对环境氧进行严格控制。作为功能材料，其钎焊接头不仅需要获得足够的强度外，还必须保证接头的超导电性与母材相近或者确保具有低电阻值，同时满足实际需要的热传导特性。

铋系超导材料的钎焊连接，其要求与低温超导材料 Nb-Ti 的软钎焊设计要求一样。除此之外，银或者银合金包套的 Bi-2223 带材加热温度超过 300℃ 时，其临界超导电流会明显下降，因此应尽可能选择钎焊温度不高于 300℃ 的钎料。

2. 钎料及钎焊工艺

目前用作铋系带材钎焊的钎料是低温钎焊钎料/膏，包括 SnPb、SnCuAg、SnPbAg、SnPbSb、BiPbSnCd、SnPbBiAg、99.9In 等。

采用钎料 Sn96CuAg、Sn60PbAg 和 Sn60PbSb 软钎焊短带材，在不降低原始带材临界超导电流的前提下，接头电阻为 $10^{-7}\Omega$ 量级，且通过适当增加搭接层长度可进一步降低接头电阻，提高接头强度[4]；采用 50Bi-25Pb-12.5Sn-12.5Cd、37Pb-63Sn、99.9In 软钎焊单芯 BSCCO 带材时，接头临界超导电流分别达到母材的 10%、26%、44% 和 70%，接头电阻依次为 $0.71\times10^{-6}\Omega$、$0.52\times10^{-6}\Omega$、$0.33\times10^{-6}\Omega$ 和 $0.13\times10^{-6}\Omega$[5]。图 12-1 为钎焊温度为 200℃，采用 63Sn34Pb1Bi2Ag 钎料膏钎焊 Bi-2223 带材的接头显微结构形貌。

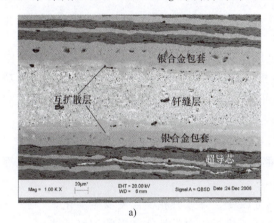
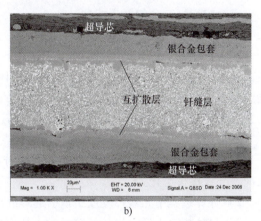

a)   b)

图 12-1 采用 63Sn34Pb1Bi2Ag 钎料膏钎焊 Bi-2223 带材的接头显微结构形貌[6]
a) 保温时间 1min　b) 保温时间 5min

一般来讲，接头电阻与搭接长度成反比关系。在其他钎焊工艺因素一定的情况下，为降低接头电阻，搭接长度越长越好；同时，搭接长度越长，接头临界超导越大、超导连接效率越高，但搭接长度达到一定程度时，接头连接效率和电阻值则趋于稳定。另外，适当控制钎焊参数如钎焊温度、保温时间也有必要，如适当延长保温时间，能减少孔洞等缺陷，从而在一定程度上降低接头的电阻值并提高连接效率。

对于 YBCO 块材钇系超导材料，为了获得钎缝组织和性能接近母材的接头，一般采用接近块材成分和晶体结构的材料作钎料进行硬钎焊，如 $YbBa_2Cu_3O_{7-x}$ 和 REBCO（RE = Yb、Tm 等）粉末钎料、YBCO/Ag 和 $YBCO/Ag_2O$ 烧结钎料、ErBaCuO 烧结钎料、Ag 钎料，以及 $YBCO/Ag_2O$ 熔融钎料等[7]。

对于YBCO涂层钇系超导材料，因其外表面是金属或合金，其钎焊性能和工艺要求类似于铋系超导带材，一般采用软钎焊直接连接，目的是获得尽可能低的接头电阻。二代YBCO带材不可逆场比一代Bi系带材要高许多，更加适用于高场磁体的制造。YBCO带材采用的典型软钎料有Sn63Pb37或Sn62Pb38钎料、In52Sn48钎料、SnAgCu粉末钎料等，其接头方式主要有搭接、对接、嵌接和桥接[8]。

12.2 记忆合金钎焊

形状记忆合金（Shape Memory Alloy，SMA）是指在具有自身形状条件下的合金经过高温加热形成另外一种形状，停止高温加热后，在低温的条件下此合金保持此形状不变，经过加热到某一固定温度值，又可恢复成原有自身形状的一类合金。对于形状记忆合金的连接，早在20世纪60年代就开展了相关钎焊技术的研究。

根据成分不同，实际应用较多的形状记忆合金包含三种：NiTi基、Cu基和Fe基合金[9-11]。NiTi基合金兼具了高强度和高延展性，是力学性能最佳且应用最广泛的记忆合金，与其他合金相比，其加工性能好且相变潜热和弹热效应较大，广泛用于航空航天、汽车电子、生物医疗等领域，已成为材料领域研究的热点[12]。本节主要以NiTi基形状记忆合金为例重点介绍记忆合金的钎焊特性。

1. 钎焊特点

NiTi形状记忆合金是近等原子比Ni-Ti合金的总称，主要有两种不同的相结构，即高温奥氏体相（简单立方晶体结构）和低温马氏体相（单斜晶体结构）。NiTi形状记忆合金的功能特性主要来源于马氏体相与奥氏体相之间的可逆相变。其中，超弹性主要来自应力诱发的马氏体逆相变，而形状记忆效应主要归因于其热弹性马氏体可逆相变[13]。

形状记忆合金由于其自身的物理化学特点，导致其在钎焊连接方面有很大的困难[14]：

1）形状记忆合金对钎焊温度和钎料成分都很敏感，高温下易与空气中的H、N、O等反应，导致接头脆化。

2）钎焊过程中元素挥发或扩散引起焊缝成分改变，导致其相变温度发生变化。

3）焊接热输入导致焊缝晶粒粗大，从而降低了接头的力学性能和形状记忆性能。

2. 钎料

NiTi形状记忆合金钎焊主要采用Nb基和Ag基钎料。

与常规钎料BAg56CuZnSn（别称BAg7）相比，含Ni的BAg7钎料显著地提高了接头的强度，其最大抗剪强度约300MPa，BAg7钎料的最高抗剪强度约200MPa[15]。基于BAg7钎料，研制出大气中钎焊NiTi形状记忆合金的钎料和钎剂，如Ag59Cu23Zn15Sn1Ni2钎料，钎剂成分为$w_{AgCl}=25\%$、$w_{KF}=25\%$、$w_{LiCl}=50\%$，该钎料在NiTi形状记忆合金上具有良好的润湿性[16]。

采用Ag-Cu钎料对Ni-Ti合金进行真空钎焊时，在一定的接头搭接长度下钎焊接头的强度高于母材。当搭接长度小于3mm时，Ni-Ti与Ag-Cu钎料之间形成的扩散层是接头最薄弱的区域，如图12-2所示。当应变小于4%时，接头通过形状记忆效应完全恢复；当应变大于4%时，即使在触发形状记忆效应后，也会有一些不可恢复的应变[17]。

采用纯 Cu 和 Ti-Cu-Ni 合金作为钎料,可以采用红外激光辅助下完成 Ni-Ti 合金钎焊。当使用 Cu 作为填充剂时,观察到由于形状记忆效应而完全恢复的现象;而使用 Ti-15Cu-15Ni 作为填充剂时,钎焊时间越长,导致 CuNiTi 相含量越低,不利于形状记忆回复,同时 $Ti_2(Ni,Cu)$ 的大量形成会导致钎焊接头脆性高,无法进行弯曲测试[18]。

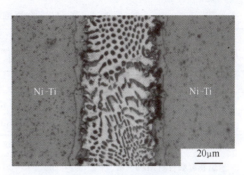

图 12-2 Ag-Cu 钎料连接 Ni-Ti 合金的接头显微组织[17]

3. 钎焊工艺

NiTi 形状记忆合金的钎焊方法主要有软钎焊、炉中钎焊、红外线钎焊、电阻钎焊等。

典型的炉中钎焊工艺分两步进行:第一步为预熔敷钎料,将研制的钎料涂于试件的连接部位,使钎料熔化后熔敷在试件的连接部位;第二步为连接,在预置有熔敷钎料层的试样连接部位涂上通用的银钎料用钎剂,然后将两块需要连接的试件装配在一起,施加 100g 的重物,在炉中进行钎焊。

采用 AgCuZnSn 钎料,对 Ni-Ti 合金与 06Cr18Ni11Ti 进行激光钎焊。当钎焊热输入为 50W/10s 时,接头的抗拉强度低于 200MPa,断裂发生在钎料与 Ni-Ti 的界面上,Ni-Ti 侧热影响区的形状记忆效应相当于母材的 92%;当钎焊热输入为 60W/10s 时,接头抗拉强度达到 320~360MPa,断裂应变为 8%~10%,断裂发生在钎缝中,Ni-Ti 侧热影响区形状记忆效应约为母材的 83%;当钎焊热输入为 70W/20s 时,接头抗拉强度降低到 300MPa,断裂发生在 Ni-Ti 一侧的热影响区,NiTi 侧热影响区的形状记忆效应损失较大,仅为母材的 62%[19]。

12.3 TiAl 金属间化合物钎焊

1. 钎焊特点

Ti-Al 系金属间化合物具有有序的晶体结构,Ti 原子和 Al 原子在晶体学平面上保持长程有序的排列且原子之间表现出较强的极化作用,因此 Ti-Al 系金属间化合物在室温和高温下具有稳定的物理性能和力学性能。

表 12-2 列出了主要的 Ti-Al 系金属间化合物的物理性能及力学性能。由于二元 Ti-Al 合金中原子间存在较强的极化作用,室温下有效滑移系较少,导致塑性变形能力差。其中,Ti_3Al 中的 Al 含量较低,虽在室温表现出优异的塑性,但是在高温下强度会降低、易氧化、易发生氢脆。TiAl 中的 Al 含量增加,具有优异的高温力学性能、相对较低的密度、较高的抗氧化能力,可以有效弥补 Ti_3Al 在高温合金领域的劣势。在 Ti-Al 系金属间化合物中,Al_3Ti 具有最低的密度、最高的硬度、最高的弹性模量和适中的强度,是最具发展潜力的轻质高强材料。

对于 TiAl 金属间化合物的钎焊,钎料与母材极易发生反应,其关键在于生成脆性相的控制,进而提升接头性能。TiAl 金属间化合物对微观组织性能非常敏感,传统钎焊连接技术由于其加热和冷却速度慢,在高温下停留时间长,很难保障接头的质量并得到高性能的接头,因此通常采用快速加热复合的钎焊技术。

表 12-2 Ti-Al 系金属间化合物的物理性能及力学性能[20]

性能	Ti_3Al	TiAl	Al_3Ti
密度/(g/cm³)	4.1~4.7	3.7~3.9	3.4~4.0
热膨胀系数/(10^{-6}/℃)	12	11	12~15
弹性模量/GPa	110~145	160~180	215
断裂强度/MPa	800~1140	440~700	120~445
室温塑性(%)	2~10	1~4	0.1~0.5
室温断裂韧性/(MPa·m$^{1/2}$)	13~30	12~35	—
最大可能应用温度/℃	600~700	600~700	<1000
氧化/燃烧抗力	差	差	良好

2. 钎料

TiAl 金属间化合物钎焊主要采用 Ti 基、Ag 基和 Al 基钎料,见表 12-3。Ti 基钎料用来钎焊 TiAl 金属间化合物,可以得到较强的连接接头;Ag 基钎料用来钎焊时,其接头也具有较好的强度;Al 基钎料钎焊时,相对于前两种钎料,其接头强度较弱[21]。

表 12-3 钎焊 TiAl 金属间化合物主要采用的钎料[21]

钎料种类	TiAl 金属间化合物	其他材料	工艺参数	
			钎焊温度/℃	保温时间/s
Ti-15Cu-15Ni	Ti50Al50	—	1100~1200	30~60
	Ti48Al2Cr2Nb	—	1100~1200	30~60
	Ti47Al2Cr2Nb	—	980~1100	600
	Ti48Al2Cr2Nb	—	950	480~2400
	Ti48Al2Cr2Nb	—	1040	600
	Ti33.5Al1.0Nb0.5Cr0.52Si	AISI4340	1075	30
CUSL-ABA	Ti47Al2Cr2Nb	—	750	600
	Ti47Al2Cr2Nb	AISI4340	845	30
Ti-Ni	Ti47Al2Cr2Nb	—	1100~1200	600
Al 箔	Ti50Al50	—	900	
	Ti50Al50	—	800~900	15~300
BAg-8	Ti50Al50	—	900~1150	15~180
纯 Ag	Ti50Al50	—	1000~1100	15~180
AgCu 共晶	Ti48Al2Cr2Nb	—	850~1000	300~3600
Ag34Cu16Zn	Ti48Al2Cr2Nb	—	850~900	300~3600
Zr65Al25Cu27	Ti48Al2Cr2Nb	—	950	1200
Ag-Cu-Ti	Ti47Al2Cr2Nb	40Cr	900	600
B-Ag72Cu	Ti46.5Al5Nb	42CrMo	870	1200
Ag-Cu 镀 Ni	TiAl	AISI4140	800	60
Ag-Cu-Ti	Ti48Al2Cr2Nb	SiC 40Cr	—	—

(1) Ti 基钎料　采用熔点为 932℃ 的 TiCu15Ni15 作为钎料,在氩气气氛下,选择 1150℃ 的钎焊温度对 TiAl 金属间化合物进行红外炉中钎焊。该钎料在 TiAl 金属间化合物表面润湿性良好,接头无气孔存在,其抗拉强度为 295MPa。

采用钎料 Ti13Zr21Cu9Ni 连接 Ti_3Al 基合金和 TiAl 金属间化合物。在 940～960℃ 钎焊 600s 的接头室温下的抗剪强度为 113～149MPa。为提高接头强度,采用 Ti-Zr-Cu-Ni-Co 钎料,在 1010℃ 获得的钎焊接头抗剪强度达到 278MPa,增加了约 86.6%。该钎料不仅显著提高了 Ti_3Al/TiAl 接头的强度,而且在很大程度上提高了接头的延展性[22]。

TiH_2-50Ni 合金粉末作为钎料可实现 TiAl 金属间化合物的钎焊,在 1180℃ 和 1200℃ 保温 15min 的条件下进行钎焊,接头均获得良好的钎焊焊缝,如图 12-3 所示[23]。

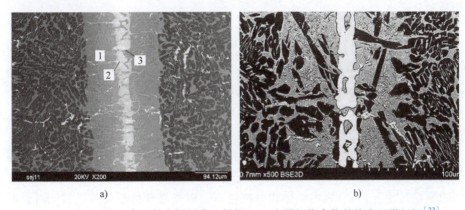

图 12-3　TiH_2-50Ni 合金粉末钎料真空钎焊 TiAl 金属间化合物的接头显微组织[23]

a) 钎焊温度 1180℃　b) 钎焊温度 1200℃

1—Ti_3Al　2—$Al_3Ti+Ni_4Ti_3$　3—Ti_3Al

(2) Ag 基钎料　采用 Ag 基钎料钎焊 TiAl 金属间化合物以及 TiAl 金属间化合物和其他材料,均能够获得较高的力学性能。采用 AgCu 共晶钎料和 Ag 钎料连接 TiAl 金属间化合物得到的接头抗剪强度分别为 343MPa 和 383MPa。

采用增强的 Ag 基钎料钎焊 TiAl 金属间化合物。例如采用纳米 Si_3N_4 颗粒增强的 Ag-Cu-Ti 钎料可实现 TiAl 的钎焊,在钎焊温度为 880℃、保温时间为 5min 的条件下,比采用商用 Ag-Cu-Ti 钎料获得的钎焊接头的平均抗剪强度提高 40%。焊后接头中形成了 TiN、Ti_5Si_3 及 Al_4Cu_9 细小颗粒增强的银基复合材料焊缝,这些细颗粒化合物作为第二相粒子通过剪切滞后、位错强化以及 Orowan 强化等方式有效地提高了钎缝自身的强度。另外,TiN、Ti_5Si_3 和 Al_4Cu_9 相具有比银低的线膨胀系数,银基复合材料的线膨胀系数要低于银基固溶体,这样可在一定程度上缓解钎缝与 TiAl 母材线膨胀系数不匹配而产生的残余应力,同样有助于钎焊接头性能的提高[24]。

3. 钎焊工艺

采用红外钎焊方法、Ti15Cu15Ni 钎料,在 1373～1473K 温度、氩气保护环境下实现了 TiAl 金属间化合物的钎焊。在红外炉中钎焊是为了减少或消除加热时间长对材料的不利影响。研究发现,Al 从 TiAl 金属间化合物向界面区的扩散,是形成界面微观组织结构的主导因素,经过扩散反应,接头界面区形成由 γ-TiAl 和 α+β 双相区、高 Al 的 α 相区和 $α_2$-Ti_3Al 与 β-Ti 的残留钎料区组成的多层结构。

12.4 铝基复合材料钎焊

在金属基复合材料中铝基复合材料的发展较为迅速，在实际应用中采用铝基复合材料不仅提高了结构的使用性能，而且大大减轻了结构的质量。

铝基复合材料中的基体为铝，增强相通常是颗粒、晶须和纤维等，增强相具有高强度、高模量、耐磨和耐高温等特性。在铝基复合材料中，SiC 颗粒增强铝基复合材料（SiCp/AlMMCs）发展尤为迅速，应用也比较广泛。本节以 SiC 颗粒增强铝基复合材料为例，介绍其钎焊性及工艺特点。

1. 钎焊特点

SiC 颗粒增强铝基复合材料的焊接性差，很难形成高强度的焊接接头，严重阻碍了工程化应用。在钎焊铝基复合材料时，除了要解决铝基体与钎料的结合外，还涉及钎料金属与非金属增强相之间的结合。铝基复合材料中基体铝及其合金与 SiC 颗粒之间化学相容性差，只有焊接加热到一定温度后，两者之间才会发生反应，但是过度的界面反应会使界面强度降低。

SiC 颗粒增强铝基复合材料钎焊前，必须先去除其表面的氧化膜，并保证整个加热过程中不被氧化。这就要求钎焊温度尽量低，避免热循环对增强颗粒的不利影响。

相同的颗粒尺寸下，SiC 颗粒的体积分数越高，铝基复合材料越难以被润湿，而相同的体积分数，颗粒尺寸越小，铝基复合材料的润湿也越困难。当 SiC 增强相的体积分数高于 55%时，钎焊则成为该类材料的主要连接方法，如何选择合适的钎料去同时润湿 SiC 颗粒与铝基体合金，是实现该类材料可靠连接的关键。同时基体铝合金与 SiC 颗粒的线膨胀系数差异很大，焊接热循环后，基体铝与 SiC 颗粒的界面上产生大量微区残余应力，增加了变形和裂纹倾向，使得接头强度降低。

2. 钎料

Al-Si、Al-Ge 和 Zn-Al 这几种铝合金用钎料对 SiC 颗粒增强铝基复合材料具有较好的润湿性，可作为其钎料。

常见的 Al-Si 系钎料合金，因钎焊温度偏高（高于 580℃），在钎焊过程中易造成母材的热损伤，故在 Al-Si 共晶成分中添加降熔元素（Cu、Zn、Ge 等）以及微量变质元素（Sr、La 等），制备成 Al-Si-Cu、Al-Si-Zn、Al-Si-Ge、Al-Si-Sr-La 等系列钎料。如选用 Al-Cu-Si-Mg-Ni 钎料，在 560℃保温 3min 的工艺参数下进行钎焊，可形成无气孔、夹杂、微裂纹的钎缝，其接头最高抗剪强度为 102.3MPa[25]。

以 BAl67CuSi 作为钎料连接 SiCp/Al 复合材料，在钎焊温度为 575℃、保温时间为 9min 时，其接头显微组织如图 12-4 所示[26]。钎缝组织致密，未发现有气孔、夹杂和微裂纹等缺陷，钎料和母材之间

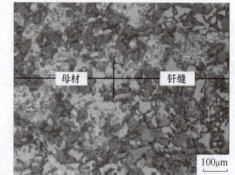

图 12-4 以 BAl67CuSi 作为钎料连接 SiCp/Al 复合材料的接头显微组织[26]

存在明显的互扩散。此外，大部分 SiC 颗粒都存在于共晶组织内，在凝固过程中以 SiC 颗粒为形核质点凝固结晶[26]。与基体铝合金相比，SiC 颗粒的热导率和热扩散系数都较小，冷却速度比基体合金慢，因而，颗粒界面处的钎料熔体将最后凝固。

除了采用单一钎料外，还可添加中间层形成复合钎料进行钎焊。如选择 Cu 箔、Al-Si-Mg 及 Al-Si-Mg/Cu/Al-Si-Mg（简称 ACA）三种不同中间层对高体积分数（45%）的 SiC_p/Al 复合材料进行真空钎焊[27]。研究表明，采用 ACA 复合中间层后，α-Al、Al_2Cu 与 Si 元素可在 525℃下发生三元共晶反应，Mg 元素可起到去除铝基体氧化膜的作用，Cu 优先在氧化膜与基体的界面处扩散并参与共晶反应，使氧化膜漂浮在液相表面，可加强去膜的作用，从而使得连接的效果更佳。三种不同中间层钎焊后的界面显微组织形貌如图 12-5 所示。

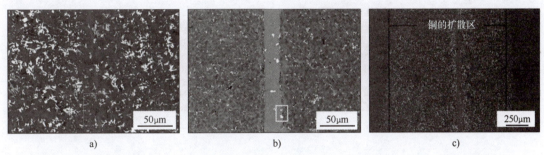

图 12-5 三种不同中间层钎焊后的界面显微组织形貌[27]
a) Cu 箔 b) Al-Si-Mg 钎料 c) ACA 钎料

3. 钎焊工艺

(1) 常用钎焊工艺 钎焊 SiC 颗粒增强铝基复合材料时必须对钎焊参数进行优化，正确匹配钎焊温度和保温时间。常用的钎焊工艺方法包括保护气氛炉中钎焊、真空钎焊和火焰钎焊等[28]。

采用保护气氛炉中钎焊可以用于钎焊 SiC 颗粒增强铝基复合材料。例如，SiC 颗粒增强铝基复合材料在氩气保护中钎焊的工艺如下：采用 BAl86SiCu+0.4% MgO+0.1% Bi 钎料，钎剂选择 50KCl-32LiCl-10NaF-8$ZnCl_2$，在 615℃/6min/3kPa 的规范下进行钎焊，得到的接头抗剪强度为 35MPa。

SiC 颗粒增强铝基复合材料还可以采用真空感应钎焊，特别是对于铝基体熔点低的复合材料，采用真空感应加热，可实现钎焊过程的快速加热和冷却，防止母材过烧。

(2) 超声辅助钎焊 常规钎焊方法虽然较为灵活地解决了氧化膜的问题，在钎焊颗粒增强铝基复合材料时取得了一定成功，但主要存在以下问题：钎料在母材表面的润湿与铺展由于陶瓷增强相颗粒的存在而受到严重阻碍，接头强度不高，接头性能对焊接温度极为敏感。

超声波在液态钎料中产生的空化效应可有效去除母材和钎料表面的氧化膜，避免金属钎焊过程中采用钎剂或者真空环境，在大气环境下操作更灵活，因此超声辅助钎焊方法在金属材料钎焊方面具有明显的优势[28,29]。

更重要的是，对于铝基复合材料，空化效应不仅能快速去除母材表面的氧化膜，而且还能促进液态钎料对陶瓷增强相的润湿，即实现了液态钎料对待焊母材基体合金以及增强相的同时润湿。这个问题对于钎焊增强相体积分数稍高的铝基复合材料尤为重要,也是传统钎焊难以做到的。图 12-6 所示的是超声波辅助实现 Zn-5Al 液态钎料对铝基体以及 SiC 陶瓷颗粒同时润湿的过程[29]。在超声作用时间较短条件下(1s),基体表面的氧化膜已经破碎,钎料与基体发生了冶金结合,但钎料与陶瓷颗粒之间仍存在明显缝隙,如图 12-6a、b 所示。延长超声作用时间至 3s,氧化膜去除以及陶瓷颗粒润湿的问题便得以解决,如图 12-6c、d 所示。

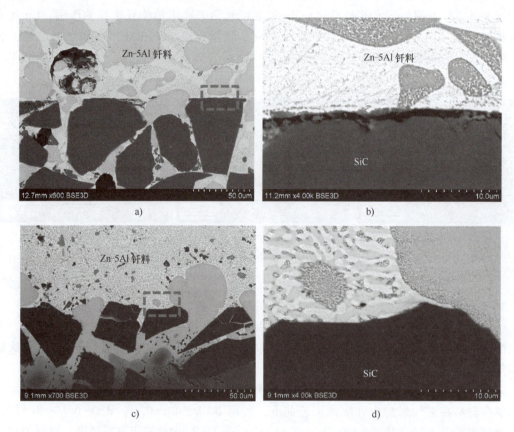

图 12-6 超声波辅助实现 Zn-5Al 液态钎料对铝基体以及 SiC 陶瓷颗粒同时润湿的过程[29]
a) 超声作用 1s 的润湿界面 b) 钎料与陶瓷颗粒存在间隙
c) 超声作用 3s 的润湿界面 d) 钎料与陶瓷颗粒紧密结合

铝基复合材料超声辅助钎焊采用的钎料较常规钎焊可更加广泛,Sn 基、Zn 基、Al 基等可钎焊铝合金的钎料均可以作为备选钎料。超声辅助钎焊的温度可以比常规钎焊的低一些,通常高过钎料熔点 5~10℃ 即可实现钎焊。这是由于超声波具有强化液态钎料流动铺展的能力。钎料的添加方式可以预涂覆到待焊表面,也可以通过毛细填缝的方式添加。

除了钎焊温度,超声振幅和时间也是铝基复合材料超声辅助钎焊的关键工艺参数。采用的超声振幅(焊头端面)在 5~20μm 范围,超声作用时间视焊接面积的大小而定,通常情况也仅为数秒。

为了获得陶瓷颗粒增强的复合焊缝,使接头强度尽量接近母材,亦可适当提高钎焊温度和超声作用时间。图 12-7 所示为超声波作用时间 20s 条件下不同钎焊温度对 55%SiC_p/A356

复合材料接头显微组织的影响[30]。钎料为 300μm 厚的 Zn-Al 钎料，随着温度的增加，焊缝的宽度增加，焊缝中颗粒的含量也随之增加。在不同温度下超声波作用 20s，焊缝中的 Zn 含量都处于相应温度下的液相线附近，说明对于不同的钎焊温度，此时母材都达到最大溶解层宽度，由于母材溶解而进入焊缝中的颗粒含量达到最大。

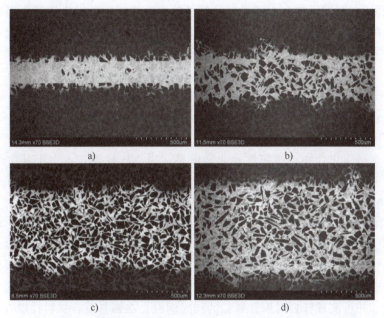

图 12-7 不同钎焊温度对 55%SiC$_p$/A356 复合材料接头显微组织的影响[30]
a) 420℃ b) 450℃ c) 475℃ d) 500℃

温度是影响母材最大溶解层宽度的决定性因素，因此可以通过控制升温温度来控制复合焊缝中增强相颗粒的体积分数。图 12-8 所示为超声波作用时间 20s 时不同钎焊温度下 55%SiC$_p$/A356 复合材料钎焊接头的抗剪强度[30]。在不同的钎焊温度下断裂总是位于焊缝金属区，钎焊接头的抗剪强度随着钎焊温度的增加而增加。当钎焊温度达到 475℃ 时，接头的抗剪强度达到最大值 244MPa，继续增加钎焊温度，接头的抗剪强度没有显著提高。

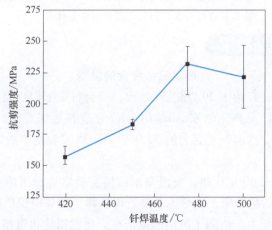

图 12-8 不同钎焊温度下 55%SiC$_p$/A356 复合材料钎焊接头的抗剪强度[30]

12.5　本章小结

1）围绕超导材料的钎焊，为获得超导材料的有效连接，确保连接接头组织与母材类似或超导电性与母材接近，以及服役温度下接头电阻尽可能小，低温超导材料选择软钎焊，而高温超导材料有时需选择硬钎焊。钎焊技术可以用烙铁、电阻、超声波、保护气氛下钎焊等方法。

2）针对形状记忆合金的钎焊过程中对连接温度和钎料成分敏感的问题，钎料通常采用 Nb 基和 Ag 基合金，钎焊方法主要有炉中钎焊、红外线钎焊、电阻钎焊等。

3）对于 TiAl 金属间化合物的钎焊，钎料与母材极易发生反应，其关键在于生成脆性相的控制。TiAl 金属间化合物对组织性能非常敏感，用传统钎焊技术由于其加热和冷却速度慢，高温停留时间长，难以保障接头的质量并得到高性能的接头，通常采用快速加热复合的钎焊技术。TiAl 金属间化合物钎焊主要采用 Ti 基、Ag 基和 Al 钎料。

4）对于颗粒增强铝基复合材料的钎焊，去除母材表面的氧化膜和实现钎料对待焊表面陶瓷颗粒的润湿，对提高接头质量都非常重要。常规的钎焊方法，如保护气氛炉中钎焊、真空钎焊和火焰钎焊等，通过优化钎焊参数可获得一定强度的接头，但钎焊增强颗粒体积分数较高的母材难度较大。超声波辅助钎焊可有效去除金属材料表面的氧化膜，避免钎剂或者真空环境的使用，并可实现钎料对陶瓷颗粒的同时润湿，在铝基复合材料钎焊方面具有明显的优势。

思 考 题

1. Nb-Ti 合金超导材料钎焊有何特点？
2. NiTi 形状记忆合金的钎焊目前主要有哪几类钎料？
3. Ti-Al 系金属间化合物主要包括哪几类？TiAl 合金钎焊中存在的主要难点有哪些？
4. 为何当体积分数高于 35%后，碳化硅颗粒增强铝基复合材料钎焊连接接头强度降低？
5. 在超声波辅助钎焊中，铝基复合材料表面的氧化膜破除机制什么？

趣味故事或创新故事

形状记忆合金的发现

形状记忆合金早期研究始于 20 世纪 30 年代，当时科学家们研究了不同系列金属表现出的一些意想不到的特性。瑞典化学家 Arne Ölander 在观察金镉合金时发现了一种伪弹性现象，并对其进行了描述。然而，直到大约 30 年后的一次实验室事故，人们才真正开始使用"形状记忆合金"一词。

在 20 世纪 50 年代末 60 年代初，美国海军武器实验室进行了冶金研究。有一天，一位名叫 William J. Buehler 的科学家正在熔炼和铸造镍钛棒。在等待镍钛棒冷却时，一根冷却的镍钛棒掉在了混凝土地板上，听到了沉闷的撞击声。他觉得这很奇怪，随后又把一根还很热的镍钛棒也扔在地板上，这时他听到了像铃声一般清脆的声音。Buehler 担心铸造过程出了问题,于是他跑到饮水机旁,将这根热的镍钛棒放入凉水中进行冷却,然后又把这根刚冷却好的镍钛棒扔到地上,这时他又听到了沉闷的撞击声。这一效应后来在海军武器实验室的一次会议上得到证实。Buehler 的助手给众人分发了细细的镍钛合金条,细条已经被拉伸、弯曲和折叠,就像手风琴一样。当 David S. Muzzey 博士拿到合金条时,他拿出打火机对它加热,合金条很快展开并恢复到最初的细条形状。在认识到镍钛合金在不同温度条件下的特质和特性后,人们将这种材料称为镍钛诺,这是一种形状记忆合金。

从近年和未来的发展趋势看,形状记忆材料已经不再局限于合金。人们已经开发出形状记忆聚合物和其他各种形式的形状记忆材料,并将它们用于不同的商业用途。

参 考 文 献

[1] 王中兴. 铌-钛超导合金 [M]. 北京: 冶金工业出版社, 1988.
[2] SANTRA S, DAVIES T, MATTHEWS G, et al. The effect of the size of NbTi filaments on interfacial reactions and the properties of InSn-based superconducting solder joints [J]. Materials & Design, 2019, 176: 107836.
[3] 吴杰峰, 等. HT-7 装置纵场线圈超导线接头的钎焊工艺 [J]. 焊接, 2003 (7): 29-30.
[4] 黄晖, 等. Bi2223/Ag 高温超导带材连接技术的研究 [J]. 低温物理学报, 2003, 25 (A1): 220-222.
[5] KIM J H, LIM J H, KIM H J, et al. Properties of resistive-and superconducting-joints in Bi-Pb-Sr-Ca-Cu-O tape [J]. IEEE Transactions on Applied Superconductivity, 2001, 11 (1): 3010-3014.
[6] 王延军. Bi 系多芯超导带材有阻连接和加超导中间层扩散连接研究 [D]. 北京: 清华大学, 2007.
[7] 柴筱. 钎焊法制备大尺寸钇系超导块材的技术研究 [D]. 北京: 清华大学, 2011.
[8] 阴达, 等. 低阻 YBCO 超导接头的设计和工艺优化 [J]. 低温与超导, 2018, 46 (2): 29-33.
[9] MANOSA L, JARQUE F. S, VIVES E, et al. Large temperature span and giant refrigerant capacity in elastocaloric Cu-Zn-Al shape memory alloys [J]. Applied Physics Letters, 2013, 103 (21): 4925.
[10] CHEN H, XIAO F, LIANG X, et al. Stable and large superelasticity and elastocaloric effect in nanocrystalline Ti-44Ni-5Cu-1Al (at%) alloy [J]. Acta Materialia, 2018, 158: 330-339.
[11] XIAO F, FUKUDA T, KAKESHITA T, et al. Elastocaloric effect by a weak first-order transformation associated with lattice softening in an Fe-31.2Pd (at.%) alloy [J]. Acta Materialia, 2015, 87: 8-14.
[12] 朱雪洁, 等. NiTi 基形状记忆合金弹热效应及其应用研究进展 [J]. 材料工程, 2021, 49 (3): 1-13.
[13] ALLAFI J K, REN X, EGGELER G. The mechanism of multistage martensitic transformations in aged Ni-rich NiTi shape memory alloys [J]. Acta Materialia, 2002, 50 (4): 793-803.
[14] 汪应玲, 等. 形状记忆合金连接技术的研究进展 [J]. 焊接, 2008 (9): 5-8.
[15] 李明高, 等. TiNi 形状记忆合金连接技术的研究进展 [J]. 材料导报, 2006, 20 (2): 121-125.
[16] 渡辺健彦, 園部博. Ni-Ti 系形状記憶合金の大気中ろう付 [J]. 溶接学会論文集, 1992, 10 (1): 95-101.
[17] ZHAO X K, TANG J W, LAN L, et al. Vacuum brazing of NiTi alloy by AgCu eutectic filler [J]. Materials Science and Technology, 2009, 25 (12): 1495-1497.
[18] YANG T Y, SHIUE R K, WU S K. Infrared brazing of Ti50Ni50 shape memory alloy using pure Cu and Ti-15Cu-15Ni foils [J]. Intermetallics, 2004, 12 (12): 1285-1292.
[19] 李明高. TiNi 形状记忆合金与不锈钢的连接 [D]. 长春: 吉林大学, 2006.

[20] 杨冠军，等. Ti-Al 系金属间化合物基复合材料的发展 [J]. 稀有金属材料与工程, 1992, 21 (4): 1-13.

[21] 于启湛, 史春元. 金属间化合物的焊接 [M]. 北京: 机械工业出版社, 2016.

[22] REN H S, XIONG H P, CHEN B, et al. Vacuum brazing of Ti_3Al-based alloy to TiAl using TiZrCuNi (Co) fillers [J]. Journal of Materials Processing Technology, 2015, 224: 26-32.

[23] HE P, LIU D, SHANG E, et al. Effect of mechanical milling on Ni-TiH_2 powder alloy filler metal for brazing TiAl intermetallic alloy: The microstructure and joint's properties [J]. Materials Characterization, 2009, 60 (1): 30-35.

[24] 宋晓国, 等. 颗粒增强复合钎料钎焊 TiAl 合金接头界面结构及性能 [J]. 焊接学报, 2013 (7): 17-20, 117.

[25] NIU J, LUO X, TIAN H, et al. Vacuum brazing of aluminium metal matrix composite (55vol.% SiC_p/A356) using aluminium-based filler alloy [J]. Materials Science and Engineering: B, 2012, 177 (19): 1707-1711.

[26] 刘红霞. 碳化硅颗粒增强铝基复合材料的钎焊工艺与机理研究 [D]. 南京: 南京航空航天大学, 2008.

[27] 亓钧雷, 等. 中间层对高体积分数 SiC_p/Al 复合材料真空钎焊的影响 [J]. 焊接学报, 2014, 35 (4): 49-52.

[28] 许志武. 液态钎料与铝基复合材料超声润湿复合机理及其应用研究 [D]. 哈尔滨: 哈尔滨工业大学, 2008.

[29] 张洋. 超声波作用下 SiC 与 Zn-Al 连接界面行为及焊缝强化机理 [D]. 哈尔滨: 哈尔滨工业大学, 2009.

[30] ZHANG Y, YAN J C, CHEN X G, et al. Ultrasonic dissolution of brazing of 55% SiC_p/A356 composites [J]. Transactions of Nonferrous Metals Society of China, 2010, 20 (5): 746-750.

第13章

电子制造中的钎焊

电子制造是电子产品或系统从硅片等原材料开始到产品系统的物理实现过程,总体上可分为半导体制造与电子封装/电子装联两大部分。电子封装是将裸芯片、陶瓷、金属、有机物等材料制造成元件的过程,电子装联是将电子元器件、印制电路板、结构件等组成具有独立电路功能的工艺过程[1]。从晶圆级/芯片级封装到电路板级组装,再到整机组装,都需要利用钎焊实现互连,因此钎焊是电子制造中最为关键的技术之一。

自1947年第一只晶体管诞生之日起,电子器件和系统不断向微型化、高密度、多功能、高性能发展,这种持续的需求驱动电子制造封装形式以及软钎焊技术快速发展。1958年美国德克萨斯仪器公司生产了第一块集成电路,受当时工艺设备的限制,互连靠手工软钎焊进行。20世纪60年代出现了适用于波峰焊的双列直插封装(Double Inline Package,DIP),引脚数为4到64个。20世纪70年代大规模集成电路(Large Scale Integration,LSI)出现,集成度和芯片尺寸增大,出现了针栅阵列封装(Pin Grid Array,PGA)。以DIP和PGA为代表的插入式器件需要通过波峰焊和机械接触方式实现互连,效率和集成度较低。20世纪80年代出现了表面组装技术(Surface Mount Technology,SMT),是一场划时代的技术革命,出现了各类表面贴装元器件。该技术通过"钎料膏印刷→表面贴片→整体回流"完成软钎焊互连,I/O(Input/Output)数为200余个,提高了产量和可靠性,降低了成本。20世纪90年代出现了超大规模集成电路,I/O数达到1000个,以球栅阵列封装(Ball Grid Array,BGA)和倒装芯片封装(Flip Chip)为代表的面阵封装结构沿用回流焊和SMT技术,极大地增加了I/O数量,提高了电子器件的集成度。21世纪出现了电子封装的超高速发展时期,新的封装形式不断涌现,如三维封装、扇出型封装、系统封装、系统级芯片等。

随着封装和电装结构、尺度、密度的发展,电子制造中的钎焊材料、钎焊设备和钎焊工艺也不断迭代。电子行业的钎焊与其他行业的钎焊有明显差别,主要体现在低温、多功能和可靠性三方面。受到电子材料、性能和结构的限制,电子制造中的钎焊通常在300℃以下进行,因此软钎焊技术和材料在电子工业中大量使用。除了提供结构强度以外,软钎焊接头还需实现多种功能,如导电、导热、密封等,是一种力-电-热多学科交叉的工程技术。电子产品有成百上千个软钎焊焊点,服役的时间从消费电子的2~5年到航空航天电子的10~20年,焊点可靠性对产品质量和用户体验有至关重要的影响。总之,电子产品的制造中绝大多数使用并依赖于软钎焊技术[1]。

本章主要介绍电子制造中的软钎焊材料、软钎焊工艺方法特点及典型缺陷。

13.1 电子制造的钎焊材料

电子制造中所用的钎焊材料有锡铅基钎料、无铅钎料及相匹配的软钎剂和钎料膏等。常用的钎料包括 Sn-Pb、Sn-Ag、Sn-Zn、Sn-Bi 系和 Au-Sn、Au-Ge、Au-Si 系。

13.1.1 锡铅钎料

Sn-Pb 钎料使用历史最久,对其钎焊工艺与相关性能、机理的研究最为全面、完善,并且实际工况下服役的可靠性数据最为完整,是软钎焊最基本的钎料成分类别。虽然在消费电子领域中已禁止使用,但在军工、航空航天、高可靠工业应用等领域仍然有一定比例的应用甚至强制的要求,仍然需要对 Sn-Pb 钎料有深入的了解。

Sn-Pb 二元相图如图 13-1 所示,是一种典型的有限固溶体共晶相图,共晶温度为 183℃,共晶成分为 $w_{Sn}=61.9\%$,$w_{Pb}=38.1\%$。共晶体由面心立方的 α(Pb) 相和体心立方的 β(Sn) 相组成。共晶温度下,Sn 在 Pb 中的固溶度为 19.5%,而在室温下只有 2%~3%。同样,在共晶温度下,Pb 在 Sn 中的固溶度为 2.5%,而在室温下这个值仅为万分之几。

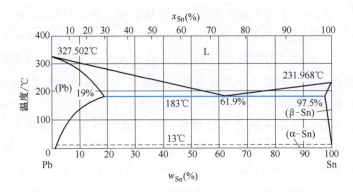

图 13-1　Sn-Pb 二元相图[1]

低温软钎料的成分选择通常在共晶点,也即 Sn63Pb37。除了共晶点熔点低以外,合金固液相线的温度差小也是一个重要的原因。当选择 Sn20Pb80 成分的钎料时,液相线温度约为 280℃,固相线温度为 183℃。接头的服役温度由固相线决定,Sn20Pb80 和 Sn63Pb37 软钎焊接头的服役温度是一样的。钎焊的工艺温度由液相线决定,Sn20Pb80 的工艺温度显著高于 Sn63Pb37,对性能和成本有极大的负面影响。如果在 Sn20Pb80 钎料的固液相线温度之间进行焊接,钎料由固体和液体两相组成,流动性较差,成形效果不佳。

铅元素有很重要的作用。共晶反应有效地降低了熔化温度和工艺温度,从而减小了接头应力,降低了树脂基板的耐温要求;铅的再结晶温度低于室温,有良好的塑性,为接头提供了良好的延展性,在接头服役中有效释放了热应力;铅降低了钎料与基板的界面能量,从而大幅减小了润湿角(纯 Sn 在 Cu 表面的润湿角为 35°,而 SnPb 共晶钎料的润湿角为 11°)。对于需要高温连接、高温服役或者有工艺温度梯度要求的工况,高铅含量的钎焊材料也是一种选择，通常 $w_{Pb} \geq 5\%$，熔点在 280℃ 以上。

13.1.2 无铅钎料

铅中毒指的是 Pb 进入人体伤害器官，引起贫血等疾病，危害中枢神经。各国在 21 世纪初纷纷开始提出电子产品中铅的质量分数不得超过 0.1% 的标准，以减少电子废弃物带来的 Pb 污染。因此，无铅钎料成为电子产品的主流软钎焊材料。

无铅钎料以 Sn 为主要成分，添加 Ag、Cu、In、Bi、Zn 等合金元素形成二元或多元系合金。表 13-1 列举了常用无铅钎料，其中，市场上的主流钎料为 SAC305（217～220℃）和 SnCu（227℃），前者主要用于钎料膏和波峰焊，后者用于波峰焊。这些无铅钎料接头的综合力学性能指标接近甚至超过 Sn63Pb37 钎料，但不足在于绝大多数无铅钎料合金的熔点高于 Sn63Pb37 钎料，回流温度和热输入显著增加，对芯片、基板、PCB 板的材料和制程提出了更高的要求。在开发无铅钎料的过程中，其余材料的耐温也需相应提高，才可形成一套完整的解决方案。

表 13-1 常用无铅钎料[2]

名称	成分(质量分数,%)	固相线/℃	液相线/℃	说明
InSn	52.0In/48.0Sn	118(共晶)		实际熔点最低的钎料
BiSn	58.0Bi/42.0Sn	138(共晶)		抗热疲劳性能好，历史悠久
BiSnAg	57.0Bi/42.0Sn/1.0Ag	139	140	由于添加了银，这种合金的脆性低于铋锡(BiSn)
Indalloy® 227	77.2Sn/20.0In/2.8Ag	175	187	铟锡(SnIn)是118℃共晶合金，不能用于温度高于100℃的环境
Indalloy® 254	86.9Sn/10In/3.1Ag	204	205	没有铟锡(SnIn)共晶的问题，可用于倒装芯片组装
SnBiAg	91.8Sn/4.8Bi/3.4Ag	211	213	基板和元件必须无铅金属化
SAC405	95.5Sn/4.0Ag/0.5Cu	217	225	当要求使用热可靠性高于含银较少的 SAC 合金时的最佳解决方案
SAC387	95.5Sn/3.8Ag/0.7Cu	217	219	iNEMI① 最早推荐的 SAC 合金
SAC305	96.6Sn/3.0Ag/0.5Cu	217	220	焊锡产品评价会推荐的 SAC 合金
SAC105	98.5Sn/1.0Ag/0.5Cu	217	225	低成本合金，可靠性相当好
SACm™	98.5Sn/0.5Ag/1.0Cu+Mn	217	225	跌落试验性能和锡铅合金一样好
SAC0307	99.0Sn/0.3Ag/0.7Cu	217	227	低成本的 SAC 合金
SnCu	99.3Sn/0.7Cu	227(共晶)		成本低，可能适用于波峰焊
Sn992	99.2Sn/0.5Cu+Bi+Co	227		高性能低成本的钎料合金
"J" alloy	65.0Sn/25.0Ag/10.0Sb	223(共晶)		芯片黏着(Die-attach)合金，非常脆
Indalloy® 133	95.0Sn/5.0Sb	235	240	高温无铅合金
Indalloy® 259	90.0Sn/10.0Sb	250	272	高温无铅合金

① iNEMI：国际电子生产商联盟（International Electronics Manufacturing Initiative）。

Sn-Ag 钎料中 Ag 元素可以显著提高接头的蠕变特性、强度和疲劳性能，比如 Sn-Ag 钎料的抗拉强度是 Sn-Pb 共晶钎料的 1.5~2 倍，但其熔点高出 35~40℃。Sn-Ag-Cu 无铅钎料是应用极广的无铅钎料，有良好的耐热疲劳性能以及抗蠕变性能，熔点比 Sn-Pb 钎料高 36℃。低 Ag 钎料是工业界和科研界共同关注的重点，可通过添加低成本合金元素，降低 Sn-Ag 系钎料合金的 Ag 含量来实现。

Sn-Zn 系共晶钎料也得到了广泛的研究。Sn-Zn 共晶温度为 199℃，接近 SnPb 共晶温度。相比 SnAgCu 钎料，Sn-Zn 钎料可用于耐温更低的有源/无源器件和 PCB 板，进而降低整体成本。但其不足也很明显，如 Zn 元素的耐蚀性低，容易氧化，Sn-Zn 钎料的润湿性差，特别对 Ni 焊盘的润湿性有待提高。Sn-Zn 系钎料的合金化和高效钎剂是研究突破的重点。

Sn-Bi 系共晶钎料最大的特点是熔点只有 139℃，适用于大多数耐热性较差的元器件组装，如带绝缘层的导线等。钎料本身的抗拉强度较高，但 Sn-Bi 钎料最大的问题在于其硬脆性，塑性变形能力差。Bi 系钎料的组织在 80~125℃ 之间容易粗化。150℃ 以下的低温钎料选择较少，因此 Sn-Bi 钎料在低温钎焊中也存在一定的市场和应用。

Au 基软钎料也是一类应用较为广泛的无铅钎料，熔点高、抗拉强度高、导电导热能力优良，被应用在各种高可靠性要求的场合，具体物理性能见表 13-2。Au 的熔点为 1064℃，Au-Sn 的共晶温度为 280℃，成分为 Au80Sn20。Au-Ge、Au-Si 也会发生共晶反应，共晶温度分别为 356℃ 和 363℃，成分为 Au88Ge12、Au96.8Si3.2。Au 基软钎料中 Au 的质量分数在 80% 以上，成本显著高于其他钎料。

表 13-2　Au 基软钎料的物理性能[3]

物理性能	Au	Au80Sn20	Au88Ge12	Au96.8Si3.2
固相线/℃	1064	280	356	363
液相线/℃	1064	280	356	363
导热率/[W/(m·K)]	318	57	44	27
抗拉强度/PSI	20000	40000	26835	36975
抗剪强度/PSI	20000	40000	26825	31900
20℃ 的热膨胀系数/(10^{-6}/℃)	14	16	13	12

注：PSI，即磅/平方英寸，1000 PSI=6.897MPa。

13.1.3　软钎剂及钎料膏

软钎剂是电子制造软钎焊中重要的组成部分，主要起到去除氧化层和污染物、增加润湿铺展性、保护高温下焊盘和钎料的作用。软钎剂在焊接过程的反应主要有酸碱反应和氧化-还原反应。最通用的基本类型是酸碱反应，利用有机酸（如羧酸）或无机酸（如氢卤酸）与金属氧化物之间进行反应，简化的化学式如下：

$$MO_n + 2nRCOOH \rightarrow M(RCOO)_n + nH_2O$$
$$MO_n + 2nHX \rightarrow MX_n + nH_2O$$

式中，M 为金属；O 为氧；RCOOH 为羧酸；X 为卤化物（F、Cl、Br 等）。

工业上使用较多的甲酸（HCOOH），利用的是氧化-还原反应原理。通过将干燥的氮气通入甲酸溶液，然后导入焊接设备中形成还原性气氛，发生如下反应：

$$MO + 2HCOOH \rightarrow M(COOH) + H_2O$$

$$M(COOH)_2 \rightarrow M+CO_2+H_2$$

这种还原性气氛的反应可以通过催化来提高还原能力,也可以结合钎料膏中的有机酸获得更优的润湿铺展性,增加成品率,但同时也会增加成本。

在有关软钎剂标准中,美国电子器件工程联合委员会(JEDEC)提出的 J-STD-004 标准应用较多,标准中将钎剂分为松香型、树脂型、有机型和无机型。软钎剂的配方组成非常复杂,很难被仿制,往往是钎料膏厂家的技术机密和技术壁垒。

软钎剂主要包含树脂、活化剂、溶剂及流变添加剂,也有发泡剂、增黏剂、稳定剂、表面活性剂或腐蚀抑制剂等添加剂。树脂为高相对分子质量的有机材料,主要作用是提供活性、黏性以及防止氧化。

天然树脂松香使用最多,它在常温下不发生反应,熔化后黏度降低,并且具有一定酸性,可去除金属氧化物和污染物,焊后残留在接头表面,形成良好的绝缘层。如常用的水白松香的主要成分是松香酸($C_{20}H_{30}O_2$,80%~90%)、脱氢松香酸($C_{20}H_{28}O_2$,10%~15%)和二氢松香酸($C_{20}H_{32}O_2$),此外还有5%~10%中性物质。松香是松树树脂的蒸馏产物,对光、热等很敏感,高温下会发生歧化反应,与空气中的氧会发生氧化反应,因此在保存时需要避光、低温。

活化剂可提高钎料膏的活性,弥补松香的活性不足。常用的活化剂包括羧酸和有机卤盐,但在免清洗的软钎剂中,卤素被 RoHS 指令禁用。溶剂用来溶解常温下固体的树脂、活化剂以及其他固体添加剂,使其具有一定的黏度和流动性。醇类溶剂,如甘醇(乙二醇)类溶剂是最主流的溶剂体系,具有均衡的溶解能力、软钎焊性能以及黏性。流变添加剂包括触变剂、增稠剂、增黏剂,主要作用是提供一定黏度,使钎料膏保持膏状,防止钎料合金粉沉淀;提供触变性,也即在印刷时容易流动,印刷后又能保持形状不易流动;增黏性使钎料膏既不与模板发生粘结从而顺利脱模,又能粘住基板和焊盘。

钎剂与钎料以及少量添加剂组成软钎焊的钎料膏。熔点、活性、黏度和清洗方式是钎料膏最重要的四个指标。常用的熔点在 180~250℃,可分为无活性(R)、中等活性(RMA)和活性(RA)三个等级,黏度范围很大(100~600Pa·s),最高有 1000Pa·s 以上,根据工艺进行选择。

钎料膏属于触变性流体,当剪切速率增加时,流体的表观黏度减小,经过一定时间后返回原始黏度。当剪切速率恒定时,流体的黏度随时间增加而下降,并最终达到平衡。这种流体性质对钎料膏的使用工艺极为重要,钎料膏通过丝网印刷精确预制到相应位置,印刷后的几何尺寸和质量同样需要精确控制。在印刷时,刮刀剪切钎料膏,钎料膏流体触变黏度下降开始流动,进入丝网孔眼粘到焊盘表面。当刮刀剪切力和压力消失时,钎料膏恢复到高黏度状态,这样在去掉丝网板后,PCB 板上会留下精确的图形。印刷后的图形是否坍塌与钎料膏的坍塌度相关,钎料膏的黏度和触变性控制着坍塌度。触变指数越高,坍塌度越小,反之亦然。

钎料膏有一定的工作寿命和储存寿命。工作寿命是指钎料膏印刷到 PCB 板后,贴装元器件之前的不失效时间,一般要求 12~24h。储存寿命是指钎料膏使用前在低温或室温保存的时间,一般要求在 2~5℃下储存 3~6 个月。

13.1.4 纳米连接材料

电子器件发展极快，不断提高的集成度、功率密度、服役温度对钎焊工艺和材料提出了更高的要求。单纯依靠改变合金体系或配比来改善软钎焊性能的方法已无法满足最前沿的工况需求。纳米钎料逐渐发展，并有望在某些领域成为主流的连接技术。纳米材料作为中间层连接材料（如纳米钎料膏、纳米颗粒薄膜）的连接技术，是将 Ag、Cu 等材料做成纳米尺度（如纳米颗粒、纳米薄片等），利用纳米尺度材料的高表面能（纳米尺寸效应）降低连接温度。比如纯 Ag 的熔点是 961℃，将其加工成纳米材料后，连接温度可以降低到 250℃ 以下。本质上，纳米连接材料中的金属材料（如纳米颗粒、纳米薄片等）在加热连接过程中并未形成液相，而是通过纳米材料固态扩散形成连接（低温烧结连接成形）。这与钎焊的传统理解——"钎料熔化，母材不熔化"有一定差别。但可以实现与软钎焊材料一样的钎焊温度范围，形成的接头可靠性高于经过熔化、凝固的 Sn 基软钎焊接头。这种纳米钎料膏已经在功率芯片的贴装方面开始量产应用，随着技术的不断成熟，相关的应用场合将会继续拓展[4-6]。该技术仍然处于快速发展期，因此本教材不做过多阐述。

13.2 电子制造的钎焊方法

电子制造中常用的与钎焊有关的技术有电子组装技术和倒装芯片技术。

13.2.1 电子组装技术中的回流焊

电子组装技术指的是，根据成熟的电路原理图，将各种电子元件、电子器件、机电元件、机电器件以及基板合理地设计、互连、安装、调试，使其成为适用的、可生产的电子产品（小到集成电路，大至雷达、通信、超级巨型计算机）的技术[1]。电子组装技术可分为通孔组装技术（Through Hole Technology，THT）和表面组装技术（Surface Mount Technology，SMT），如图 13-2 所示。

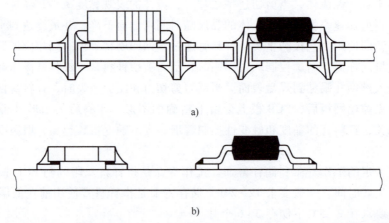

图 13-2 通孔组装技术（THT）和表面组装技术（SMT）示意图[7]
a) THT b) SMT

第13章 电子制造中的钎焊

THT 组装技术指的是利用穿孔插入式印制电路板的组装，采用波峰焊技术进行钎焊；SMT 技术指的是无须通孔，将表面贴装元件贴、焊到 PCB（Printed Circuit Board）板上的相应位置。THT 技术需要在 PCB 上钻大量孔，随着元器件 I/O 数量的不断增多，孔的尺寸和间距不断缩小，该技术在 20 世纪 70 年代达到瓶颈。SMT 技术不需要钻孔，焊点间距可以相应减小，随着表面贴装元件的量产，再加上 SMT 技术具有组装密度高、体积小、重量轻、高频性能好等优点，使 SMT 逐渐取代 THT，成为电子组装的主流技术。因此本文将围绕 SMT 重点展开。

SMT 的过程可分为三大部分：印刷→贴片→回流焊。印刷是将钎料膏图形化转移到 PCB 板焊盘位置，贴装是将表面组装元器件（Surface Mounted Device，SMD）贴到 PCB 指定位置，回流焊（Reflow，也叫再流焊）在设定温度-时间工艺曲线下实现钎焊连接。

印刷是 SMT 的第一道工序，也是关键工艺。该工序涉及钎料膏、模板和印刷机。模板又称为漏板，早期采用丝网制成，目前多数为镂空的金属模板，以不锈钢居多。金属模板上有许多镂空的开孔，对应于 PCB 上的焊盘图形。印刷时模板贴在 PCB 板表面，刮刀将钎料膏压入孔内，脱模后焊盘上留下定量定形的钎料膏堆。金属模板镂空孔的制造方法有电化学腐蚀法、激光切割法、电铸法等，除了尺寸精度以外，开孔侧壁的光滑度也是非常重要的指标，侧壁越光滑越容易脱模。模板开口尺寸直接关系到钎料膏量，钎料膏量过多容易造成"桥连"缺陷，过少容易造成"虚焊"缺陷。一般要求开口宽度与模板厚度的比值（宽厚比）>1.5，开口面积与开口孔壁面积比值（面积比）>0.66。面积比越大，越容易脱模，面积比越小，越不容易脱模。印刷过程有很多参数需要调节，如刮刀材料与形状、刮刀速度、刮刀压力、印刷间隙、分离速度等，需要根据具体工况进行优化调节。

贴片技术的自动化程度非常高，贴片机可实现高速、高精度拾取和对准，是 SMT 中最复杂的光机电一体化设备。贴片机包括高速贴片机，可实现数万片每小时的贴片效率。

回流焊有气相、热板传导、红外、热风对流和激光回流焊等，其中热风对流回流焊使用最为广泛。该技术将焊接区分为几个空腔，加热腔内空气，强制空气对流，形成若干温区，并可分别控制温度。通过传送带将贴装好的产品依次运送到各个温区，实现设定的回流温度曲线。通常增加温区数量、减少温区长度有利于提高温度曲线的再现性。腔内空气也可换成氮气，以提高焊接润湿能力和润湿速度。增加热风的风速有利于温度具有更好的均匀性，但风速不能过大，以免吹动尚未焊接的元器件，造成位置偏离。在维持一定风速的情况下，通过改进热风的流动方式，来提高温度的均匀性。此外，实践证明，红外辐射配合强制热风对流的加热方式效果很好。只采用红外辐射时，不同热容元器件之间将产生很大的温差，如果配合热风对流，一方面可以冷却温度过高的小热容元件，另一方面可以加热温度过低的大热容元件，从而减小温差。

典型的回流焊曲线如图 13-3 所示，可分为预热、保温、回流、冷却四个阶段。预热阶段可使钎料膏中的溶剂缓慢挥发，防止钎料膏发生塌落和飞溅。温升过快容易造成元器件损伤，形成飞溅。保温阶段的温度在 150℃至钎料熔点之间，升温速度最低，以减小熔化前产品各处温度的温度梯度。同时钎料膏中的活化剂开始产生活性，清除焊盘、焊粉表面的氧化物和污染物，获得清洁的焊接表面。活化剂具有一定的有效时间，保温阶段过长会消耗完活化剂，使钎料润湿性和流动性变差。回流阶段指温度超过钎料膏熔点的区域。对于 Sn63Pb37 钎料，常用的温度为 210~225℃，此时钎料开始熔化，呈流动状态，对焊盘和引脚发生润湿铺

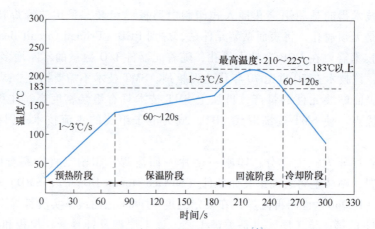

图 13-3 典型的回流焊曲线[1]

展,产生冶金结合。回流阶段温度过低,加热时间过短会使钎料熔化不充分,产生虚焊、冷焊等缺陷。确定回流时间的原则是必须保证热容量最大的元件发生良好的焊接。冷却阶段指降温时温度低于钎料熔点的区域。此时液态钎料凝固,形成焊点。冷却曲线对焊接应力影响较大,过快的冷却容易产生热应力,过慢则影响生产率,同时会降低可靠性。

回流曲线较为复杂,采用加热因子 Q 来定量化描述。Q 为回流曲线中,当温度高于液相线时,温度 $T(t)$ 对时间 t 的积分,等于液相线上曲线的面积。加热因子与可靠性直接相关,过低或过高都会降低可靠性,加热因子相同时,在氮气保护下的回流焊焊点疲劳寿命高于空气下回流焊的焊点寿命。

13.2.2 倒装芯片技术中的倒装焊

倒装芯片技术(Flip Chip)是芯片以凸点阵列结构与基板直接安装互连的一种方法。引线键合将芯片正面朝上,通过引线的方法实现与基板或框架的电互连。

倒装焊是倒装芯片技术中的一种连接工艺,替代引线键合连接。它将芯片正面朝下,通过凸点阵列与基板焊盘相连,如图 13-4 所示。倒装焊比引线键合在尺寸、成本、I/O 数、高频特性等方面有很大的优势。倒装焊可在极小的空间内实现大量的 I/O 数量,同时短的互连长度减小了电感,使信号延时减少,可获得很好的高频特性。倒装焊可在晶圆上批量化地制作凸点,与基板一次焊接成功,大大降低了生产成本。

图 13-4 倒装芯片凸点连接结构示意图

芯片微凸点实现了芯片内层电路的金属化层与基板之间的电气和机械互连,凸点材料有金、铜、锡基合金等。为了使凸点金属与芯片表面的铝焊区有良好的结合,两者之间有金属过渡层,成为凸点下金属层。该层必须与焊区金属以及圆片钝化层有牢固的结合力,与 Al 有良好的欧姆接触,对软钎料有扩散阻挡作用,防止在服役过程中钎料金属扩散到芯片而影响性能，与钎料有良好的润湿，防止凸点形成过程中氧化。凸点下金属层有三层结构，从里到外依次为扩散阻挡/黏附层、润湿层、抗氧化层，材料组合包括 Ti/Cu/Au、Ti/Cu/Ni、TiW/Cu/Au 等，沉积方法有溅射、电镀、化学镀等。

13.2.3　电子制造中钎焊的典型缺陷

由于焊点数量非常多，并不是每个焊点都会产生缺陷，缺陷的产生有一定的概率，很难通过试验一一对应观察到；另外，由于整个生产涉及多道工艺，电子制造面对极为复杂和繁多的材料、结构、工艺和环境，因此缺陷的成因分析较为复杂。下面列举的是回流焊中的几种典型缺陷，如图 13-5 所示。

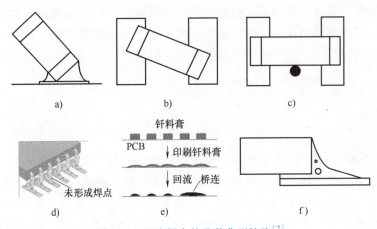

图 13-5　回流焊中的几种典型缺陷[7]

a) 立碑　b) 元件歪斜　c) 锡球/锡珠　d) 芯吸/钎料上吸　e) 桥连　f) 孔洞

(1) 立碑（Tombstoning）及元件歪斜（Skewing）　立碑现象主要原因为元件两端出现非同步润湿，先发生润湿的一侧在表面张力的作用下克服自身重力将元件抬起，如图 13-5a 所示。这种非同步润湿主要归因于元件两端物理状态出现差异、受热不均、焊接性差异等。元件歪斜也是由于元件两端表面张力不同造成的，回流加热时过大的热流密度、焊盘不对称或小、钎料膏润湿性不佳均会引起元件歪斜，如图 13-5b 所示。

(2) 锡球/锡珠（Solder Balling/Beading）　钎料膏由微米尺度的锡球组成，回流中，部分锡球并未与钎料熔池合并，冷却后凝固在钎料周围，形成锡球或锡珠，如图 13-5c 所示。印刷过程、干燥过程、回流过程、润湿性不佳等都会引起锡球/锡珠缺陷。在预热阶段温度快速上升到 120~150℃ 时，助焊剂汽化使钎料膏与焊盘的黏附力减小，形成孤岛状的钎料膏堆积，熔化后迅速长大。此外钎料膏过量沉积、印刷精度缺陷等都会引起锡珠缺陷。加热速度低，有利于减少锡珠缺陷，但加热速度过低会引发氧化，增加锡珠缺陷。此外，增加印刷厚度会增加锡珠缺陷，可以通过减小元件下方的印刷钎料膏的厚度，也可通过将印刷图形从矩形变成梯形或菱形等其他图形来减少锡珠缺陷。

(3) 芯吸/钎料上吸（Wicking）　熔化的钎料通过毛细力从元件引脚向上爬升，会引起开路（Opening）和少锡焊点（Starved joint）等缺陷，如图 13-5d 所示。其主要原因是引脚的热容量过小，温升过快，钎料熔化后会优先向高温区铺展。可以通过加强红外辐射来提高焊盘的温度，或者减慢加热速度以减少引脚与焊盘的温差。此外，也可通过增加毛细力减少芯吸的出现概率，比如引脚镀层润湿性好、高活性钎剂、引脚弯曲半径小等。

（4）桥连（Bridging）　临近的两个焊点之间发生非正常连接，也可能是连续的若干个焊点都发生了连接，如图13-5e所示。桥连往往与印刷工艺相关，印刷后的钎料膏发生了桥连，随后的熔化凝固也保持了钎料膏的桥连状态。印刷中产生的桥连有很多原因，比如钎料膏过量、贴装压力过大、钎料膏塌落等；焊点节距减小、回流温度过高、钎料流动性增加，也会增加桥连的概率。

（5）孔洞（Voiding）　孔洞缺陷在SMT中较为常见，它的出现会减小接头强度、接头韧性、抗蠕变性和缩短服役寿命，增加应力集中、引发热点，如图13-5f所示。造成孔洞缺陷的成因较为复杂，凝固收缩引起体积减小、层间或通孔放气、钎剂卷入熔池都会引发孔洞，还有润湿时间、钎剂活性、焊盘润湿性等也会影响孔洞。增加元件引脚和焊盘焊接性、提高钎剂活性、减少焊球氧化层、氮气保护回流、减小元件覆盖面积、减小预热加热速度、增加峰值温度时间等措施，均可减小孔洞缺陷产生的概率。

13.3　本章小结

1）软钎焊是电子制造的关键技术，可实现芯片、元件、电路板、分/子系统和整机等多个层级之间的力、电、热互连。随着小型化、高密度的不断迭代与发展，电子制造中的软钎焊材料、工艺、装备发生了重大的革新，但其中的基本科学原理没有根本性的改变，润湿、铺展、界面反应等基本物理化学过程仍决定了工艺路线和性能，只不过随着尺寸的减小，其表现形式和侧重点有了相应的改变。电子制造作为一个发展极快的行业，驱动着相关技术、行业的快速更新迭代，本章仅在经典文献[1,7]的基础上对电子制造中的钎焊进行了简要介绍，对其中的关键点进行了归纳和描述。

2）锡铅钎料：具有极好的工艺性和服役性，钎料熔点低，对其他器件耐温性要求低；钎料润湿性好，有很好的流动性，同时合金材料有很好的塑性，可释放接头热应力，提高器件可靠性。然而铅有毒，在消费电子中已禁用，目前仅在航空航天等特殊行业使用。

3）无铅钎料：以Sn为主要成分，添加Ag、Cu、In、Bi、Zn等合金元素形成二元或多元系合金。合金的选择需要综合考虑工艺性、服役性、成本。Sn-Ag系列合金应用最广，Ag的加入可提高接头蠕变性能、抗拉强度等，但Ag属于贵金属，使钎料的成本增加。Sn-Bi钎料熔点低，但脆性高，通常在对工艺温度要求极低的情况下使用。Sn-Zn钎料熔点低、成本低，但其耐蚀性和工艺性有待提高。Sn-Au钎料熔点高、强度高，在高可靠、气密性封装等场合使用。

4）软钎剂及钎料膏：钎剂主要起到去除氧化层和污染物、增加润湿铺展性、保护高温下焊盘和钎料的作用，包含树脂、活化剂、溶剂及流变添加剂，也有发泡剂、增黏剂、稳定剂、表面活性剂或腐蚀抑制剂等添加剂。与钎料球配成钎料膏使用，熔点、活性、黏度和清洗方式是钎料膏最重要的四个指标。

5）SMT工艺在电子制造软钎焊方法中使用最多，过程包括印刷→贴装→回流焊。回流焊有气相、热板传导、红外、热风对流和激光回流焊等，其中热风对流回流焊使用最为广泛，典型的回流焊工艺分为预热、保温、回流、冷却四个阶段。倒装焊是倒装芯片技术中的一种连接工艺，替代引线键合连接，它将芯片正面朝下，通过凸点阵列与基板焊盘相连，极大地提高了I/O数量，减少电感和延时，并使焊接成本降低。

6）回流焊中几种典型缺陷包括立碑、元件歪斜、锡球/锡珠、芯吸/钎料上吸、桥连和孔洞。缺陷成因复杂，需综合分析。

思 考 题

1. 电子制造钎焊中锡铅钎料突出的优点以及无铅钎料面临的挑战是什么？
2. 纳米连接材料形成连接过程的本质以及接头的使用性有何特点？
3. 电子组装技术中通孔组装技术和表面组装技术各自的技术特点是什么？
4. 电子制造钎焊的缺陷与常规钎焊的缺陷有何异同？

参 考 文 献

[1] 张启运，庄鸿寿. 钎焊手册［M］. 3版. 北京：机械工业出版社，2017.
[2] 铟泰公司官网. 无铅［EB/OL］. https://indiumchina.cn/products/solder-paste-and-powder/leadfree. 2021.
[3] 铟泰公司官网. 金基焊料［EB/OL］. https://indiumchina.cn/products/solders/gold-solders. 2021.
[4] 邹贵生，等. 纳米金属颗粒膏合成及其低温烧结连接的电子封装应用研究进展［J］. 机械制造文摘-焊接分册，2013（1）：12-16，34.
[5] 邹贵生，等. 超快激光纳米连接及其在微纳器件制造中的应用［J］. 中国激光，2021，48（15）：128-145.
[6] 贾强，等. 纳米颗粒材料作中间层的烧结连接及其封装应用研究进展［J］. 机械工程学报，2022，58（2）：1-16.
[7] LEE N C. Reflow Soldering Processes and Troubleshooting：SMT，BGA，CSP and Flip Chip Technologies［M］. Boston：Newnes，2002.